中国应急管理学会蓝皮书系列

中国应急教育与校园安全发展报告 2019

Annual Report on Education for Emergency and Campus Safety 2019

主　编　高　山
副主编　张桂蓉

科学出版社
北　京

内 容 简 介

本书是对2018年中国应急教育与校园安全现状的回顾与总结，旨在提高中国应急教育与校园安全管理理论研究水平与实践工作能力，为开展相关领域的交流合作提供参考素材。在回顾2018年中国应急教育与校园安全理论研究与实践工作新发展的基础上，总结学校公共安全教育校园安全事件应急处置的成绩，聚焦2018年有关校园安全的关键事件，如学校设施安全、食品安全、网络安全、校园欺凌、校园意外伤害、校园贷等，有针对性地剖析校园安全风险存在的深层次原因，结合实践经验，提出完善校园安全政策的建议和探索应急管理的实践途径。

本书适合从事应急管理理论研究的专家、学者、科研人员、高级教师，以及从事教育系统应急管理实务工作的政府公务员和大中小学、幼儿园教育工作者等阅读与参考。

图书在版编目（CIP）数据

中国应急教育与校园安全发展报告2019 / 高山主编. —北京：科学出版社，2020.2

中国应急管理学会蓝皮书系列

ISBN 978-7-03-061612-8

Ⅰ. ①中… Ⅱ. ①高… Ⅲ. ①安全教育-研究报告-中国-2019 Ⅳ. ①X925

中国版本图书馆CIP数据核字（2019）第115091号

责任编辑：郝 悦 / 责任校对：贾娜娜

责任印制：张 伟 / 封面设计：无极书装

科学出版社 出版

北京东黄城根北街16号

邮政编码：100717

http://www.sciencep.com

北京盛通商印快线网络科技有限公司 印刷

科学出版社发行 各地新华书店经销

*

2020年2月第 一 版 开本：787×1092 1/16

2020年2月第一次印刷 印张：13 1/4

字数：315 000

定价：124.00元

（如有印装质量问题，我社负责调换）

中国应急管理学会蓝皮书系列编写指导委员会

前　言

百年大计，教育为本。习近平总书记在 2018 年全国教育大会上强调，新时代新形势，改革开放和社会主义现代化建设、促进人的全面发展和社会全面进步对教育和学习提出了新的更高的要求。我们要抓住机遇、超前布局，以更高远的历史站位、更宽广的国际视野、更深邃的战略眼光，对加快推进教育现代化、建设教育强国作出总体部署和战略设计，坚持把优先发展教育事业作为推动党和国家各项事业发展的重要先手棋，不断使教育同党和国家事业发展要求相适应、同人民群众期待相契合、同我国综合国力和国际地位相匹配[①]。作为开展教育活动的主要场所，校园是科研育人、社会服务、文化传承、思想创新的关键枢纽。建设平安校园，既是为立德树人的根本任务保驾护航，也是防范化解重大风险的重要内容。

中国正从教育大国崛起向教育强国迈进。新时代催生了复杂化的校园安全形势。为满足其中多元主体的个性化需求，校园安全管理者需要以更加专业的素质锤炼出更具体的治理内容，在议题里囊括管理制度、组织机构、人力资源、权责体系等多种因素，在过程中将计划、组织、协调、控制一体化，从观念更新、机制优化方面协同发力，做到日常管理与应急响应兼备、预先防范与环节反馈相适应，综合提升校园安全水平。

为织密校园安全管理网，掌握风险防控主动权，剖明应急教育新生态，中国应急管理学会校园安全专业委员会聚焦于校园安全和应急教育重点领域发展态势与未来趋势，第四次发布《中国应急教育与校园安全发展报告》。自 2016 年成立以来，中国应急管理学会校园安全专业委员会始终立足于本专业领域的发展前沿，发挥联系广泛、智力密集、人才荟萃的优势，瞄准校园安全应急管理学术共同体建设，为相关议题决策提供高端研讨平台和权威智力支持，为我国教育现代化事业注入充沛的多元动能。

作为中国应急管理学会校园安全专业委员会组织编撰的综合性、专业性、连续性的年度智库产品，《中国应急教育与校园安全发展报告 2019》融观察、分析、思考于一体，综政策措施、工作指向和推进策略之大成，力图准确洞察校园安全管理的规律性，为校园安全治理的高质量发展提供建设性意见。

本书共包括 8 章：第 1 章总绘了 2018 年校园安全事件发生、发展全景，从现实概况里提纯出逻辑特点，锁定校园安全事件主要诱因并对症下药，推断出 2019 年校园安全治理的新趋势；第 2 章依托公共政策视阈，在总体安全观的视野里把控校园安全的新形势，

---

① 吴晶，胡浩. 习近平：坚持中国特色社会主义教育发展道路 培养德智体美劳全面发展的社会主义建设者和接班人[EB/OL]. https://www.chinanews.com/gn/2018/09-10/8623584.shtml，2018-09-10.

概述、分析 2018 年校园安全新政策，辨别政策问题，提出改进策略；第 3 章呈现 2016~2018 年应急教育与校园安全研究动态，在素描研究现状的基础上给定评价；第 4 章紧扣 2018 年学校应急教育的发展情况，展示高校、中小学、幼儿园三种不同类型学校应急教育的现实状况和未来走向；第 5 章解读 2018 年校园安防技术及其应用的新进展，抓现实案例为典型，列出校园安防建设的基本要求，预判校园安防的发展方向；第 6 章着墨于 2018 年校园安全事件典型案例，破地区之分、类型之别、角度之限，收纳九大典型案例，还原事件过程，总结经验教训；第 7 章、第 8 章以重庆市为实证案例，从重庆市各大、中、小学的一线教育工作者编撰，以及校园安全状况与应急处置、校园安全知识与事故预防教育两个方面，通过典型案例，反映重庆市校园安全工作的发展状况。

本书的出版是对中国应急教育与校园安全研究阶段性成果的总结与回顾。尽管校园安全工作已有显著成绩，但校园安全形势依然严峻，一些突出问题和薄弱环节亟待改进，新的挑战不断出现，校园安全事故的强突发性、强敏感性和强社会危害性依旧需要重视，相关学术研究仍存在可持续的发展空间。我们将持续跟进该领域的相关动态，及时关注国内外的主题研究成果。道路虽有阻且长，仍盼可与各位同行携手并进，上下求索，共谱中国应急教育与校园安全发展的新篇章。

编　者

2019 年 4 月

目　　录

第 1 章　2018 年校园安全事件发生、发展新趋势

校园安全管理贯穿于学校教育工作的始终，是社会管理的重要组成部分。校园安全事件屡屡见诸媒体，总会一石激起千层浪，引发各方广泛关注，社会影响不容小觑。依法治理各类校园安全事件，减少校园安全事件的发生，维护校园安全的和谐稳定，是全社会的共同心愿。相较往年，我国 2018 年校园安全工作出现了一些值得关注的新变化。本章通过总结 2018 年校园安全治理概况，分析 2018 年校园安全事件的特点，找出校园安全事件产生的主要原因，提出切实可行的应对策略，展望 2019 年校园安全治理新趋势。

1.1　2018 年校园安全治理概况

党的十九大报告指出，建设教育强国是中华民族伟大复兴的基础工程，必须把教育事业放在优先位置，深化教育改革，加快教育现代化，办好人民满意的教育。要全面贯彻党的教育方针，落实立德树人根本任务，发展素质教育，推进教育公平，培养德智体美全面发展的社会主义建设者和接班人①。校园安全是教育事业顺利发展的基础，随着经济社会发展及我国主要矛盾的变化，校园安全工作面临一些新情况、新问题。教育部门纷纷出台相关政策，各地学校广泛结合政策内容及校园发展实际建立、健全校园安全共治体系。

1.1.1　治理工作起点高

校园安全治理工作起点高主要表现在两个方面。

---

① 习近平：决胜全面建成小康社会 夺取新时代中国特色社会主义伟大胜利——在中国共产党第十九次全国代表大会上的报告[EB/OL]. http://news.cnr.cn/native/gd/20171027/t20171027_524003098.shtml，2017-10-27.

一是校园安全治理工作政治站位高。教育事业是国家发展建设中的基础性工程，国家、社会各界都给予了高度重视与支持。要从人民安全、国家安全的高度，深刻认识维护学校安全、学生安全的重要性，准确把握当前学校安全工作面临的风险和挑战，切实把学校安全稳定各项任务落到实处。2018 年的校园安全治理工作以习近平新时代中国特色社会主义思想为指导，全面贯彻党的十九大精神和全国教育大会要求，紧紧围绕确保校园安全重要目标、落实校园安全管理责任、提高校园安全治理质量这几大中心任务，以保障党的教育方针贯彻执行、督促中央教育工作重大决策部署顺利落实、推动人民群众普遍关心的校园安全热点和难点问题有效解决为主线，以优化教育督导管理体制、完善运行机制、强化结果运用为突破口，认真落实教育部党组要求，不断提高校园安全治理的质量和水平。

二是校园安全治理在教育工作中的地位高。在 2018 年 9 月召开的全国教育大会上，习近平总书记对教育的地位和作用做出全新判断，首次提出教育是国之大计、党之大计，把教育摆在前所未有的高度。教育系统要行动起来，不等不靠，积极作为，向各级党委政府、向全社会把“两个大计”讲清楚、说明白，使教育优先发展、真正成为全党、全社会的思想共识和统一行动，真正成为推动党和国家各项事业发展的重要先手棋[①]。特别是在校园安全系统建设方面，坚持全面与重点相结合，分阶段逐步健全校园安全治理机制，并推进校园安全事故立法进程，多措并举，完善校园安全教育体制机制。例如，针对近年来高校实验室的安全问题，教育部高度重视并及时制定和出台了一系列相关的政策措施，要求各地、各高校全面加强高校教学实验室安全检查工作，有效防范类似事故发生，确保高校师生安全和校园稳定。各地、各高校严查教学实验室安全管理体制机制建设与运行，通过层层管控，及时预防高校实验室操作可能引发的事故发生。

1.1.2　治理工作落点实

教育部部长陈宝生在 2018 年全国教育工作会议上指出，要切实加强校园安全。要健全机制，落实好中小学生欺凌综合治理方案，完善防治学生欺凌制度体系[②]。校园安全治理工作不能只喊口号，只有通过创新开展安全宣传教育、着力强化重点部位管控、扎实推进校园安全治理建设，才能在校园安全治理中取得突出成效。

（1）在政策推进方面，落实中央精神要求，强化校园安全教育。2018 年，各地学校新学年开学之际，国务院教育督导委员会办公室发出通知，在全国组织开展 2018 年春季开学专项督导检查暨学校安全风险防控工作。以开学条件保障和学校安全工作为重点，突出对学生资助政策、农村小规模学校经费保障、校车安全、学生欺凌与暴力、高校安全与稳定等人民群众关心的热点问题与校园安全管理难点问题的解决及部署落实情况的

---

① 刘博智，柯进. 攻坚克难 下好教育改革“先手棋”[EB/OL]. http://www.jyb.cn/rmtzgjyb/201901/t20190119_212259.html，2019-01-19.

② 陈宝生. 陈宝生在全国教育工作会议上的讲话[EB/OL]. http://www.jyb.cn/zcg/xwy/wzxw/201802/t20180206_961547.html，2018-02-06.

督查[①]，把保障中小学和幼儿园安全放在公共安全的突出位置，认真做好风险预防、管控、事故处理和风险化解等工作，进一步健全完善工作机制和防控体系，把握校园安全教育在国民教育体系中的重要地位，将校园安全预警机制建设及校园安全风险评估工作提上日程。通过形式多样的校园安全教育活动，将校园教职工教育及学生校园安全教育普及作为学校教育的重点，切实维护校园安全，逐步推进校园安全治理工作顺利进行。

（2）在宣传教育方面，吸取校园安全事件教训，完善校园安全教育预防机制。为有效预防性侵害学生违法犯罪行为的发生，教育部办公厅印发《进一步加强中小学（幼儿园）预防性侵害学生工作的通知》，要求各地教育行政部门和学校从性侵害学生案件中吸取教训，把预防性侵害教育工作作为重中之重，通过课堂教学、讲座、班会、主题活动、编发手册、微博、微信、宣传栏等多种形式开展性知识教育、预防性侵害教育。通过案例加强警示教育，增强学生自护意识和自救能力[②]。

（3）在治理实践方面，校园安全政策稳抓落实，建立校园安全治理长效机制。校园安全事件发生比率有所下降，但校园安全事件的种类不断增加，违规办学事件成为社会各界关注的焦点。2018 年 11 月 14 日，北京市教育委员会召开新闻会，通报校外培训机构专项治理进展。北京市共排查出校外培训机构 12 681 所，其中存在问题的有 7 557 所，问题主要集中在办学资质、办学行为和安全隐患等方面，要求存在问题的各培训机构在 2018 年底完成集中整改[③]。各地教育部门纷纷完善监管机制，全面部署和摸底排查、联合集中整治违规办学乱象，建立教育培训市场常态化治理机制，将校园安全治理工作落到实处。

（4）在机构设置方面，切实加强教职工及学生管理，健全校园安全协同机制。针对日益严峻的校园安全态势，各地教育部门与公安机关开展广泛合作，2018 年 5 月 28 日，奉节县公安局组织康乐派出所民警先后到康乐镇中小学开展法制安全讲座。民警结合工作实际，向中小学生讲解犯罪的概念及毒品的危害性，同时向中小学生普及自我保护的方法及如何辨别和抵制诱惑。讲座结束后，当地民警还对康乐中小学校园内部安保工作进行安全指导，对校园内部是否配齐安全叉、橡胶棒等必要的安全防护装备进行了检查[④]。校园安全法制讲座增强了在校师生的法制观念及法律素质，进一步深化了平安校园建设。

1.1.3　治理工作方式新

近年来，我国校园安全治理工作取得了突出成效，各地在校园安全治理手段方面也

① 教育部. 2018 年春季开学暨学校安全风险防控专项督导报告[EB/OL]. http://www.moe.gov.cn/s78/A11/moe_914/201808/t20180828_346310.html，2018-08-28.

② 教育部. 教育部办公厅印发通知进一步加强中小学（幼儿园）预防性侵害学生工作[EB/OL]. http://www.moe.gov.cn/jyb_xwfb/gzdt_gzdt/s5987/201812/t20181221_364359.html，2018-12-21.

③ 李依环. 北京专项排查校外培训机构 7 557 所存在问题[EB/OL]. http://society.people.com.cn/n1/2018/1114/c1008-30401241.html，2018-11-14.

④ 刘政宁，梅芳芳. 奉节：警方进校园 警察叔叔现场讲课[EB/OL]. http://cq.people.com.cn/n2/2018/0529/c365411-31638034.html，2018-05-29.

做出了不少新的尝试。

在联合治理方面，校园安全治理通过创新治理手段取得了突出成效。近年来，公安部、教育部、中央综合治理办公室每年都联合开展“护校安园”专项行动，通过加强校园安保工作建设，查处了大批可能危及校园安全的事件隐患，进一步提升了校园安全防控的综合实力。例如，深圳市打出学前教育综合督导、专项督导与经常性督导“组合拳”，形成了对全市幼儿园“全覆盖、全方位、全过程”的督导网络[①]。截至2018年4月，深圳市共设置幼教挂牌督导责任区145个，配备幼教责任督学477名，建立了责任区督学持证上岗、督导报告、督学考核、督导结果运用等系列制度，形成了职责明确、流程清晰、运作规范的工作指南[②]。督导的真督实查，有效减少了校园安全事件的发生，并为全国校园安全治理工作提供了新思路。

在安全防控方面，各地教育部门逐步建立与政策精神相配套的系统框架，深化校园安全治理格局。随着“互联网+”的广泛运用，教育信息化随时代发展逐步推进。各地校园安全防控建设启动信息技术新型管理模式试点，取得了良好成效。青岛市市北区为推进学校与“互联网+”相融合，率先打造了“互联网+校园安全”风险防控系统。该风险防控系统包含隐患排查、安全演练等多项功能。各学校可以根据各自的教室、通道、操场等实际情况，自行在APP（application，应用程序）里编排多种合理的应急预案[③]。“互联网+”信息技术与校园安全防控的深度融合，改变了传统的校园安全管理模式，实现了校园安全智能化管理，形成了校园安全治理的强大合力，为应对新形势下的挑战提供了有力支持。

1.1.4 治理工作力度深

2018年，我国校园安全治理工作达到一个更深入的层次。标志性、引领性的教育改革方案的出台，形成了“横向到边，纵向到底”的治理模式，落实了深化教育改革工作要求，提高了校园安全治理工作水平。

在政策落实方面，各地各部门根据校园安全工作实际，在贯彻落实《关于深化教育体制机制改革的意见》，以及推动教育改革顶层设计逐步完善的同时，加强各地校园安全治理的实际管理与建设。各地各部门坚持教育为先、预防为主、保护为要、法治为基，通过在学校中加强教育，在家长中开展培训，以及定期排查等手段，依法治理各类校园安全事件。同时，实施校园欺凌学生的行为表现将被记入综合素质评价，其未来升学发展将会受到影响[④]，通过规范化、明晰化的制度约束将学生可能产生的消极情

① 刘盾．深圳：挂牌督导点亮学前教育“绿灯”[EB/OL]. http://www.jyb.cn/zgjyb/201806/t20180624_1124313.html，2018-06-24.

② 金依俚．让责任督学为学前教育保驾护航[EB/OL]. http://www.moe.gov.cn/jyb_xwfb/moe_2082/zl_2017n/2017_zl76/201804/t20180418_333532.html，2018-04-18.

③ 杨明清，张琳艳，王恩全．青岛推风险防控新模式[EB/OL]. http://news.sina.com.cn/o/2018-02-09/doc-ifyrkzqr0296126.shtml，2018-02-09.

④ 王俊，张维，王煜，等．全国人大拟修改未成年人保护法 防止“校园欺凌”[EB/OL]. http://news.youth.cn/sz/201803/t20180313_11497778.htm，2018-03-13.

绪扼杀在摇篮里。

在区域联动方面，各地各部门整合多方力量，合力推动校园安全治理纵深化发展。校园安全治理靠学校一己之力难以获得突破性进展，加强多方合作，地区之间及地区内部各主体统一联合已成为校园安全的发展新趋势。2018 年 3 月，在石狮市委、市政府支持下，市检察院联合综合治理办公室、公安局、教育局等 12 个部门，共同组建了石狮市未成年人保护联盟，着力破解校园欺凌、学校自聘人员犯罪隐患、“问题孩子”犯罪、校外托管机构监管等预防与治理难题，打造了石狮市共建、共治、共享的未成年人保护格局①，校园安全志愿者、警官、社会团体三方组合成为该市防范治理校园欺凌的标配。未成年人保护联盟的设立，是校园欺凌治理的一大创举，标志着我国校园安全治理进入了一个区域沟通加强、部门联动密切、通力合作、共促安全的新格局。

1.2　2018 年校园安全事件的特点

2018 年，在党中央、国务院领导下，校园安全治理工作在习近平新时代中国特色社会主义思想和党的十九大精神指导下迎难而上、扎实推进，取得了新的突破性进展。经统计，我国校园安全事件从 2017 年的 210 起下降到 2018 年的 140 起，同比减少 33%。同时，2018 年校园安全工作出现的一些新问题也需要我们正视和重新研究，许多挑战需要面对和妥善应对，许多成果需要巩固。本节通过搜集来自人民网、新华网、中国新闻网、教育部政府门户网站、公安部及地方日报等官方媒体报道的 140 起校园安全事件典型案例，从时间、地域、类型、场所、学段等方面进行统计分析，以期探寻事件发生和发展的规律性，总结 2018 年校园安全事件的特点，为建立合理有效的校园安全事件长效治理机制奠定扎实基础。

1.2.1　时间特征：事件发生频次呈现季节性特征

2018 年，我国校园安全事件在数量上呈现出明显的季节性特征（图 1.1）。从整体上看，校园安全事件主要集中发生在一年中的夏季及冬季（校园寒暑假期，开学前后），意外伤害事件、违规办学事件的发生频次高于其他季节。虽然学校在放假前后及开学季一再强调学生的个体生命安全，并向家长传达安全教育的相关通知，针对各种可能引发安全事故的苗头坚持打好安全的“预防针”，但意外伤害事件总是让学校及家长防不胜防。在寒暑假之际，违规办学事件更是屡禁不止，愈演愈烈。

① 陈林. 共建共治共享 打造未成年人保护新格局[EB/OL]. http://newspaper.jcrb.com/2018/20180925/20180925_009/20180925_009_1.htm，2018-09-25.

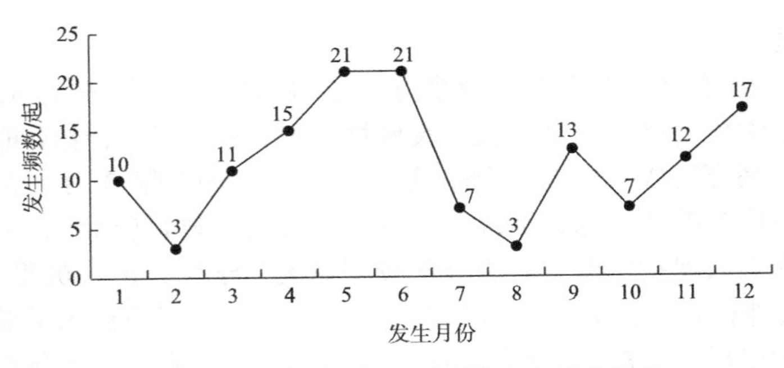

图 1.1　2018 年校园安全事件发生月份统计图

1.2.2　地域特征：事件发生率与经济发展水平成正比

从地域分布状况来看，2018 年我国校园安全事件共涉及 26 个省（自治区、直辖市、特别行政区）（图 1.2）。其中，东部地区（包括东北地区）发生频数最多，达到 57 起；中部地区次之，达到 51 起；西部地区发生的频数较少，但也有 30 起事件发生；此外，港澳台地区也有 2 起事件发生（图 1.3）。

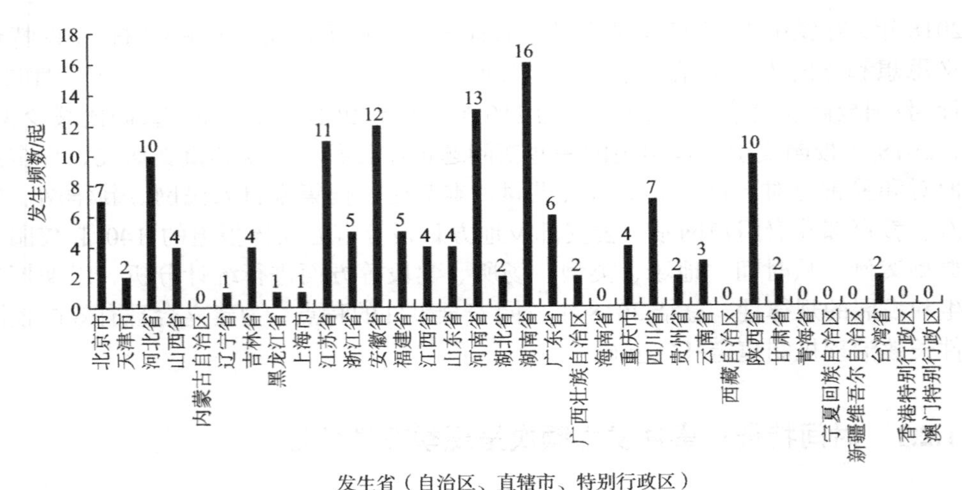

图 1.2　2018 年校园安全事件发生地区统计图（一）

在江苏、北京、广东等东部沿海省（自治区、直辖市），校园安全事件发生频数分别为江苏 11 起、北京 7 起、广东 6 起（图 1.2）。由于经济发展水平较高，东部沿海省（自治区、直辖市）教育资源充足且生源密集，不可控的风险因素相对较多。此外，一旦发生校园安全事件，该地域学校本身的知名度致使事件获得极大关注度，易引起社会广泛关注，产生的校园安全风险波及范围更为广泛。

中部地区发生频数较高的省（自治区、直辖市）主要集中在河南、安徽、湖南等。发生校园安全事件频数最多的 3 个省（自治区、直辖市）分别是：湖南 16 起、河南 13 起、安徽 12 起，这些省（自治区、直辖市）经济发展水平一般且人口众多，教育资源在各省（自治区、直辖市）内部分配不均、教师的专业化水平有待提升，种种问题极易成为校园

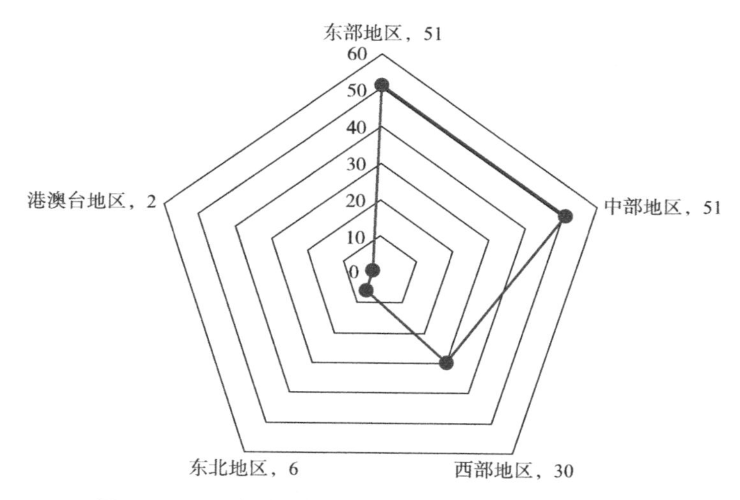

图 1.3　2018 年校园安全事件发生地区统计图（二）

安全事件爆发的导火索，由此产生的校园安全风险不容忽视。

青海、云南、内蒙古等省（自治区、直辖市）校园安全事件的发生频数相对较少，这些省（自治区、直辖市）处于西部偏远地区，经济发展较为缓慢，且地域广阔、地势复杂，人口分布较少，因此校园安全事件发生概率相对较小。信息闭塞导致沟通渠道不畅通，公众可获取的校园安全事件报道也相对有限，客观上造成校园安全事件在这些省（自治区、直辖市）发生频数较少。

1.2.3　类型特征：校园欺凌及校园暴力仍为主要问题

本小节将延续 2016~2018 年我们编写的《中国应急教育与校园安全发展报告》中的事故类型分类标准，并结合现阶段的新型风险（不包括自然灾害和社会治安引发的校园安全事件），把我国 2018 年校园安全事件按照事故类型主要分为以下七种：设施安全事件、校园欺凌事件、意外伤害事件、个体身心健康事件、校园暴力事件、校园公共卫生事件、违规办学事件等（图 1.4）。其中，校园欺凌事件及校园暴力事件发生频数最多，分别占全年校园安全事件总数的 35%和 25%。校园欺凌事件及校园暴力事件频发是校园安全管理面临的急需解决的问题，校园暴力事件易对学生身心健康造成极大伤害。学校管理者对校园欺凌事件及校园暴力事件往往缺乏合理恰当的惩戒方案，而过度重视升学率导致学校忽视加强学生心理健康教育，漠视学生的个性化发展。相关法律法规也未规定校园欺凌事件及校园暴力事件的处置程序。

值得注意的是，相比往年，违规办学事件发生频数在 2018 年校园安全事件中所占比例较大，成为新型校园安全事件。违规办学是指学校未经有关部门批准擅自改变办学类别、办学层次，超范围办学、虚假招生等行为，学校违规办学成为校园安全隐患之一。近年来，各地教育部门对顶风而上、违规办学的多所学校进行了严肃处理，但违规办学造成的校园安全事件仍然时有发生，如因教学条件不能满足教学要求而引起家长集体声讨的，或因校舍及其他教育教学设施、设备存在重大安全隐患而引发事故的。2018 年 11

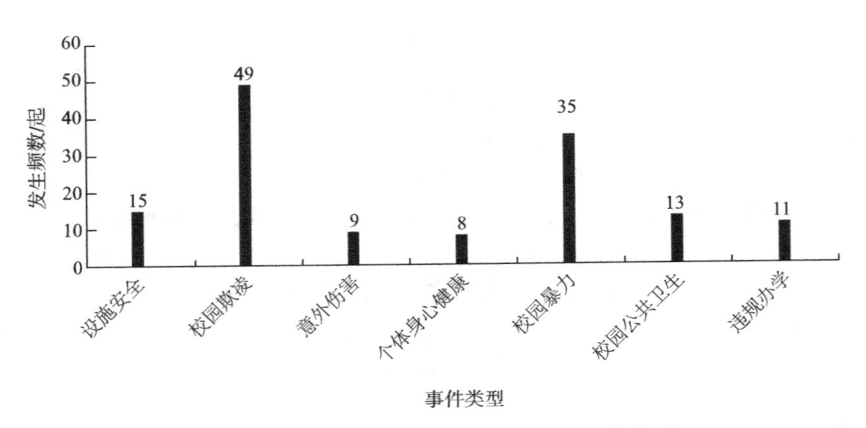

图 1.4　2018 年校园安全事件发生类型统计图

月 30 日，《教育部通报近期几起地方民办义务教育发展问题》中明确指出，要对违法、违规办学的民办学校依法、依规处理，对屡屡违规的学校从严、从重处罚。

1.2.4　场所特征：多发于校内教室、宿舍区域

通过对我国 2018 年校园安全事件的发生场所进行统计，可以清楚地看到校园安全事件主要发生在校内，共 112 起，所占比例为 80%，在校外发生的事件有 28 起，所占比例为 20%（图 1.5）。教室和宿舍是学生活动最频繁的地方，学生之间小打小闹、因不起眼的小事而爆发肢体冲突、学生之间起哄开玩笑及不良攀比现象比比皆是。可见，校园内爆发的安全事件种类繁多，类型复杂。事件往往涉及多名学生，甚至教师及学生家长，事件后果影响相当恶劣。例如，2018 年 7 月 3 日晚，宿迁市宿豫中学一名高二学生在晚自习时说话，班主任发现后将该学生拉到讲台上，并当着全班学生的面连打了该学生十多个耳光，造成该学生脑震荡、眼底出血、左耳外伤、面部软组织挫伤，使得其住进宿迁市中医院进行治疗①。

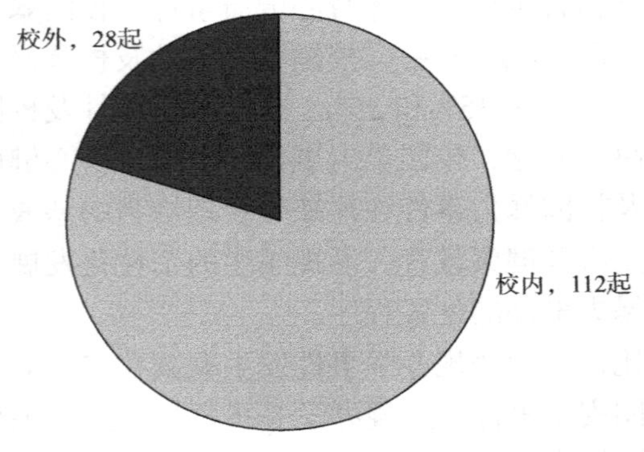

图 1.5　2018 年校园安全事件发生场所统计图（一）

① 高峰. 宿迁一老师连扇高二学生十多个耳光 已被解聘[EB/OL]. http://js.people.com.cn/n2/2018/0705/c360307-31780829.html，2018-07-05.

发生在校园外的校园安全事件是指发生在学生上下学期间、与校园秩序和学生安全密切相关的学校周边地区，以及校车接送学生途中对学生生命、财产造成损害的事件。如果学校管理者疏于管理，未对校园周边环境加强警惕，漠视校园周边环境可能存在的安全隐患，就会造成学生受伤、伤亡等恶性事故发生。2018 年 1 月 26 日，在第 23 个“全国中小学生安全教育日”到来之际，河南交警总队集中曝光了 10 起典型“黑校车”违法、超员案例。其中，郑州一家私立幼儿园园长丈夫在驾驶私家车充当校车超载 100%接送幼儿途中，因拒绝接受巡警检查而疯狂逃窜，最终将车驶入死胡同并陷进花坛后被控制。该幼儿园园长霍某、司机程某夫妻二人被公安机关以涉嫌危险驾驶罪刑事拘留①。

统计分析 2018 年校园安全事件发生的具体场所可以看出，我国校园安全事件在教室中的发生频数达到峰值，共有 37 起；宿舍次之，占 19 起；操场、食堂、校车等场所发生事件的频数相当，均为 10 起左右；发生在办公室、天台、厕所的校园安全事件所占比重最少，均约 5 起（图 1.5 和图 1.6）。

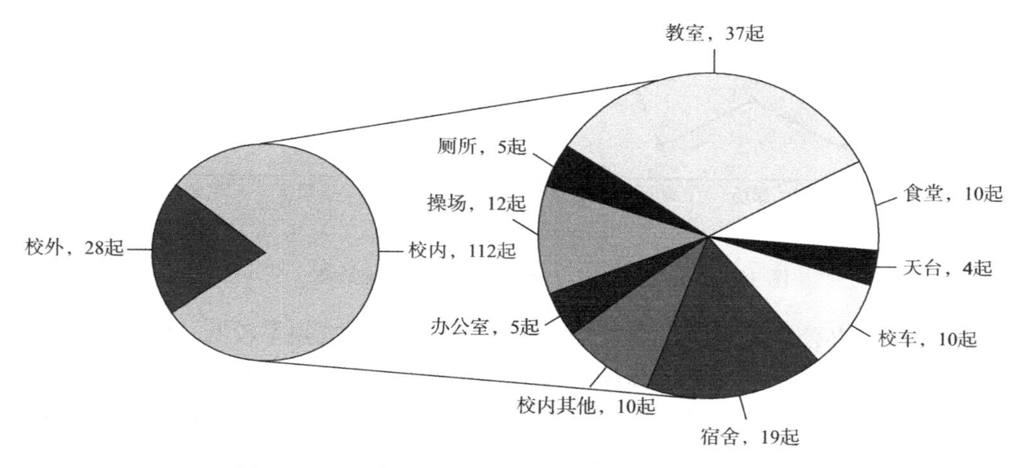

图 1.6　2018 年校园安全事件发生场所统计图（二）

教室是学生在校学习的主要场所，教师与学生沟通不当很容易产生摩擦甚至冲突，因此，发生在教室内的校园安全事件多为校园暴力事件。2018 年 11 月 28 日，西安市教育局通报 5 起教师违反师德典型案例。其中，莲湖区丰镐西路小学教师邢某，因本班一名学生未完成课堂作业，在批评教育过程中，动手撕拽该学生的耳朵，致其左耳廓耳后沟裂伤；灞桥区庆华小学教师陈某某，因 3 名学生没有按时带来作业，让 3 名学生面向全班学生跪在讲台上约 15 分钟；高陵区草市小学教师陆某，对上课做小动作的学生进行体罚，致其手掌部肿胀，陆某还曾用同样的办法屡次体罚学生②。

寄宿制学校发生在宿舍内的校园安全事件数量高于非寄宿制学校。宿舍是学生在学校学习中不可或缺的休息场所，发生在宿舍内的校园安全事件一般发生在寄宿制学校。同

① 刘鹏. 河南曝光 10 起典型“黑校车”违法案例[EB/OL]. http://edu.gmw.cn/2018-03/27/content_28119599.htm，2018-03-27.

② 郝云菲. 西安市教育局通报 5 起教师违反师德典型案例[EB/OL]. http://m.xinhuanet.com/sn/2018-11/30/c_1123789057.htm，2018-11-30.

一宿舍中舍友之间生活习惯的不同也可能为校园安全事件的爆发埋下隐患。2018 年 8 月 26 日晚间，安徽蚌埠市固镇县公安局发布通报称，2018 年 8 月 25 日，固镇县第一中学发生一起命案，高一新生徐某某被同寝室同学崔某某用水果刀刺死。接到报警后，该局迅速出警，犯罪嫌疑人崔某某被当场抓获，因涉嫌故意杀人罪，崔某某被刑事拘留①。能否处理好宿舍之间、宿舍内部舍友之间的关系，关系到学生的日常生活及身心健康发展，如何妥善处理好这些关系，是目前多数学生面临的重要问题。

操场、食堂、校车等场所属于学生活动相对比较频繁的地方，在这些地方发生的校园安全事件，客观上加大了校园安全管理的难度（图 1.7）。校园安全管理者要针对不同地区制定相应的校园安全风险应对方案及综合性、可操作性的风险防范制度。

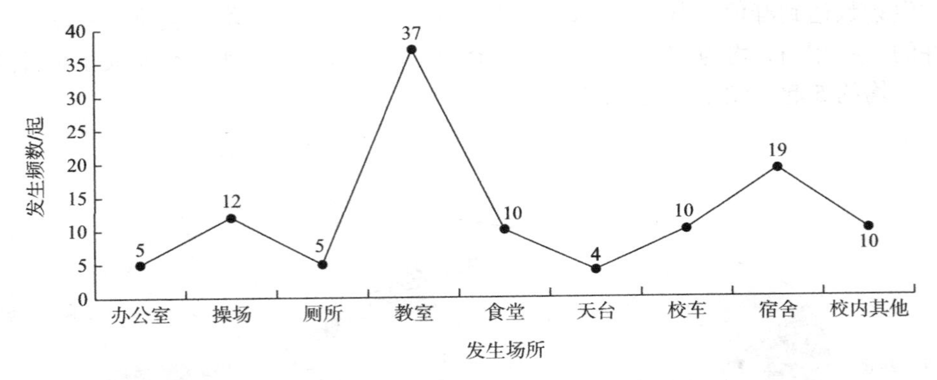

图 1.7　2018 年校园安全事件发生场所统计图（三）

此外，虽然办公室、天台、厕所等发生的校园安全事故频率较低，但校园安全管理者对该类场所的安全管理也不应忽视。校园其他场所主要是指实验室、校内商店、校园内某处、校园内简易工棚、学校走廊等场所。2018 年 12 月 26 日 9 时许，某大学东校区 2 号楼一所实验室发生爆炸。经核实，该大学市政环境工程系学生在学校东校区 2 号楼环境工程实验室进行垃圾渗滤液污水处理科研实验期间，实验现场发生爆炸，事故造成 3 名参与实验的学生死亡②。校园作为学生学习的主要场所，俨然是一个小社会，校园内各个角落均存在校园风险隐患，亟须建立健全定期检查和日常防范相结合的校园安全管理制度。

1.2.5　学段特征：初中学段仍为事件发生“重灾区”

分析发现，我国 2018 年校园安全事件发生频数最多的阶段为初中学段，数量为 37 起；小学、幼儿园和高中学段次之，分别为 26 起、25 起和 24 起；大学和职高学段发生频数最少，分别为 17 起和 11 起（图 1.8）。

① 何森. 安徽一名高一新生被同寝室同学刺死 嫌疑人被刑拘[EB/OL]. http://m.people.cn/n4/2018/0826/c676-11507205.html，2018-08-27.

② 王龙龙，李华锡，崔宁宁，等. 3 名学生死亡！北京交通大学官方回应实验室爆炸事件[EB/OL]. http://edu.youth.cn/jyzx/jyxw/201812/t20181226_11826253.htm，2018-12-26.

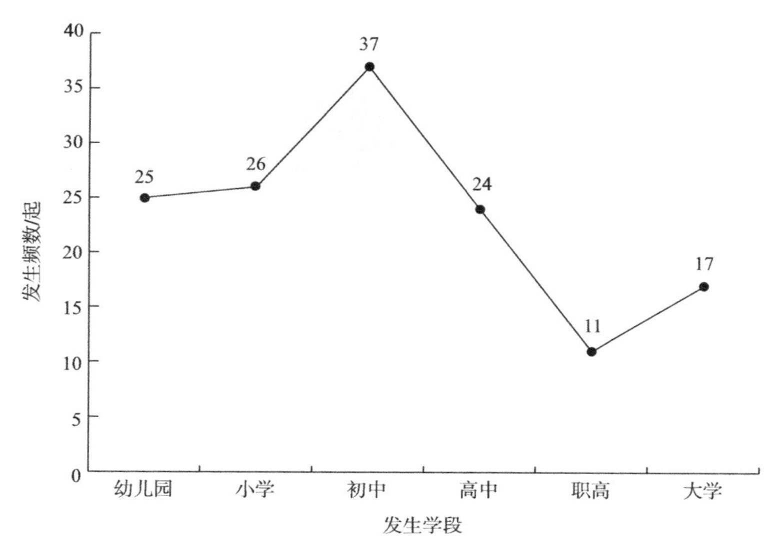

图 1.8　2018 年校园安全事件发生学段统计图

初中阶段是学生学习成长的重要时期。相比 2017 年，发生于初中学段的校园安全事件有所减少，但初中学段仍然是事件发生的主要学段，主要原因是初中生缺乏固有的认知，其学习、为人处世、待人接物主要基于个人喜好，缺乏辨别是非的能力，且易受同龄人对事物的态度及行为的影响，而并非基于客观价值对事物进行评价，盲目跟风、私自集结小团体导致校园欺凌等校园安全事件屡屡发生。

青少年阶段人群的典型特征就是“不成熟”，他们遇事性格冲动，情绪敏感脆弱，缺乏正确处理人际关系的方式，常会通过欺凌他人来获得自我价值的体现和自我满足感。2018 年 11 月 2 日 17 时 30 分，肇东市第十一中学校学生胡某庚因与同学陈某辉有矛盾，在校外一居民小区被陈某辉等辱骂、殴打，并被陈某辉一方的胡某洋用刀刺伤（上述人员均不满 16 周岁）。在附近巡逻的西城派出所民警闻讯迅速赶到现场控制事态，抢救伤者。随后，受害人胡某庚在医院进行救治；陈某辉等 5 名行为人于 11 月 3 日被公安机关行政拘留；主要行为人胡某洋于 11 月 4 日 23 时被公安机关抓获①。初中校园欺凌事件屡禁不止是多种风险因素叠加交织的结果。该类事件爆发后，校园安全管理者针对事件的处理往往敷衍了事，放眼全国校园，针对校园欺凌或者校园暴力行为的法律法规及防治体系仍有待进一步完善。

1. 幼儿园学段校园安全事件情况

发生在幼儿园学段的校园欺凌主要由 4 部分组成，其中校园暴力事件所占比例最高，达到 40%；校园设施安全事件次之，所占比例为 32%；校园公共卫生事件、意外伤害事件所占比例相应递减，分别为 20%和 8%（图 1.9）。

① 陈静，牟海微. 黑龙江肇东警方发布“初中生打架”情况说明 1 人受伤 6 人已到案[EB/OL]. http://hlj.people.com.cn/n2/2018/1105/c220024-32244459.html，2018-11-05.

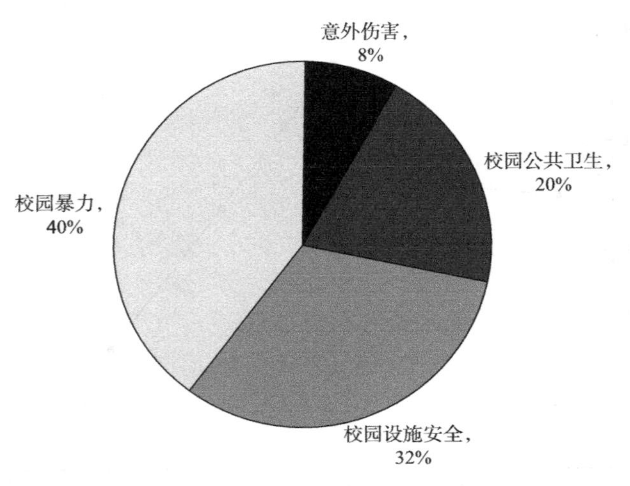

图 1.9　2018 年幼儿园学段校园安全事件分布图

2. 小学学段校园安全事件情况

小学学段校园安全事件主要由 6 部分组成，其中校园暴力事件最多，达到 13 起，占据了 2018 年小学学段校园安全事件的二分之一；校园设施安全事件、校园欺凌事件、校园公共卫生事件、违规办学事件均为 3 起；个体身心健康事件有 1 起（图 1.10）。

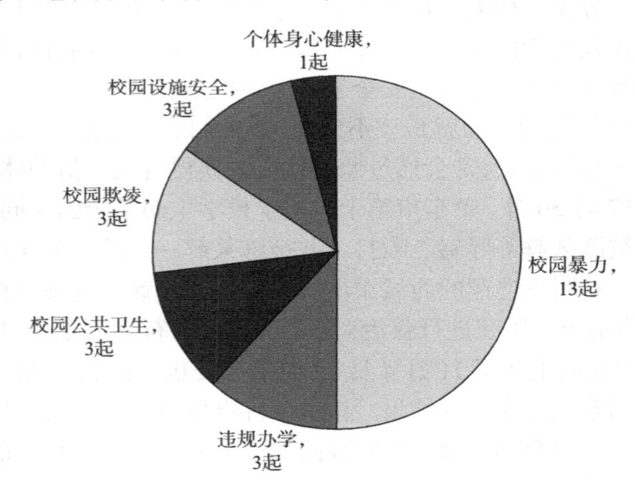

图 1.10　2018 年小学学段校园安全事件分布图

3. 初中学段校园安全事件情况

2018 年发生在初中学段的校园安全事件最多，达到 37 起。其中，校园欺凌事件占据较大比重，共发生 26 起事件；校园暴力事件共发生 4 起；个体身心健康事件及违规办学事件均为 2 起；意外伤害事件、校园设施安全事件及校园公共卫生事件均为 1 起（图 1.11）。

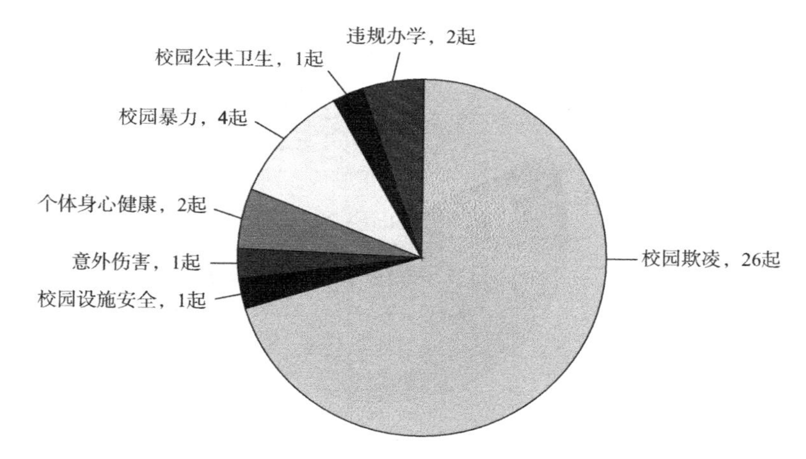

图1.11　2018年初中学段校园安全事件分布图

4. 高中学段校园安全事件情况

2018年，在高中学段发生的校园安全事件中，校园欺凌事件占据最高比例，共发生11起相关事件；校园暴力事件紧随其后，达到6起；违规办学事件和校园设施安全事件发生较少，分别为3起和2起；意外伤害事件和个体身心健康事件均发生1起（图1.12）。

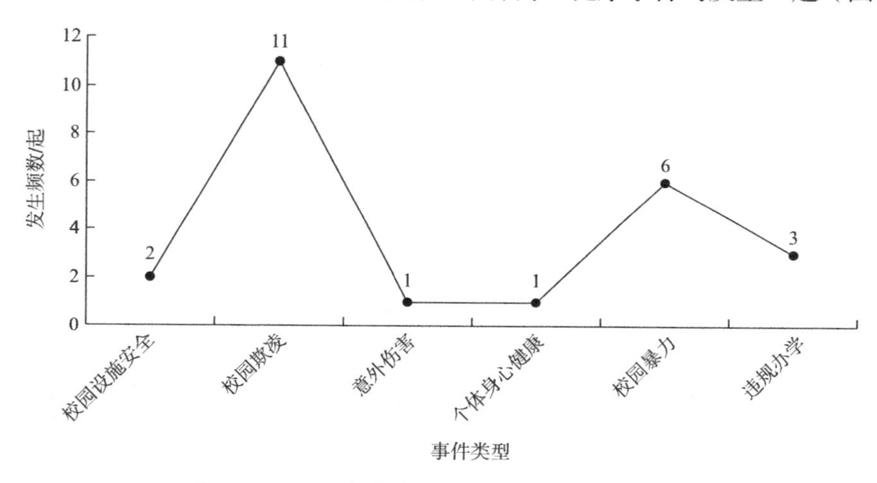

图1.12　2018年高中学段校园安全事件分布图

5. 职高学段校园安全事件情况

2018年，在职高学段发生的校园安全事件主要由4部分构成，校园欺凌事件居高不下，共发生8起；意外伤害事件、校园暴力事件和校园公共卫生事件均发生1起（图1.13）。

6. 大学学段校园安全事件情况

2018年，在大学学段发生的校园安全事件的比重呈弥漫性扩散，各类事件均占据一定的比重。其中，意外伤害事件和个体身心健康事件分别为4起；校园公共卫生事件和违规办学事件均为3起；校园设施安全事件、校园欺凌事件和校园暴力事件分别为1起（图1.14）。

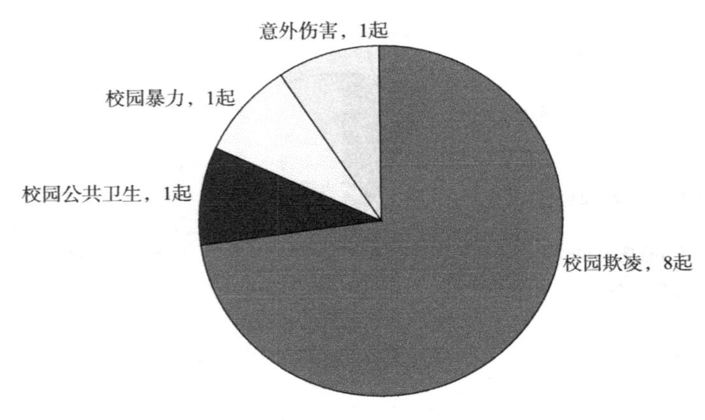

图 1.13　2018 年职高学段校园安全事件分布图

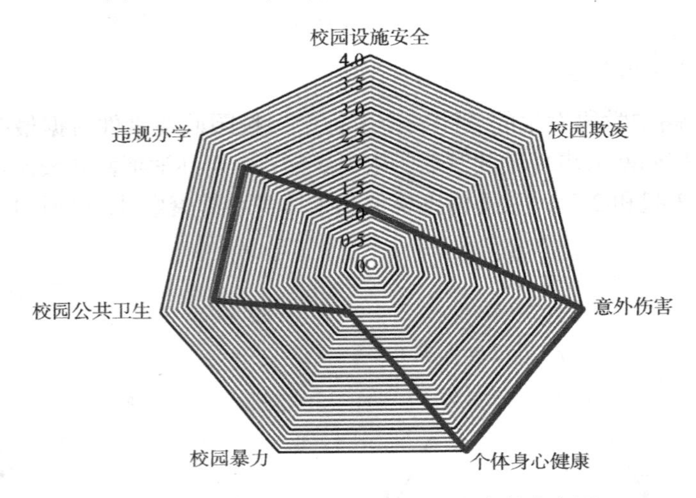

图 1.14　2018 年大学学段校园安全事件分布图

1.3　2018 年校园安全事件的主要诱因及应对策略

1.3.1　2018 年校园安全事件的主要诱因

校园安全事件主体虽然指向学生，但导致事件发生的因素复杂多样。因此，我们需要把校园安全问题置于一个更广、更深的维度，多角度、全方位地分析事件发生、发展的前因后果，厘清产生问题的原因及酿成悲剧的实质。本节主要从社会方面、学校方面、学生及家长方面对校园安全事件的成因进行细致分析，追根溯源，为校园安全治理提供参考。

1. 社会方面

一是社会转型期带来的浮躁心态和功利化问题严重。校园安全事件不仅是校园问题，还是社会问题，具有诸多层面的复杂特性，这导致处理校园安全问题的难度增加，校园安全事件发生前的预防、发生时的处理、发生后的辅导是系统和连贯的，是一项需要所有人一起努力防治的系统工程①。对于在校学生而言，学习应当是主要任务，但社会转型期带来了许多新鲜事物，物质文明和精神文明的高速发展在一定程度上改变了人们的生活方式，同时带来了新技术的推广与应用，各种信息、资源更新换代的速度与日俱增。社会中存在的各种现象对于价值观尚未成熟的学生而言存在着巨大的诱惑，经过不良媒体诱导宣传的教育功利化和社会功利化现象充斥眼球，导致学生不能沉下心来学习，甚至出现急功近利、投机取巧的消极心态，无形中为校园环境的健康发展埋下安全隐患。

二是互联网与新媒体技术的“双刃剑”效应日益突出。新一代青少年被形象地称为“触屏一代”，对于手机、平板电脑及电脑的使用，当下青少年基本上是无师自通。互联网为学生带来了极大的学习和生活便利，新媒体技术逐步被应用于教学，投影仪逐渐取代了传统的板书教学，教师足不出户便能在家中通过电脑网上授课，学生家长也能通过电子设备收到老师的作业布置信息及学生的日常学习情况和在校表现。同时，互联网与新媒体技术带来的弊端也在逐步蔓延：不良“校园贷”问题不断入侵高校校园，防范意识不强的学生深受其害，这为校园安全管理者带来了全新的挑战和管理压力，也为学校管控增加了难度，暴露了管理部门体制机制的不足和治理能力的差距，同时也对学校加强网络安全的监管及引导学生树立正确的价值观提出了新要求。

三是政府监管措施不力，相关法律法规缺位。党和国家一直十分重视校园安全工作，先后制定了《中华人民共和国教育法》《学生伤害事故处理办法》《学校食堂与学生集体用餐卫生管理规定》等一系列与校园安全相关的法律法规，对维护校园安全发挥了重要作用②。然而，目前我国与校园安全相关的法律法规涉及范围狭窄，缺乏整体性、权威性和统一性，对于当下发生的一些新型校园安全事件的处置与应对措施难以符合时代需求。放眼国外，针对日益严重的校园欺凌、校园暴力问题，美国新泽西州早在2002年便制定了《反欺凌法》，并于2010年根据时代要求对该法进行了重新修订，内容基本上都是对治理校园欺凌的直接规定，可操作性强；日本政府于20世纪80年代制定了《校园暴力防止对策推进法》，并于2013年6月28日通过了关于治理校园欺凌问题的《欺凌防治对策推进法》，首次以法律的形式明确校园欺凌的定义和责任范围。我国对于校园安全问题的研究及相关法律法规的制定还处于起步阶段，虽然《中华人民共和国预防未成年人犯罪法》《中华人民共和国未成年人保护法》等对未成年人的身心健康教育及行为规范做出了有关规定，但并未对校园欺凌、校园暴力等有关问题做出明确规定，现有法律法规有待进一步系统地完善规制，相关专门性法律法规有待出台。

2. 学校方面

一是学校对校园安全教育的重视度有待加强。首先，学校对于校园安全教育的人才队伍建设基础较为薄弱。目前各类学校现有的安保队伍大多由退伍军人、无法胜任其他

① 曹燕. 国外校园欺凌防治政策的共同特征及其启示[J]. 外国教育研究，2018，45（8）：56-67.

② 杨清华. 非传统安全视角下的大学校园治理[J]. 国家教育行政学院学报，2018，（5）：18-23.

岗位的教职工组成，这类安保人员缺乏必要的安全管理知识、技能，且安全意识淡薄，很难及时发现校园安全风险并合理预防①。其次，学校对校园安全管理工作的重要性认识不足。校园安全管理工作是一所学校教学、科研工作顺利完成的基础，制度建设、人员配备、设施修缮等方面一旦出现问题，势必会分散学校管理者的精力，影响学生培养和教学质量。最后，学校对于校园突发应急事件的善后处理较为乏力。当校园安全事件发生时，学校的第一反应便是封锁消息，尽可能地争取与事故相关学生及家长进行协商来解决问题，对于涉事教职工甚至学校领导的处理敷衍了事，其责任追究机制有待健全。

二是校园安全管理体制机制缺失。虽然各个学校都有明确细致的关于校园安全管理的规章制度，但是随着校园安全事件形式的多样化，现行的校园安全管理制度体系难以适应时代发展的需要，导致当下校园安全出现的新情况、新问题无法可依、无章可循。移动互联网、外卖行业的发展使得校园外卖发展得风生水起，但部分学校的安全管理体制机制依旧"原地踏步"，导致管理脱节，造成"新风险"出现。例如，闽江学院要求学生签署"远离外卖"承诺书，学校禁止外卖进入学校，学生也不能在宿舍和教室吃外卖食品。但食堂既无充分的空间，又没有相应的分流措施，导致就餐高峰期学校食堂学生爆满，严重影响校园秩序的正常运行②。学校为了学生的饮食健康进行考虑固然重要，但一声令下，"拍脑袋"制定的一刀切决策只会带来适得其反的效果。仅仅依靠目前的校园安全管理体系及监管方式难以有效解决校园安全面临的新问题。

三是学生安全教育工作开展不力。学校安全教育涉及面广，更多的是关注校园设施安全、意外伤害、校园欺凌等内容，但是学校关注的重点一般集中于教师教学质量的改善及学生升学率的提高，真正投入安全教育的时间非常有限，课程设置匮乏，活动开展次数较少。国外大多数学校认为安全教育是学校的重要责任，在解决学生安全问题方面，学校有着得天独厚的优势。美国马里兰州巴尔的摩市的学校通过开展安全竞赛活动，培养学生的安全意识。该市每年举行一次安全教育竞赛，鼓励学校进行安全教育，增强师生的安全意识③。我国校园安全建设亦需要参考国外经验，制定符合国内校园安全大环境的安全教育制度，培养学生的安全意识。学生通过接受安全教育指导并逐步转化为行动，最终形成良好的安全习惯，能有效避免可能发生的校园安全事件。

3. 学生及家长方面

一是学生家长的校园安全教育意识欠缺。校园安全防范意识在应对突发校园安全事件时至关重要，但每位家长都希望自己的孩子能够把重心放到学习上，过分关注孩子的学习成绩，往往忽视对孩子在校期间的安全教育意识的培养；抑或在校园安全意识培养过程中，采用告诫、劝导等纸上谈兵的方式向孩子灌输校园安全意识的重要性，却往往忽视孩子主观意识的能动性，缺乏必要的校园安全教育实际操作训练，在发生校园安全事件时，孩子在校期间可能会陷入不知所措的境地，导致事态恶化，造成不良后果。

---

① 高山，冯周卓. 中国应急教育与校园安全发展报告（2016）[M]. 北京：科学出版社，2016：18.

② 潘闻博. 闽江学院回应"禁止外卖进校园"：系倡议并非禁止[EB/OL]. https://baijiahao.baidu.com/s?id=1616988418926644393&wfr=spider&for=pc，2018-01-13.

③ 丁玉冰. 国外学校如何开展安全教育[EB/OL]. http://topics.gmw.cn/2017-04/10/content_24171759.htm，2017-04-10.

二是学生受到不良家庭环境的熏染。原生家庭是一个人出生和成长的基本环境，对孩子一生的发展起到基础性作用。如果家庭里夫妻关系不和睦，总是选择以吵架、打骂或者冷暴力的方式解决问题，夫妻间缺乏真诚的耐心交流与细致沟通，长期耳濡目染下孩子可能会形成扭曲的人格，导致孩子易形成两种极端：在面对棘手问题时，性格懦弱、胆小怕事，善于逃避责任；或者性格冲动，脾气暴躁易怒，情绪化问题严重，形成暴力倾向。

三是家长缺乏正确的教育方式。家长日常的为人处世、言传身教，采用何种教育方式，以及当孩子做错事时家长如何处理，种种问题在潜移默化中全方位地影响孩子的身心健康及未来发展。调查显示，大多数校园欺凌者或者校园暴力制造者往往在一个糟糕的教育环境中成长，父母与孩子的交流以打骂为主，父母从来不去认真倾听孩子的心声，进而酿成各种悲剧。此外，有些家长对孩子则属于过分溺爱式教育，倾其所有为孩子提供优越的生长环境，希望孩子能健康成长，却忽略了对孩子的认知教育和性格培养，导致孩子形成以自我为中心的自私意识。孩子在处理人际交往关系中，不知道如何正确处理各种矛盾，对校园欺凌或者校园暴力缺乏足够的认识，易成为校园安全事件的制造者或帮凶。

1.3.2　校园安全事件应对策略

校园安全是教育活动的基础和教育改革发展的基本保障。我国校园安全形势严峻：校园突发事件频现，应急机制不足；日常安全事故频发，长效管控机制缺乏。缺位与低效是当前校园安全政策的症结：在政策体系上，层级断代、基准缺失；在政策执行上，权责不明、事权倒挂[①]。校园安全建设不能只靠集中治理，还必须建立一套行之有效的维护校园安全的长效机制，不断完善、逐步改进校园安全的配套措施，形成“无缝隙”的学生保护网络。

1. 健全校园安全风险识别与防范体系

细致分析我国 2018 年校园安全事件的特征，校园安全事件产生的影响已然跨出校园，引起社会各界的广泛关注。在当下经济社会迅速发展的时代，政府应顺应时代要求，建立多元化的风险防范体系，最大限度地将校园安全事件带来的不良后果降至最小，同时减轻学校办学负担，维护校园和谐稳定，为学生及家长提供合理的保障。

首先，建立校园安全风险识别网络，广泛开展校园安全演练。校园安全识别网络应以学生的活动轨迹和学段作为范畴，对威胁学生身心健康的风险进行全面识别和排查。作为学校的一分子，教师、后勤人员及学校领导都肩负着维护校园安全稳定的重任，也是校园安全风险识别网络的“触角”。只有各部门各司其职，充分发挥各自的作用，认真履行相应职责，才能有效防范校园安全事件的发生。学校应定期开展对教职工的安全教育培训工作，培养学生的安全防范意识，建立健全实时监测、定期反馈总结的安全管理机制。实行属地化管理，当某一区域发生突发事件时，由该部门所属单位承担相应责任，

① 程天君，李永康. 校园安全：形势、症结与政策支持[J]. 教育研究与实验，2016，(1)：15-20.

进行事件跟踪及后续情况监测，并在辖区内开展校园安全排查清理工作，重点在易发生事故的地点、时段进行风险排查，将曾发生事故的学校列为重点关注对象。校园安全管理工作应与教职工的年度考核挂钩，以提高各所属职能部门对校园安全管理工作的积极性。校园安全事件一旦发生，极易酿成不可挽回的后果。针对校园安全事故频发的现状，2018年各省（自治区、直辖市）纷纷开展种类多样的校园安全演练活动。演练内容涉及校园消防安全演练、预防校园意外侵害事件应急安全演练、校园突发事件紧急疏散演练、预防食物中毒安全应急演练等，通过对学生进行安全、自救自护教育，使学生树立牢固的校园安全防范意识，切实提高在校学生的自我防护能力及快速反应、妥善处理校园突发事件的能力，确保学生在校园中健康快乐地学习和生活。

其次，加快校园安全治理相关立法进程。探索构建相关法律法规以维护校园安全，各国均做出了立法尝试。2013年7月及2014年3月，韩国政府相继发布了《"以学校现场为中心"校园暴力应对政策》和《2014年度"以学校现场为中心"校园暴力应对政策的促进计划》，旨在彻底根除校园暴力事件的发生[①]。2013年6月，日本国会通过了《防止欺凌对策促进法》，教导学生不在校园内外欺凌他人，同时在遇到欺凌事件时不放任、不沉默。在该法案的引领下，日本文部科学省及各地方政府纷纷出台防止欺凌的方案和举措[②]。目前，我国缺乏关于校园欺凌或校园暴力的专门性法律法规，亟须结合我国校园安全实际情况，借鉴发达国家关于校园安全治理的先进经验，出台遏制和应对校园安全事件的措施，以维护校园安全秩序的稳定与和谐。

最后，落实校园安全风险转移分担制度。学校作为校园安全建设的主要管理者，当校园安全事件发生时，理应承担主要责任。如何做好校园安全整体防控和风险对冲，落实校园安全风险转移分担制度尤为关键。合肥市以学校（含幼儿园）为试点对象，于2018年开展食品安全责任保险试点，建立健全保险赔付政策，取得了良好的效果[③]。学校管理者应当按规定为学校购买校方责任险，并根据当地经济发展情况及校园实际，合理确定校方责任险的投保责任，规范理赔程序和理赔标准。当校园安全事件发生时，校园管理者在明晰自身责任的同时，应规范使用校方责任险，以合理减轻风险，保障在校师生的合法权利。

2. 完善校园安全风险长效预警机制

校园安全建设是一项系统工程，而预警机制则是应对校园安全风险的首要任务。强化校园安全的趋势预测、评估预测及提前干预，针对不同种类的校园安全事件要做到"防患于未然，捉矢于未发"。学校应加强校园安全应急教育，设立层级分工、责任明确的校园安全应急管理组织机构，制订相应的应急预案。《国务院办公厅关于加强中小学幼儿园安全风险防控体系建设的意见》指出，教育部门要会同相关部门制定区域性学校安全风险清单，建立动态监测和数据搜集、分析机制，及时为学校提供安全风险提示，指导

---

① 吕君. 韩国《"以学校现场为中心"校园暴力应对政策》述评[J]. 比较教育研究，2016，38（1）：84-89.

② 田辉. 日本多管齐下治理校园欺凌[EB/OL]. http://news.gmw.cn/2017-04/05/content_24129849.htm，2017-04-05.

③ 关飞，郭宇. 合肥：学校今年试点食品安全责任保险[EB/OL]. http://ah.people.com.cn/n2/2018/0419/c358428-31480203.html，2018-04-19.

学校健全风险评估和预防制度[①]。通过校园安全预警机制的建立和完善，为学生营造一个和谐安宁的校园环境。

首先，编制统一有序的校园安全预警工作预案。校园安全事件种类繁多，在制定各项校园安全制度或应急预案时要注意合理划分管辖边界，避免不同制度或者措施形成冲突，影响校园安全事件处置的有效性。对于现有的应急预案要及时更新，根据现实情况不断修订完善校园安全风险预警管理原则、预案机制与处理程序，进一步提高校园安全风险治理的针对性。

其次，设立职责明确的校园安全管理组织机构。学生学习成长需要一个稳定优良的环境，学校安全管理者在充实教师队伍、丰富教学器材的同时，需要健全校园安全管理队伍建设，明确具体岗位负责人、学校行政领导相关负责人的管理责任。建立健全事件责任追究制度，当校园安全风险演化为突发事件时，应及时做好善后工作，并追究相关人员的责任。例如，针对中小学课外补习班、辅导班、校外培训机构不断蔓延的态势，吉林省成立了吉林省治理和规范中小学幼儿园及教育培训机构办学行为工作领导小组，建立了政府主导、部门协调、上下联动、齐抓共管的工作机制。该领导小组重点治理存在安全隐患及缺乏资质的培训机构，治理语文、数学等学科类超纲教、超前学的"应试"培训行为，治理学校和教师队伍中存在的不良教育教学行为。

最后，建立与当地警务部门协作的多方联动合作机制。20世纪60年代中期，美国校园内不安定因素日益突出，各类犯罪活动在校园内十分猖獗，对学校和社会的安全构成严重威胁。对此，美国设立了校园警察制度。学校通过聘请当地警察制订有针对性的校园安全维护计划处理校园安全事故，全方位保障学生的安全[②]。我国校园安全管理亦可借鉴该模式，学校可以通过举办校园安全演练、校园安全知识宣讲等活动，邀请公安部门工作人员入校与学生进行零距离交流，学校应与当地警务部门建立校园安全协作关系，进而为学校的安保系统建设提供有效指导。

3. 探索建构校园安全网格化管理模式

党的十八届三中全会提出，要"改进社会治理方式""创新社会治理体制""坚持源头治理，标本兼治、重在治本，以网格化管理、社会化服务为方向，健全基层综合服务管理平台，及时反映和协调人民群众各方面各层次利益诉求"[③]。网格化管理模式是依据一定的价值标准将管理目标划分为若干网格单元，运用现代信息手段及网格单元的逻辑关联，建立网格管理的协调机制，使管理的目标对象之间可以进行数据交换和信息共享，有效整合信息资源、提升管理质量和管理水平的一种现代管理模式[④]。网格化管理应用于校园，是对校园安全管理的一个新尝试，是在"互联网+"大背景下，整合校园不同部门资源、实现校园安全协同治理的重要探索。

---

① 国务院办公厅. 国务院办公厅关于加强中小学幼儿园安全风险防控体系建设的意见[EB/OL]. http://www.moe.gov.cn/jyb_xxgk/moe_1777/moe_1778/201705/t20170502_303493.html，2017-04-25.

② 方芳. 美国校园安全治理模式述评[J]. 上海教育科研，2014，(10)：41-44.

③ 中共中央关于全面深化改革若干重大问题的决定[EB/OL]. http://cpc.people.com.cn/n/2013/1115/c64094-23559163.html，2013-11-15.

④ 郑士源，徐辉，王浣尘. 网格及网格化管理综述[J]. 系统工程，2005，(3)：1-7.

首先，构建校园安全网格化智能平台管理系统。信息技术在当今社会应用广泛，针对日益频发的校园安全事件，学校有必要通过精准定位，采集学校各类建筑物及相关道路、设施的信息，对各类可能发生校园安全事件的危险区域进行风险识别，充分发挥校园各路段、各区域的监控作用，实时掌握校园内部及周围的动态变化。

其次，合理划分校园安全网格体系。将学校不同部门或者楼层按照距离远近划分为若干个网格单元，为每个网格单元分别配备相应的网格管理者，并对其进行系统化操作培训。当某个网格单元发生校园安全事件时，学校可以通过 AI（artificial intelligence，人工智能）监测系统对发生事件区域进行精准定位，并安排所在区域负责人第一时间赶赴事件现场，最大限度地减轻事件带来的伤害。

最后，整合强化不同部门的工作职责。网格化本身传递的是互帮互助、协作共赢的理念，校园安全网格化体系建构使得学校各个部门在校园安全事件发生时均难以独善其身。网格化系统可以将校园安全风险问题汇总整合，发布预防和化解意外伤害事件、校园设施安全事件等的对策和措施。在事件发生后，相关网格部门通过责任集体分配，及时处理问题并上报网格化智能平台，规范处理事件并随时跟踪事件的后续进展。

1.4　2019 年校园安全治理新趋势

校园安全建设作为社会发展的重要一环，一直是舆论广泛关注的问题。校园安全事件涉及范围广泛，影响波及深远。校园安全治理不能仅靠学校，需要社会各界共同努力。回顾我国 2018 年校园安全事件发生的情况，校园欺凌、校园暴力事件依然占据较大比重；初中学段发生的校园安全事件所占比例居高不下；每逢开学、放假则是校园安全事件多发期；等等。此外，2018 年校园安全事件出现的一些新问题值得关注，如校外培训机构违规办学事件日益增多；校园设施安全事件频频发生；等等。分析 2018 年校园安全事件的特征及产生原因，我们可以从校园安全综合治理的体系化、制度化、创新化和法制化四个方面探讨 2019 年校园安全治理新趋势。

1.4.1　校园安全综合治理的体系化

在当下校园安全形势日益严峻的背景下，建立协同合作的治理体系，形成完整有序的治理格局，是推动校园安全建设的进一步发展，营造和谐稳定的校园氛围的重要举措。

1. 建立协同治理的校园安全防治体系

针对日益严峻的中小学校园欺凌态势，国务院教育督导委员会办公室对各地中小学校园欺凌防治落实情况进行了总结通报，各地按要求逐级建立了由教育部门牵头，有关部门参与的省、市、县各级学生欺凌防治协同工作体系，我国 31 个省（自治区、直辖市）、新疆生产建设兵团、99%的地市、95%的县（市、区）教育部门在门户网站公布了学生欺凌防治工作机构和办公电话，以便群众对校园安全进行间接监督，鼓励卷入校园欺凌的受害学生勇敢地维护自己的合法权益①。2019 年以来，校园欺凌防治工作取得了有效进展。针对校园安全综合治理工作，各省（自治区、直辖市）联合各个部门共同制定文件，落实校园安全防治工作。

2. 发挥媒体在校园安全综合治理中的宣传引导作用

各类新闻媒体是公众获取实时信息的重要渠道，校园安全综合治理可以与媒体通力合作，以大众喜闻乐见、简单易懂的形式，通过电视、广播、新媒体的形式向公众普及校园安全知识，增强学生的安全防范意识。2018 年 12 月 25 日，“儿童防灾减灾科普教室”落户贵州，中国地震学会科普工作委员会委员、高级工程师陈莉为孩子们带来一节生动有趣的地震安全教育课，专业、详尽地讲解了有关防震减灾知识与应急避险技能等内容，与学生们互动，模拟地震发生情景，练习突发灾害应急处理方法②。校园安全事件防范治理措施经由新闻媒体的正向宣传报道，被学生及社会公众熟知，在今后的校园安全治理过程中面临类似事件时，学生能够从容不迫地处理和应对事件，减轻校园安全事件可能带来的不良后果。

3. 加强校园安全治理与当地公安部门的合作

校园安全事件种类多样，仅靠学校一己之力难以有效防范和治理各类事件，我国目前各类校园安全治理手段仍停留在实践初探阶段。西方发达国家在校园安全治理方面重视立法为主、法治先行，学校与当地社区、警务部门等建立了密切的合作关系，在校园安全多元主体共治方面积累了丰富的经验。汇集各方力量，共同防范减少校园安全事件的发生是当下社会转型期加强校园综合治理的必然要求。我国于 2019 年开展了与公安部门通力合作的校园安全治理工作，如“护校安园”“平安校园”“护苗行动”等，受到学生及社会各界的一致好评。

1.4.2　校园安全综合治理的制度化

良好的制度是保障社会平稳快速运行的重要基石，针对不同类别的校园安全事件出台规范化的治理方案是推动校园稳定发展的必由之路。放眼国内校园，有关校园安全综合治理的法律法规或规章制度屈指可数。例如，《学生伤害事故处理办法》和《中小学幼儿园安全管理办法》等涉及校园安全的法律法规，仅从全局角度对校园安全做出粗略界定，缺乏整体、系统性的指导。当具体的校园安全事件发生时，学校根据该类法规难以及时地解决问题，亟须有关部门构建系统完备的制度化操作方案。

1. 根据各地实际完善校园安全治理规章制度

校园安全管理制度不健全是校园安全事件处理效率低下的重要原因。为防止校园安

① 国务院教育督导委员会办公室. 国务院教育督导委员会办公室关于各地中小学生欺凌防治落实年行动工作情况的通报[EB/OL]. http://www.moe.gov.cn/s78/A11/A11_gggs/A11_sjhj/201902/t20190201_368784.html，2019-01-28.

② 王金丽. “儿童防灾减灾科普教室”落户贵州[EB/OL]. http://gongyi.people.com.cn/n1/2018/1229/c151132-30494317.html，2018-12-29.

全事件事态的进一步扩大，必须加强校园安全治理相关立法，根据实际情况完善法律规章制度。近年来，各地均进行了有益尝试。面对校园欺凌、校园暴力愈演愈烈的态势，山东省青岛市出台了《关于建立青岛市校园伤害纠纷联动调解机制的实施意见》[①]；江苏省扬州市制定了《校园欺凌防治工作领导责任制度》和《校园欺凌事件排查工作制度》，为化解校园矛盾纠纷，畅通学生利益诉求渠道，维护学校及学生合法权益提供了制度支持。明确规章制度、规范预防处理措施是今后校园安全治理工作的重点。

2. 推动校园安全综合治理队伍建设规范化

校园安全综合管理涉及面广，针对校园安全事件的频频发生，需要具有专业技能的校园安全综合治理队伍化解各种校园安全风险事件。建构有效、合理的校园安全应急管理人才储备机制，可以避免在校园安全应急响应机制未启动时招募和选拔大量应急管理人员，从而造成人员的闲置浪费，以降低管理成本[②]。针对学校不同部门制订不同的校园风险防范预案，教师在传道、授业、解惑的同时，要重视自身的言行举止，以身作则，丰富自身的安全防范意识；学校各部门人员分别负责各项本职工作，共同维护学校的正常运转，及时做好校园人员的校园安全知识培训；学校领导层应健全“一把手责任”的安全管理体制，为校园安全综合治理提供政策支持。通过系统全面的队伍建设，打造一支规范有序的校园安全综合治理队伍，确保各项校园安全治理规章制度的顺利开展。

3. 通过开展校园安全综合治理活动落实规章制度

《上海市人民政府关于本市加强中小学幼儿园安全风险防控体系建设的实施意见》中明确了中小学、幼儿园应急疏散演练和安全体验活动的频次，规定上海市中小学每月至少开展一次应急疏散演练，幼儿园每季度至少开展一次应急疏散演练，实现制度化、常态化、规范化[③]。开展丰富多样的校园安全活动，使学生切实感受到校园安全治理的重要性，同时在面对各类校园安全事件时，做到从容不迫，积极应对。在 2019 年校园安全综合治理建设过程中，学校可根据具体实际，设置校园安全活动周，将校园安全教育融入日常的教学环节中，将校园安全教育制度化；抑或开展校园安全讲座及校园安全模拟演练活动，针对可能发生的不同种类校园安全事件提出具体细致的处理措施，将校园安全教育落到实处。

1.4.3　校园安全综合治理的创新化

近年来，校园安全工作一直备受各级政府及教育部门的重视，取得了优异的成绩。但伴随时代发展，校园安全综合治理过程中出现许多新问题亟待解决，需要整合多方力量，共同推动校园安全治理有序化发展。我们要坚持改革创新，进一步激发中国特色社

---

① 青岛市教育局. 印发《关于建立青岛市校园伤害纠纷联动调解机制的实施意见》的通知[EB/OL]. http://edu.qingdao.gov.cn/n32561912/n32561915/160601155206508778.html，2016-06-01.

② 高山，冯周卓. 中国应急教育与校园安全发展报告（2016）[M]. 北京：科学出版社，2016：49.

③ 陈静. 上海发新规加强中小学幼儿园安全风险防控体系建设[EB/OL]. https://baijiahao.baidu.com/s?id=1625996274729008527&wfr=spider&for=pc，2019-02-20.

会主义教育生机活力，全面开创教育改革发展新局面[①]。校园安全综合治理要始终秉承创新理念，并结合校园建设实际，推动校园安全工作切实转化为推动教育改革发展、建设教育强国的实际行动。

1. 创新校园安全综合治理理念

校园安全综合治理需要积极向上的理念引领，并辅以具体的方式途径，才能保证校园安全的具体落实。将优秀传统文化中的精髓应用于校园安全教育不失为良策。山东省日照市加强顶层设计，将中小学传统文化教育纳入全市基础教育综合改革、未成年人思想道德建设、德育课程一体化实施和校园文化建设“四个体系”，制定印发了《中华优秀传统文化进校园实施方案》等系列文件，系统规划中小学各个学段课程、教学、活动、评价、保障等立体化育人体系，推动优秀传统文化“进学校、进教材、进课堂、进头脑”[②]，向学生传授传统文化中的核心理念并开展相应的教育实践活动，在推广素质教育、培养学生健全人格中发挥了重要作用。

2. 创新校园安全综合治理途径

在开展校园安全综合治理工作过程中，各地积极探索、充分实践，形成了诸多形式新颖、主题鲜明、参与度高、防治效果好的方式和方法。四川省安岳县在学生安全领域引入“大数据”，探索建立学生安全台账制度。目前，安岳县已经建立了以学生安全事故数据台账、事故数据库、学生特异体质台账和学校隐患点及新增隐患点台账等数据资源为基础的学生安全事故大数据分析系统，借助大数据分析，掌握各时段学生安全事故发生的频率，将安全工作的重点指向高频事故，取得了突出成效[③]。大数据的广泛运用是时代发展的必然要求，校园安全综合治理也需要顺应趋势，逐步更新校园安全治理方式，规避校园安全风险。

3. 创新校园安全综合治理模式

校园安全建设面临的外部环境日益复杂多变，创新校园安全综合治理模式是应对新环境、新态势的应有之义。为打造共建、共治、共享社会治理新格局，可结合社区、街区及当地公安部门，开展党建引领校园共创、共建校园安全新模式，动员学校的学生、党员及社区居民积极参与，净化校园及社区周边环境，全面提升学生综合素质。此外，可借鉴发达国家校园治理的先进经验，坚持以人为本的理念，对校园安全综合治理采取分级分层管理，建立安全工作责任制。贵州省云岩区于2018年成立了校园安全整治办，其下管辖四个校园安全检查组，对辖区内学校进行全覆盖安全隐患排查，形成有效的安全隐患排查治理闭环管理，实现校园安全“零事故”[④]，这是校园安全综合治理模式的一大创新。因此，将校园安全综合治理模式推广至全国各地的学校已然成为校园安

---

① 刘延东. 深入学习贯彻党的十九大精神 全面开创教育改革发展新局面[EB/OL]. http://theory.people.com.cn/n1/2018/0315/c40531-29869921.html，2018-03-15.

② 日照市教育局. 日照市多维立体推进中小学传统文化教育[EB/OL]. http://edu.sdchina.com/show/3984524.html，2016-12-02.

③ 鲁磊. 编织“大网”为学生“护航”[EB/OL]. http://www.jyb.cn/zgjyb/201702/t20170228_463561.html，2017-02-28.

④ 罗海兰. 云岩区创新校园安全治理模式，四年来实现校园安全“零事故”[N]. 贵阳日报，2018-05-02（A06）.

全管理的大势所趋。

1.4.4　校园安全综合治理的法制化

建设法治校园是全面依法治国的必然要求，校园安全综合治理离不开具体法律的有效规范。针对近年来不断发生的各类校园安全事件，相关政府部门出台了一系列具体措施及规范性文件，治理效果显著。但建设法治校园是一项综合性的系统工程，需要专门的管理机构、制度、经费及专业人员与校园安全管理部门合力驱动，共同推动校园安全综合治理法制化进程。

1. 加强校园安全综合治理法制宣传教育

提高教学质量、培育高素质人才是校园建设的第一要义，安全有序的校园安全环境是开展教育教学、丰富校园安全活动的基础性工程。校园安全事件频频发生，校园安全法治意识淡薄是其中的一个重要原因。可借鉴、吸收西方发达国家校园安全治理经验，结合校园安全建设实际，编写校园安全事件预防与应对手册，以生动形象、通俗易懂的图画及文字向在校学生普及校园安全常识，加强对学生进行校园安全法制教育的正确引导，培养学生法治思维，营造和谐稳定的校园氛围。

2. 健全校园安全综合治理法规制度体系

校园安全治理针对性强、涉及范围广，粗略单一的校园安全法律法规已难以应对校园安全事件频发的态势。教育部 2019 年工作要点中指出，全面推进依法治教，印发《关于深化教育行政执法体制改革的意见》，探索依法治理“校闹”机制，完善学校安全事故应急处理机制，健全学校依法办学法律服务与保障体制①。校园安全管理者需选拔具有专业法律素养的人才队伍，构建校园安全专业委员会，通过与当地教育机关及公安部门的沟通协作，结合本校实际制订切实可行的校园安全事件防治应急预案，为校园日常安全管理活动提供具体性的措施并进行监督与指导。

3. 明晰校园安全综合治理中各方的法定责任

校园安全事件的爆发是多种因素共同作用的结果，学校、家庭及学生自身均应承担直接或间接责任。校园安全管理部门在明确校园安全事件的早期预警机制、事中处理机制及事后干预措施的具体流程后，应针对不同情况的、可能产生不良后果的校园安全事件，制定具体的处罚制度，对相关责任人进行处罚。学校应明确校园安全事件的举报、受理、调查与决定等程序，保证事件在有效的期限内得到公正合理的解决②，推动校园安全综合治理日趋完善，构建以学校为主体、法律为支撑的法治校园建设格局。

---

① 教育部. 教育部 2019 年工作要点[EB/OL]. http://www.moe.gov.cn/jyb_xwfb/gzdt_gzdt/s5987/201902/t20190222_370722.html，2019-02-22.

② 许锋华，徐洁，黄道主. 论校园欺凌的法制化治理[J]. 教育研究与实验，2016，(6)：50-53.

第 2 章　2018 年校园安全政策的新发展

2013~2017 年，我国国家安全政策制定和社会管理进入一个新时期。2013 年 11 月，党的十八届三中全会通过的《中共中央关于全面深化改革若干重大问题的决定》对加强国家安全做出顶层设计，明确提出“设立国家安全委员会，完善国家安全体制和国家安全战略，确保国家安全”[①]。根据这一重大部署，2014 年 4 月 15 日，中央国家安全委员会第一次全体会议首次提出总体国家安全观的思想，中央国家安全委员会主席习近平强调，要准确把握国家安全形势变化新特点新趋势，坚持总体国家安全观，走出一条中国特色国家安全道路[②]。2015 年 7 月 1 日，第十二届全国人民代表大会常务委员会第十五次会议通过新的《中华人民共和国国家安全法》。该法共 7 章 84 条，对政治安全、国土安全、军事安全、文化安全、科技安全等 11 个领域的国家安全任务进行了明确，自 2015 年 7 月 1 日起施行。该法明确将国家安全定义为“国家政权、主权、统一和领土完整、人民福祉、经济社会可持续发展和国家其他重大利益相对处于没有危险和不受内外威胁的状态，以及保障持续安全状态的能力”，并首次系统提出 11 个安全领域：要构建集政治安全、国土安全、军事安全、经济安全、文化安全、社会安全、科技安全、信息安全、生态安全、资源安全、核安全等于一体的国家安全体系。

本章将在总体国家安全观的宏观背景下，梳理 2018 年我国校园安全政策的新发展。高山和冯周卓[③④]，高山等[⑤]，沙勇忠和王超[⑥]等学者对我国 2016~2018 年校园安全政策的发展进行了深入系统的分析，发现校园安全相关政策在公文表述、关注主题、关注程度、关注安全类型差异等方面都有显著的变化，当前我国校园安全公共政策已达到

---

① 史玮. 中央国家安全委员会第一次会议召开 习近平发表重要讲话[EB/OL]. http://www.gov.cn/xinwen/2014-04/15/content_2659641.htm，2014-04-15.

② 王子晖. 习近平：坚持总体国家安全观 走中国特色国家安全道路[EB/OL]. http://www.xinhuanet.com/politics/2014-04/15/c_1110253910.htm，2014-04-15.

③ 高山，冯周卓. 中国应急教育与校园安全发展报告（2016）[M]. 北京：科学出版社，2016：70-78.

④ 高山，冯周卓. 中国应急教育与校园安全发展报告（2017）[M]. 北京：科学出版社，2017：31-35.

⑤ 高山，张桂蓉，沙勇忠，等. 中国应急教育与校园安全发展报告（2018）[M]. 北京：科学出版社，2018：19-43.

⑥ 沙勇忠，王超. 校园安全公共政策分析[C]//高山，张桂蓉，沙勇忠，等. 中国应急教育与校园安全发展报告（2018）. 北京：科学出版社，2018：19-46.

了一个稳定发展的状态，本章拟在已有研究的基础上，对我国 2018 年校园安全新政策进行较为系统深入的分析。

2.1 总体安全观与校园安全的新形势

2.1.1 总体安全观的内涵解读

习近平指出，当前我国国家安全的内涵和外延比历史上任何时候都要丰富，时空领域比历史上任何时候都要宽广，内外因素比历史上任何时候都要复杂，必须坚持总体国家安全观，以人民安全为宗旨，以政治安全为根本，以经济安全为基础，以军事、文化、社会安全为保障，以促进国际安全为依托，走出一条中国特色国家安全道路①。对于如何贯彻落实总体国家安全观，习近平总结了五个层次、十个“重视”：贯彻落实总体国家安全观，必须既重视外部安全，又重视内部安全，对内求发展、求变革、求稳定、建设平安中国，对外求和平、求合作、求共赢、建设和谐世界；既重视国土安全，又重视国民安全，坚持以民为本、以人为本，坚持国家安全一切为了人民、一切依靠人民，真正夯实国家安全的群众基础；既重视传统安全，又重视非传统安全，构建集政治安全、国土安全、军事安全、经济安全、文化安全、社会安全、科技安全、信息安全、生态安全、资源安全、核安全等于一体的国家安全体系；既重视发展问题，又重视安全问题，发展是安全的基础，安全是发展的条件，富国才能强兵，强兵才能卫国；既重视自身安全，又重视共同安全，打造命运共同体，推动各方朝着互利互惠、共同安全的目标相向而行①。“以人民安全为宗旨，以政治安全为根本，以经济安全为基础，以军事、文化、社会安全为保障，以促进国际安全为依托”作为总体国家安全观的五大要素，强调国家安全的综合性和整体性，只有构建集政治安全、国土安全、军事安全、经济安全、文化安全、社会安全、科技安全、信息安全、生态安全、资源安全、核安全等于一体的国家安全体系，才能有效应对当前的安全形势和安全挑战，走出一条中国特色国家安全道路。

分析习近平同志在中央国家安全委员会第一次会议上的讲话，可以发现“总体国家安全观”有以下三个特点。

1. 安全是条件

国家安全和社会稳定是改革发展的前提。只有国家安全和社会稳定，改革发展才能不断推进。当前我国面临对外维护国家主权、安全、发展利益，对内维护政治安全和社会稳定的双重压力，各种可预见和难以预见的风险明显增多。

2. 内外兼顾

既重视外部安全，又重视内部安全。从国家层面来讲，需要内外兼顾，要统筹外部

① 王子晖. 习近平：坚持总体国家安全观 走中国特色国家安全道路[EB/OL]. http://www.xinhuanet.com/politics/2014-04/15/c_1110253910.htm，2014-04-15.

安全和内部安全，对内求发展、求变革、求稳定、建设平安中国，对外求和平、求合作、求共赢、建设和谐世界。从目前我国的安全形势看，更要将内部因素作为维护国家安全的重中之重。我国正处于社会全面转型时期，国内社会的各种矛盾、对立、冲突和斗争等都可能对我国国家安全造成严重威胁。

3. 以人为本

既重视国土安全，又重视国民安全，坚持以民为本、以人为本，坚持国家安全一切为了人民、一切依靠人民，真正夯实国家安全的群众基础。传统国家安全观过度关注国土安全、政权安全，而忽视人民的安全；过度强调政府在维护国家安全中的作用，而忽视人民群众的主体地位。离开人的安全，国家安全就会失去意义。

2.1.2　总体国家安全观与校园安全

首先，总体国家安全观把对物的关切与对人的关切结合起来，既重视国土安全，又重视国民安全；坚持以人民安全为宗旨，坚持以民为本、以人为本；坚持国家安全一切为了人民、一切依靠人民，真正夯实国家安全的群众基础。这些思想和理念为校园安全政策提供了定位和指引。据教育部统计数据，截至2017年，在学前教育阶段，全国共有幼儿园25.50万所，在园儿童4 600万人；在义务教育阶段，全国共有义务教育阶段学校21.89万所，在校生1.45亿人[①]。合计以上，与校园安全相关的我国青少年儿童人口总量为1.91亿人。从全球发展趋势看，每个国家都把儿童的教育和发展视为最重要的人力资源投资，而校园安全正是这种人力资源投资的最基础性保障。校园是否安全不仅关系到我国亿万儿童的基本权利是否得到保障，也关系到他们是否能够健康成长为国家后备人才力量。

其次，总体国家安全观的国家安全归根到底就是要为群众安居乐业提供坚强保障。校园安全涉及青少年生活和学习的方方面面，牵扯千万个家庭的幸福安宁和社会稳定。“让孩子们成长得更好”已成为国家的承诺；治理和整治校园安全问题，也已成为国家公共政策的重要目标。

最后，总体国家安全观强调外部安全与内部安全的统一，强调物质安全与精神安全的统一，强调11个安全领域的统一和协调。校园安全既是一个独立的领域，也是整个社会安全的组成部分。因此，要重视校园安全与社会的联系，将校园安全纳入更大的视野。校园不完全是充满鲜花、笑声和读书声的净土，它和社会的其他地方一样，也存在不同程度的危险。校园安全不能被单纯地理解为以校门为界的校内安全，而应被理解为更大范畴的社会现象（问题）在校园的投射。校园安全事件越来越表现出与社会矛盾背后的普遍性和特殊性相联系，如校园建设的地方差异、恶性刑事案、食品安全案、其他人身侵害案等。这些案件成因复杂，形式各异，需要有不同的应对预案。综上，校园安全问题属于公共危机管理范畴，而如何防范各类危机事件，特别是防范重大社会危机，已成为政府实施国家安全治理的重要目标。

---

① 《2017年全国教育事业发展统计公报》。

2.2　2018 年校园安全新政策概述

校园安全是指人、财、物、校园文化综合的安全，其客体不仅包括对在校师生生命、财产、人格等权利的保护，还包括对学校公共财物和校园文化资产的保护[①]。政策分析需要依托政策文本，一般而言，政策文本是指在国家和地方层面上由政府部门颁发的，以正式书面文本为表现形式的规范性法律、法规和规章的总称[②]。地方政府颁布的校园安全政策数量较为庞大且多为对国家层面政策的解读与再造，因此，本书所提及的校园安全政策是指由全国人民代表大会（以下简称全国人大）、中共中央、教育部等国家层面的部门颁发的，以正式书面文本为表现形式的各种校园安全规范性法律、法规和规章的总称。

本章在选择校园安全政策文本时，主要遵循三个基本原则：公开性、权威性和全面性。其中，公开性是指样本是由国家相关部门以公开出版的方式对社会发布的校园安全政策，不公开的政策文本不在本章的分析范围内；权威性是指政策文本由国家权威机关提供；全面性是指文本能够反映一定时期我国校园安全政策的整体面貌。为较为准确、方便地获取 2018 年国家发布的校园安全政策文件，我们首先选取与校园安全相关的国家级部门官方网站，包括中共中央、国务院、应急管理部、国家食品药品监督管理总局（以下简称食药总局）、国家卫生和计划生育委员会（以下简称国家卫生计生委）、教育部、财政部、国家市场监督管理总局（以下简称市场监管总局）等 20 余个政府网站，收集 2018 年发布的与校园安全相关的新政策文本；其次，我们进一步选取北大法律信息网（http://www.chinalawinfo. com/）作为政策文件的样本来源。该网站收录了 1949 年起至今的法律法规，包括中央司法解释、地方法律规章、合同与文书范文、外国法律法规、法律动态和立法背景资料等，数据库更新速度较快。我们最终获得有效政策样本 87 项，具体如表 2.1 所示。

表 2.1　2018 年我国校园安全新政策文本表

编号	政策名称
1	教育部关于公布第二批《职业学校专业顶岗实习标准》的通知
2	教育部关于做好 2018 年春节寒假期间有关工作的通知
3	教育部办公厅等六部门关于在学校推进生活垃圾分类管理工作的通知
4	教育部办公厅、财政部办公厅关于做好 2018 年中小学幼儿园教师国家级培训计划组织实施工作的通知
5	教育部办公厅关于加强流感等呼吸道传染病防控工作的预警通知
6	教育部办公厅、国家外国专家局办公室关于组织申报聘请校园足球外籍教师支持项目的通知
7	教育部关于《学校集中用餐食品安全管理规定（征求意见稿）》公开征求意见的公告

① 沙勇忠，王超. 校园安全公共政策分析[C]//高山，张桂蓉，沙勇忠，等. 中国应急教育与校园安全发展报告（2018）. 北京：科学出版社，2018：20.

② 涂端午. 教育政策文本分析及其应用[J]. 复旦教育论坛，2009，7（5）：22-27.

续表

编号	政策名称
8	教育部 国家体育总局 北京冬奥组委关于印发《北京2022年冬奥会和冬残奥会中小学生奥林匹克教育计划》的通知
9	教育部关于印发《教育部2018年工作要点》的通知
10	教育部办公厅关于印发《2018年教育信息化和网络安全工作要点》的通知
11	教育部办公厅关于做好2018年普通中小学招生入学工作的通知
12	交通运输部办公厅关于印发2018年交通运输安全生产工作要点的通知
13	教育部办公厅关于切实做好2018年春季开学及全国“两会”期间学校安全生产工作的通知
14	国务院安全生产委员会关于印发2018年工作要点的通知
15	人力资源社会保障部关于做好2018年全国高校毕业生就业创业工作的通知
16	最高人民检察院工作报告——2018年3月9日在第十三届全国人民代表大会第一次会议上
17	最高人民法院工作报告——2018年3月9日在第十三届全国人民代表大会第一次会议上
18	教育部办公厅关于加强全国青少年校园足球特色学校建设质量管理与考核的通知
19	教育部办公厅关于做好全国青少年校园足球特色学校、试点县（区）创建（2018-2025）和2018年“满天星”训练营遴选工作的通知
20	交通运输部办公厅教育部办公厅关于开展2018年水上交通安全知识进校园活动的通知
21	教育部关于印发《高等学校人工智能创新行动计划》的通知
22	人力资源社会保障部办公厅关于集中开展高校毕业生就业指导活动的通知
23	教育部关于加强大中小学国家安全教育的实施意见
24	教育部关于印发《教育信息化2.0行动计划》的通知
25	市场监管总局关于开展校园及周边“五毛食品”整治工作的通知
26	国务院安委会办公室关于开展2018年全国“安全生产月”和“安全生产万里行”活动的通知
27	教育部关于发布《网络学习空间建设与应用指南》的通知
28	国务院教育督导委员会办公室关于补充全国中小学校责任督学挂牌督导创新县（市、区）评估认定内容的函
29	国务院教育督导委员会办公室关于开展中小学生欺凌防治落实年行动的通知
30	教育部办公厅关于做好预防中小学生沉迷网络教育引导工作的紧急通知
31	国务院办公厅关于全面加强乡村小规模学校和乡镇寄宿制学校建设的指导意见
32	体育总局政法司关于开展文件清理工作的通知
33	国务院关于推行终身职业技能培训制度的意见
34	教育部办公厅关于开展2018年教育系统“安全生产月”和“安全生产万里行”活动的通知
35	关于开展第31个世界无烟日宣传活动的通知
36	教育部办公厅关于防范学生溺水事故的预警通知
37	教育部办公厅关于开展2018年“少年传承中华传统美德”系列教育活动的通知
38	教育部关于印发《中小学图书馆（室）规程》的通知
39	教育部办公厅关于组织开展全国青少年校园足球师资国家级专项培训的通知
40	教育部办公厅关于开展“全国中小学生研学实践教育基（营）地”推荐工作的通知
41	最高人民检察院关于印发《最高人民检察院关于充分发挥检察职能为打好“三大攻坚战”提供司法保障的意见》的通知
42	国务院教育督导委员会办公室关于开展中小学生欺凌防治落实年行动工作进展情况的通报

续表

编号	政策名称
43	教育部办公厅关于开展 2018 年“圆梦蒲公英”暑期主题活动的通知
44	教育部 中央军委国防动员部关于举办第五届全国学生军事训练营的通知
45	中共教育部党组关于印发《高等学校学生心理健康教育指导纲要》的通知
46	教育部办公厅关于做好 2018 年中小学幼儿园学生暑期有关工作的通知
47	国务院食品安全办[①]等 19 部门关于开展 2018 年全国食品安全宣传周活动的通知
48	对十三届全国人大一次会议第 3239 号建议的答复
49	交通运输部办公厅关于印发平安交通三年攻坚行动方案（2018-2020 年）的通知
50	教育部办公厅关于开展校园不良网贷风险警示教育及相关工作的通知
51	中国银保监会关于银行业和保险业做好扫黑除恶专项斗争有关工作的通知
52	教育部关于同意《重庆大学章程》部分条款修改的批复
53	教育部 财政部 国家发展改革委印发《关于高等学校加快“双一流”建设的指导意见》的通知
54	教育部办公厅关于印发《全国青少年校园足球改革试验区基本要求（试行）》和《全国青少年校园足球试点县（区）基本要求（试行）》的通知
55	市场监管总局等关于开展 2018 年全国“质量月”活动的通知
56	市场监管总局办公厅关于加强秋季开学学校和幼儿园食品安全监管工作的通知
57	教育部办公厅关于进一步加强防范非法集资有关工作的通知
58	全国人民代表大会常务委员会执法检查组关于检查《中华人民共和国传染病防治法》实施情况的报告——2018 年 8 月 28 日在第十三届全国人民代表大会常务委员会第五次会议上
59	教育部等八部门关于印发《综合防控儿童青少年近视实施方案》的通知
60	教育部关于印发《来华留学生高等教育质量规范（试行）》的通知
61	教育部关于印发《高校思想政治工作专项资金管理暂行办法》的通知
62	教育部关于公布 2018 年全国青少年校园足球特色学校、试点县（区）和“满天星”训练营遴选结果名单的通知
63	国务院教育督导委员会办公室关于加强学生营养改善计划食品安全工作的紧急通知
64	国家药品监督管理局办公室关于开展 2018 年“全国安全用药月”活动的通知
65	教育部关于加快建设高水平本科教育 全面提高人才培养能力的意见
66	教育部办公厅关于严禁商业广告、商业活动进入中小学校和幼儿园的紧急通知
67	教育部办公厅关于开展 2018 年度网络学习空间应用普及活动的通知
68	最高人民法院印发《关于为实施乡村振兴战略提供司法服务和保障的意见》的通知
69	国务院教育督导委员会办公室关于进一步加强中小学（幼儿园）安全工作的紧急通知
70	市场监管总局办公厅关于进一步加强儿童用品质量安全监管工作的通知
71	国务院安委会办公室关于进一步加强当前安全生产工作的紧急通知
72	教育部关于印发《幼儿园教师违反职业道德行为处理办法》的通知
73	体育总局办公厅关于在“第五届全国大众冰雪季”期间广泛开展群众性冰雪活动的通知
74	国家林业和草原局办公室关于进一步加强当前林业安全生产工作的紧急通知
75	教育部关于印发《中小学教师违反职业道德行为处理办法（2018 年修订）》的通知
76	关于印发全国社会心理服务体系建设试点工作方案的通知

① 国务院食品安全委员会办公室，简称国务院食品安全办。

续表

编号	政策名称
77	教育部 中共中央宣传部关于加强中小学影视教育的指导意见
78	教育部办公厅关于切实做好岁末年初学校安全生产工作的通知
79	国务院教育督导委员会办公室关于加强中小学（幼儿园）冬季安全工作的通知
80	关于印发《“扫黄打非”工作举报奖励办法》的通知
81	教育部办公厅关于进一步加强中小学（幼儿园）预防性侵害学生工作的通知
82	市场监管总局关于印发《贯彻落实〈综合防控儿童青少年近视实施方案〉行动方案》的通知
83	中国气象局关于印发《气象科普发展规划（2019–2025年）》的通知
84	教育部办公厅关于严禁有害APP进入中小学校园的通知
85	教育部办公厅关于做好全国青少年校园冰雪运动特色学校及北京2022年冬奥会和冬季残奥会奥林匹克教育示范学校遴选工作的通知
86	教育部办公厅关于做好2019年普通高等学校部分特殊类型招生工作的通知
87	中共教育部党组关于认真学习贯彻习近平总书记在庆祝改革开放40周年大会上重要讲话精神的通知

2.3　2018年校园安全新政策分析

2.3.1　2018年校园安全政策的内容分析

1. 政策文本数量变化

图2.1是我国2018年校园安全政策文本数量变化统计图。从图2.1可以看出，2018年，相关权威部门共颁布87项校园安全相关政策，平均每月颁布的关于校园安全政策文本数为7.25项。其中，2018年4月颁布的校园安全政策文本数量最多，达12项；相关政策文本数量最少的为2月、6月、10月，均为5项；2018年上半年和下半年颁布的校园安全政策文本数量基本持平，分别为44项和43项。我们将图2.1与《中国应急教育与校园安全发展报告（2018）》中2017年的政策趋势图进行比较①，发现2017年颁布政策文本数为82项，与2018年的87项基本持平，但趋势有一定差异，2018年月颁布政策文本数趋于最低值为5项，月最多、月最少颁布文本数量之间差距减小，表明2018年政策月颁布政策文本数更趋于稳定。

2. 政策主体

公共政策的主体是指在特定政策环境中直接或间接地参与政策制定、执行、监控和评估的个人或组织。政策制定主体的明确与否会极大地影响政策属性和政策运行的方向。表2.2是2018年制定校园安全政策文本的部门分布。由表2.2可见，教育部、全国人大、国务院是制定校园安全政策的三个政府主要部门。其中，由教育部制定的政策

① 沙勇忠，王超. 校园安全公共政策分析[C]//高山，张桂蓉，沙勇忠，等. 中国应急教育与校园安全发展报告（2018）. 北京：科学出版社，2018：35.

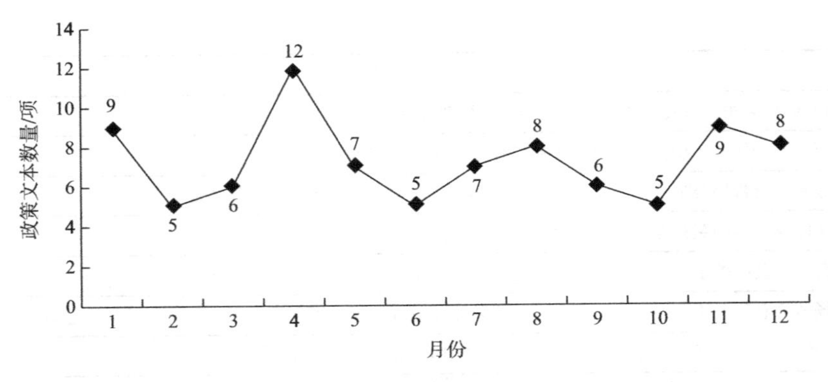

图 2.1　我国 2018 年校园安全政策文本数量月份统计图

文本数量最多，达 50 项，占校园安全政策文本总数的 57.47%；由国务院制定的政策文本共 12 项，占总数的 13.79%；由全国人大制定的政策文本有 1 项，占总数的 1.15%。此外，共有 24 项与校园安全相关的政策文本由其他部门制定，占文本总数的 27.59%。这些部门涵盖最高人民法院、最高人民检察院、市场监管总局、国家卫生健康委员会、人力资源和社会保障部、交通运输部、国家安全生产监督管理总局、食药总局等。

表 2.2　2018 年制定校园安全政策文本的部门分布

部门	政策文本数量/项	所占百分比	累积百分比
教育部	50	57.47%	57.47%
国务院	12	13.79%	71.26%
全国人大	1	1.15%	72.41%
其他	24	27.59%	100.0%
合计	87	100.0%	

表 2.3 是联合制定政策文本的部门数。如表 2.3 所示，87 项校园安全相关政策文本中，有 12 项政策为各权威部门联合制定，占政策总数的 13.79%。其中，以两个部门联合制定为主，共联合颁布 5 项政策文本，占联合颁布政策文本总数的 41.67%。同一项政策联合制定的部门总数最多达到 19 个，该项政策为《国务院食品安全办等 19 部门关于开展 2018 年全国食品安全宣传周活动的通知》。该通知明确宣传周的主题为“尚德守法 食品安全让生活更美好”。其中，活动的形式包括举办全国儿童食品安全守护行动、组织开展儿童青少年食品安全教育、举办儿童食品安全互动体验营活动、开发教育课程及主题绘本、发放科普知识资源包等，通过适合少年儿童的宣教方式，提升“带动家庭、影响社会”的良好效果；活动还包括举办“中小学校长食品安全研讨班”，依托权威专家团队，邀请全国部分中小学校长参与食品安全理论知识和管理技能培训，探讨校园食品安全重点话题，提升校园食品安全管理能力和水平。

表 2.3　联合制定政策文本的部门数

所含部门数/个	联合发布项/项	有效百分比	累积百分比
2	5	41.67%	41.67%
3	3	25.00%	66.67%
4	1	8.33%	75.00%
6	1	8.33%	83.33%
8	1	8.33%	91.66%
19	1	8.33%	100.0%
合计	12	100.0%	

注：由于舍入修约，数据有偏差

3. 政策类型

表 2.4 为校园安全政策文本类型分布。由于政策分类在我国尚未形成统一的标准，因此本章参照我国学者沙勇忠和王超[①]的分类方法，将校园安全教育政策分为三类，即专门性政策文本、综合性政策文本、总体性政策文本。

表 2.4　校园安全政策文本类型分布

政策类型	政策文本数量/项	有效百分比	累积百分比
总体性政策文本	8	9.20%	9.20%
综合性政策文本	44	50.57%	59.77%
专门性政策文本	35	40.23%	100.0%
合计	87	100.0%	

表 2.4 显示，2018 年颁布的 87 项关于校园安全的政策文本中，专门性政策文本为 35 项，占政策文本总数的 40.23%；综合性政策文本为 44 项，占总数的 50.57%；总体性政策文本为 8 项，占总数的 9.20%。

同时，本章还参照沙勇忠和王超[②]的校园安全事故特点类型分类方法，将校园安全问题分为自然灾害、公共卫生、设施安全、意外伤害、突发治安、校园欺凌、个体健康、网络安全、招生/考试安全等类别，并将政策文本中涉及以上至少两类的校园安全问题纳入综合安全范畴中，由此对校园安全政策文本进行考察。表 2.5 显示了基于校园安全事故分类下的校园安全政策文本分布情况。如表 2.5 所示，各类校园安全问题中，权威部门对个体健康、公共卫生与设施安全三类问题的关注度较高，有关这三类问题的政策文本达 31 项，占文本总数的 35.63%；紧随其后的是网络安全问题的有关政策文本，共 6 项，占政策文本总数的 6.90%；而有关突发治安、校园欺凌、意外伤害、自然灾害、招

① 沙勇忠，王超. 校园安全公共政策分析[C]//高山，张桂蓉，沙勇忠，等. 中国应急教育与校园安全发展报告（2018）. 北京：科学出版社，2018：40.

② 沙勇忠，王超. 校园安全公共政策分析[C]//高山，张桂蓉，沙勇忠，等. 中国应急教育与校园安全发展报告（2018）. 北京：科学出版社，2018：50.

生/考试安全问题的政策文本较少，均未达到政策文本总数的 6%，其中，有关突发治安、自然灾害和招生/考试安全问题的政策文本数量最少，都为 2 项，仅占政策文本总数的 2.30%。

表 2.5　基于校园安全事故分类下的校园安全政策文本分布情况

政策类型	政策文本数量/项	有效百分比	累积百分比
个体健康	15	17.24%	17.24%
公共卫生	9	10.34%	27.58%
设施安全	7	8.05%	35.63%
突发治安	2	2.30%	37.93%
网络安全	6	6.90%	44.83%
校园欺凌	5	5.75%	50.58%
意外伤害	3	3.45%	54.03%
自然灾害	2	2.30%	56.33%
招生/考试安全	2	2.30%	58.63%
综合	36	41.38%	100.0%
合计	87	100.0%	

注：由于舍入修约，数据有偏差

4. 政策目标

政策目标是政策实施预期要达到的目的与结果。明确的政策目标是制定政策的前提，只有正确地选择与确定政策目标，才能保证形成正确的政策方案，从而彻底解决政策问题①。参照沙勇忠和王超②的目标分类方法，本章根据政策目标的具体内容将政策目标分为四类，即精神目标、现实目标、工作目标和根本目标。其中，精神目标是指以落实国家安全观，贯彻中央精神、领导讲话精神和上级文件精神为内容的政策目标；现实目标是指以解决既有的政策问题为内容的目标，即维护校园秩序与社会稳定；工作目标是落实文件工作要求与特定时期的工作要求；根本目标则是保障师生人身财产安全。

经过数据分析发现，所有政策文本均设置了政策目标，平均值为 1.4 个。由于多数有关校园安全的政策文本均有 1 个以上的政策目标，本章在进行数据统计时采用多重响应分析方法予以体现。表 2.6 为 87 项政策文本的政策目标分布情况。如表 2.6 所示，精神目标占比最高，共有 60 项政策文本的政策目标包含“贯彻中央精神”，占政策文本总数（122 项）的 49.18%；工作目标次之，把“落实工作要求”作为政策目标的文本数量为 33 项，占文本总数的 27.05%；把“保障师生人身财产安全”这一根本目标作为政策目标的政策文本共 17 项，占文本总数的 13.93%；所占比例最低的是现实目标“维护校

① 耿玉德，万志芳，李春华. 试论政策目标的确定[J]. 决策借鉴，1995，(5)：32-34.

② 沙勇忠，王超. 校园安全公共政策分析[C]//高山，张桂蓉，沙勇忠，等. 中国应急教育与校园安全发展报告（2018）. 北京：科学出版社，2018：35.

园秩序和社会稳定”，仅为12项，占文本总数的9.84%。

表2.6　政策目标分布情况

政策目标	政策文本数量/项	比例
贯彻中央精神	60	49.18%
落实工作要求	33	27.05%
保障师生人身财产安全	17	13.93%
维护校园秩序和社会稳定	12	9.84%
合计	122	100.00%

注：一项政策文本可能具有多个政策目标，因而加总后的政策文本数量大于87项

5. 政策工具

政策工具是政府用以解决各类社会问题的手段。一般而言，学者认为政策工具可以分为五类，分别是权威工具、象征与劝诫工具、激励工具、能力建设工具和系统变革工具。

林小英和侯华伟认为，权威工具是指政府部门运用政治权威对政策目标对象进行强制性规定，具体的表现形式有规定、许可和禁止等[①]。在本章中，权威工具多用于对校园安全的明确规定。例如，2018年10月发布的《教育部办公厅关于严禁商业广告、商业活动进入中小学校和幼儿园的紧急通知》中提到“凡未经批准的活动，一律禁止进入校园或组织中小学生、在园幼儿参加”，“学校要坚决抵制各类利用中小学生和幼儿的教材、教辅材料、练习册、文具、教具、校服、校车等发布或者变相发布广告等行为”，“各地教育行政部门要会同相关部门，严格按照广告法等相关法律规定，杜绝企业以任何形式发布不利于中小学生和幼儿身心健康的商业广告”。

McDonnell和Elmore认为，象征与劝诫工具是通过对人们价值观和信念的引导、启发，促使政策目标对象采取相关行动的政策工具[②]。象征与劝诫工具的特点在于实施门槛低、可用范围广，无须使用大量资源，但其发挥效用的时间周期相对较长。全国人大、国务院和教育部等权威部门在表达校园安全问题的重要性并倡导全社会重视校园安全问题的过程中，运用了大量的象征与劝诫工具。例如，2018年8月颁布的《教育部办公厅关于进一步加强防范非法集资有关工作的通知》中提到“加强宣传教育，提高风险防范意识”，“加强日常监控，完善风险防范机制”，“加强沟通协调，确保校园安全稳定”。

Hannaway和Woodroffe认为，激励工具是凭借正向或负向的反馈来诱使政策目标对象采取政策制定者所希望的行动的政策工具，表现形式主要有奖励、处罚和授权等[③]。激励工具主要依靠的是政策制定者运用差异化的奖惩手段引起政策目标对象的兴趣，激起对象的主观能动性。在本章中，激励工具主要运用于先进学校、先进校园安全设施技术评选等类似活动。例如，2018年4月颁布的《教育部办公厅关于做好预防中小学生沉

① 林小英，侯华伟. 教育政策工具的概念类型：对北京市民办高等教育政策文本的初步分析[J]. 教育理论与实践，2010，30（25）：15-19.

② McDonnell L M，Elmore R F. Getting the job done：alternative policy instruments[J]. Educational Evaluation and Policy Analysis，1987，9（2）：133-152.

③ Hannaway J，Woodroffe N. Policy instruments in education[J]. Review of Research in Education，2003，27：1-24.

迷网络教育引导工作的紧急通知》中提到，“各地中小学责任督学要将预防中小学生网络沉迷工作作为教育督导的重要内容，将督导结果作为评价地方教育工作和学校管理工作成效的重要内容”。

Schneider 和 Ingram 提出，能力建设工具是通过向政策目标对象提供培训教育、相关设备或工具等为政策所倡导的行动提供各方面支持的工具①。能力建设工具多用于具有长期性政策目标的校园安全相关政策中。在本章中，为了实现平安校园的政策目标而实行的设施建设、教师培训，政府官员多选择了能力建设工具。例如，2018 年 3 月颁布的《交通运输部办公厅 教育部办公厅关于开展 2018 年水上交通安全知识进校园活动的通知》中提出“加强水上交通安全教育师资力量培训。继续加强水上交通安全教育师资专家库建设，进一步强化师资力量。由海事部门继续针对在校教师开展免费培训，持续推动学校水上交通安全教育水平提升，注重加强海事队伍建设，锻炼和培养专兼职人员”②。

当激励工具与能力建设工具均无法达到政策目标时，需要对政策执行的组织结构进行变革来促进政策目标的实现，此时运用的政策工具被称为系统变革工具，其表现形式主要有建立新组织、合并或撤销已有组织及重新界定已有组织的职能等。2018 年，一些平安校园建设机构的建立就运用了系统变革工具。例如，2018 年 11 月颁布的《关于印发全国社会心理服务体系建设试点工作方案的通知》提到，“高等院校普遍设立心理健康教育与咨询中心（室），健全心理健康教育教师队伍。中小学设立心理辅导室，并配备专职或兼职教师，有条件的学校创建心理健康教育特色学校”，“要创新和完善心理健康服务提供方式，通过‘校社合作’引入社会工作服务机构或心理服务机构，为师生提供专业化、个性化的心理健康服务”。

校园安全政策中各类政策工具分布情况如表 2.7 所示。象征和劝诫工具使用频率最高，共有 43 项政策文本使用了该项工具，占政策文本总数的 35.25%；权威工具次之，共有 35 项政策文本使用了该项工具，占政策文本总数的 28.69%；共有 26 项政策文本使用了能力建设工具，占政策文本总数的 21.31%；共有 15 项政策文本使用了激励工具，占政策文本总数的 12.3%；系统变革工具的运用最少，仅有 3 项政策文本使用了该工具，占政策文本总数的 2.45%。

表 2.7 政策工具分布情况

政策工具类型	政策文本数量/项	所占比例 1)	个案比例
权威工具	35	28.69%	40.23%
象征和劝诫工具	43	35.25%	49.43%
激励工具	15	12.30%	17.24%
能力建设工具	26	21.31%	29.89%
系统变革工具	3	2.45%	3.45%
合计	122	100.00%	140.24%

1）指使用各种政策工具的政策文本数量占合计政策文本数量的比例

① Schneider A，Ingram H. Behavioral assumptions of policy tools[J]. The Journal of Politics，1990，52（2）：510-529.

② http://xxgk.mot.gov.cn/jigou/haishi/201807/P020180724576333105090.pdf.

2.3.2　校园安全政策评述

通过梳理与分析我国 2018 年校园安全政策情况，可以看出 2018 年校园安全政策发展出现的一些新趋势。

1. 校园安全政策治理视域不断扩大，治理范围向纵深发展

2018 年，我国出台了涉及一系列新领域、新问题的校园安全政策。例如，教育部发布的《教育部关于加强大中小学国家安全教育的实施意见》《教育部办公厅等六部门关于在学校推进生活垃圾分类管理工作的通知》《教育部关于印发〈来华留学生高等教育质量规范（试行）〉的通知》《教育部关于做好全国青少年校园冰雪运动特色学校及北京 2022 年冬奥会和冬季残奥会奥林匹克教育示范学校遴选工作的通知》等政策文件均可表明，我国校园安全政策的制定正着眼于更广阔的视域。

2018 年的校园安全政策也向纵深发展，对一些重大关切事件持续关注，表明了国家的政策治理力度在持续加大。以校园欺凌为例，我国发生了多起严重的校园欺凌和校园暴力事件，形势严峻。特别是一系列被媒体曝光的恶性校园欺凌事件，如“嘉鱼县某中学女生遭同学轮流掌掴”“贵州黎平七中一男生在宿舍遭人群殴”“学生连捅 15 岁室友数刀或致对方失明”“湖南新宁县某学校多名女生在女厕所殴打女同学”“云南宣威 14 岁女生服药自杀，生前曾遭遇同学霸凌”“甘肃庆阳宁县 8 岁女孩在学校被打下体出血”等一系列校园欺凌和校园暴力事件引起了社会公众的极大反响与关注。我国从 2016 年开始发布遏制校园欺凌的公共政策。2016 年，最高人民检察院与教育部等部门联合印发《教育部等九部门关于防治中小学生欺凌和暴力的指导意见》。2017 年 11 月，教育部等 11 部门颁布了《加强中小学生欺凌综合治理方案》。2018 年 4 月，国务院教育督导委员会办公室发布《国务院教育督导委员会办公室关于开展中小学生欺凌防治落实年行动的通知》。这些法规的接连出台，表明我国校园安全中的“校园欺凌”政策治理正在向纵深发展。其他政策文件，如《教育部办公厅关于做好全国青少年校园足球特色学校、试点县（区）创建（2018–2025）和 2018 年“满天星”训练营遴选工作的通知》《教育部关于印发〈中小学教师违反职业道德行为处理办法（2018 年修订）〉的通知》《教育部办公厅关于开展 2018 年度网络学习空间应用普及活动的通知》等都是对已有政策的深化。

2. 校园安全政策基础得到夯实，构建国家安全教育体系成为切入点

校园安全教育是国家推进总体安全观，提升校园安全管理水平的基础性工作。为使广大学生牢固树立总体国家安全观，增强国家安全意识，教育部于 2018 年 4 月印发《教育部关于加强大中小学国家安全教育的实施意见》，明确了构建完善国家安全教育内容体系、研究开发国家安全教育教材、推动国家安全学学科建设、改进国家安全教育教学活动、推进国家安全教育实践基地建设、丰富国家安全教育资源、加强国家安全教育师资队伍建设、建立健全国家安全教育教学评价机制等八项大中小学国家安全教育重点工作。具体措施有：教育部编制国家安全教材编审指南，明确各学段教材编审原则；在大学现有相关课程中丰富和充实国家安全教育的内容，组织编写高校国家安全专门教材；组织

修订中小学相关教材，语文、思想政治、道德与法治、历史、地理、信息技术等课程要强化政治安全、经济安全、国土安全、社会安全、生态安全、网络安全教育，充分体现国家安全意识。教育部强调，各地各校要定期研究国家安全教育工作，形成党委和政府领导、教育行政部门主导、其他部门协作、学校组织实施的工作格局。同时，定期开展专项督导，确保经费投入，积极吸纳符合条件的社会力量参与国家安全教育资源建设，以全面落实加强大中小学国家安全教育的目标任务①。该意见的价值指向表明，我国校园安全政策越来越关注重大基础性问题，正在由单一事件（单类别事件）的管理模式向专项系统化、基础化管理模式转变。

3. 防范化解重大社会风险，构建校园安全体系，重视青少年的政治安全

2019 年 1 月 21 日，习近平总书记在省部级主要领导干部坚持底线思维着力防范化解重大风险专题研讨班开班式上强调，面对波谲云诡的国际形势、复杂敏感的周边环境、艰巨繁重的改革发展稳定任务，我们必须始终保持高度警惕，既要高度警惕“黑天鹅”事件，也要防范“灰犀牛”事件；既要有防范风险的先手，也要有应对和化解风险挑战的高招；既要打好防范和抵御风险的有准备之战，也要打好化险为夷、转危为机的战略主动战②。

习近平指出，“各级党委和政府要坚决贯彻总体国家安全观，落实党中央关于维护政治安全的各项要求，确保我国政治安全”，“要高度重视对青年一代的思想政治工作，完善思想政治工作体系，不断创新思想政治工作内容和形式，教育引导广大青年形成正确的世界观、人生观、价值观，增强中国特色社会主义道路、理论、制度、文化自信，确保青年一代成为社会主义建设者和接班人”②。政治安全是国家安全的根本，青年是引风气之先的社会力量，着力解决当前教育方面的风险隐患是政府的责任。

2.4 2018 年校园安全政策存在的问题及改进方向

2018 年，我国颁布校园安全相关政策文本共计 87 项，这个数字体现了中央权威部门对校园安全问题的高度重视。在多项政策的要求下，我国校园安全工作取得了较好成效，但在对政策文本分析的过程中，本章结合相关研究文献和校园安全工作形势，发现 2018 年的校园安全政策依然存在一些亟待解决的问题。

2.4.1 校园安全政策的主要问题

1. 亟待出台我国的“中小学校园安全法”

我国已经形成了较为系统的教育政策法规体系，但有关校园安全的法律法规建设仍

① 刘博超. 教育部：持续推进国家安全教育进校园[EB/OL]. http://edu.people.com.cn/n1/2018/0416/c1053-29928470.html，2018-04-16.

② 饶爱民，李学仁. 习近平在省部级主要领导干部坚持底线思维着力防范化解重大风险专题研讨班开班式上发表重要讲话[EB/OL]. http://www.gov.cn/xinwen/2019-01/21/content_5359898.htm，2019-01-21.

然滞后，瞄准校园安全问题的全局性、整体性法律缺位，导致在处理中小学校园安全事故的时候常常出现“无法可依”的局面。具体而言，在解决中小学校园安全事件过程中，存在法律的震慑力不够、执行力不强、无法满足解决复杂问题和新问题的现实需要等问题，校园安全工作的实效性偏低①。法律的缺位不仅阻碍了教育实践者和管理部门的工作，也与国际法律环境发展态势不相匹配。数据统计显示，我国中小学规模位居世界第一，青少年人口数量也位居世界第一。在国家科技经济实力逐步从世界大国水平走向世界强国水平的现实环境下，为保障少年儿童基本安全权利和身心健康可持续发展，出台专门的“中小学校园安全法”已刻不容缓。

2. 政策制定缺乏对校园安全主体脆弱性的考量

脆弱性一词源于拉丁文，原意为伤害。1981 年 Timmerman 在地质领域最早给出了脆弱性的定义：“把脆弱性看作一种度，是承灾系统在灾害发生时表现出的受到不利影响的程度。”这一概念现在已被广泛应用于自然灾害和社会科学领域。灾害被认为是“社会脆弱性的实现”②。脆弱性随后被广泛运用于自然环境（气候、生态、地震、旱灾、水灾）和社会环境（公共卫生、水资源、城市基础设施、民用住宅、失业、物价上涨、刑事案件、群体性事件、特殊群体、交通安全事故）等方面。不同领域对脆弱性都有行业内的理解。中国安全生产科学研究院学者刘铁民进一步对脆弱性进行定义：脆弱性是指对危险暴露程度及其易感性（susceptibility）和抗逆力（resilience）尺度的考量。换句话说，就是面对灾害时，自身存在较易遭受伤害和损失的因素③。脆弱性在生活中的表现极易被忽视，如果不能及时发现和消除这些脆弱性，有可能在某些领域产生不可预期和无法弥补的“蝴蝶效应”。脆弱性是各种突发事件产生的微观基础④。一些学者关注了校园的脆弱性问题，认为中小学及幼儿园脆弱性是指中小学及幼儿园内建筑物和人群对特定事件表现出的易受伤害和损失的特性。校园脆弱性是其与社会其他系统相比较而言的薄弱属性，通过突发事件发生后损失程度的增加表现出来。校园脆弱性如果没有得到有效控制，就会慢慢变大，给学生和学校带来不可估量的损失。校园脆弱性至少表现在两个方面。第一，中小学生个体的脆弱性。作为未成年人，该群体的身体和心理发育尚未成熟，知识认知和社会经验缺乏，因此，识别和抵御校园安全威胁的能力明显不足。第二，中小学及幼儿园自身在抵御风险时的脆弱性。已有研究发现，纵观发生在中小学和幼儿园的那些不幸事件，事前预警不够是一个重要的原因。目前，绝大多数中小学和幼儿园的管理者和决策者在风险识别和事前预警等方面主要依赖于个人经验，这种较为确定的个人经验与突发校园暴力事件的高度不确定性和极端低概率性存在矛盾，导致对校园暴力事件的忽视⑤。

① 林庆军. 从实效性视角论构建《中小学校园安全法》的必要性[D]. 济南大学硕士学位论文，2018.

② 朱正威，蔡李，段栋栋. 基于“脆弱性-能力”综合视角的公共安全评价框架：形成与框架[J]. 中国行政管理，2011，（8）：101-106.

③ 刘铁民. 事故灾难成因再认识——脆弱性研究[J]. 中国生产安全科学技术，2010，6（5）：5-10.

④ 詹承豫. 中国应急管理体系完善的理论与方法研究——基于“情景-冲击-脆弱性”的分析框架[J]. 政治学研究，2009，（5）：92-98.

⑤ 张明亮，高雅. 中小学及幼儿园抵御突发暴力事件脆弱性问题研究[J]. 山东行政学院学报，2014，（12）：47-49.

3. 缺乏对校园安全风险类型的分类指导

现代风险大都是多维度的社会现象，涉及自然、社会、经济、心理和管理等诸多层面。各种风险之间的相互作用和联系愈加紧密，往往形成相互诱发的风险链，从而使风险的评估和决策更加困难。以单一学科的定量科学测量和专家系统为基础的传统风险管理体制的局限性已暴露出来①②。为此，“综合风险治理”（integrated risk governance）已经成为国际风险研究领域中新的发展方向。IRGC（International Risk Governance Council，国际风险管理理事会）提出了风险治理框架，根据已知风险或风险源的相关知识、信息状态和质量对风险进行分类，提出了新型分类系统，即简单风险、复杂风险、不确定风险和模糊风险（表 2.8）。

表 2.8 IRGC 的风险分类体系③

类别	定义与特点	范例
简单风险	指那些因果关系清楚并已达成共识的风险，其潜在的负面影响十分明显，价值观没有争议，不确定性很低，但简单风险并不等同于小风险和可忽略的风险	车祸、已知的健康风险
复杂风险	指很难识别或者很难量化风险源和风险结果之间的关系、常有大量潜在风险因子和可能结果的风险。其复杂性可能是风险源各因子间复杂的协同或对抗作用、风险结果对风险源的滞后作用，以及多种干扰变量等导致	大坝风险、典型传染病
不确定风险	指影响因素已经明确，但潜在的损害和可能性未知或高度不确定、对不利影响或其可能性还不能准确描述的风险。由于该风险的相关知识不完备、决策的科学和技术基础不清晰，在风险评估中往往需要依靠不确定的猜想和预测	地震、新型传染病
模糊风险	解释性模糊：指对同一评估结果的不同解释（如是否有不利影响）存在争议	电磁辐射
	标准性模糊：对存在风险的证据已经没有争议，但对可容忍或可接受的风险界限的划分还存在分歧	转基因食物、核电

IRGC 提出的风险治理框架在风险领域有两大创新：一方面把社会背景因素纳入了管理框架，另一方面构建了风险的新型分类体系④。若将上述模型运用到我国的校园安全管理活动中，便需要对校园安全风险进行分类及对各类风险进行清晰界定。同时，校园安全风险的属性不同于“自然风险”，因此如何实施风险管理、应对校园安全风险的非常规性因素——对不确定性的管理、跨学科研究、社会相关性研究、政策相关性研究与质量控制等都是亟待解决的问题。

4. 尚未形成防范重大社会风险的校园安全政策体系

毋庸置疑，2018 年出台的 87 项校园安全政策文本推动了我国校园安全的治理工作，也取得了一定成效，但仍然存在着对校园安全重大社会风险防范不足的弱点。从 2018 年各类校园安全新增事故数量和类型看，校园治安事件（包括校园伤害、入校盗窃等）、校园欺凌事件、公共卫生事件、个体健康事件与校园设施安全事件等各类问题正逐渐得

① de Marchi B，Ravetz J R. Risk management and governance：a post-normal science approach[J]. Futures，1999，31（7）：743-757.

② Zhao Y D. Risk society and risk governance[J]. Forum on Science and Technology in China，2004，4：121-125.

③ 张月鸿，武建军，吴绍洪，等. 现代综合风险治理与后常规科学[J]. 安全与环境学报，2008，（5）：116-121.

④ Zhao Y D. Risk society and risk governance[J]. Forum on Science and Technology in China，2004，4：121-125.

到控制，发生频次不断降低。但突发治安事件、校园性侵案、学生自杀和自残行为等各类恶性校园事件还没有得到有力的控制和整治。经过分析可发现，校园安全政策仍然存在碎片化、单一化、时限性强等特征，防范重大社会风险的政策体系尚未成型。在国家总体安全观的视野下，目前校园安全政策体系尚不完备，预防和防范重大社会风险的能力较低，校园安全政策的整合性、体系性亟待加强。

2.4.2 校园安全政策的改进与创新方向

基于上述问题分析，本章将尝试就解决上述问题及制定今后我国校园安全政策提出一些对策建议。

1. 加快推动“校园安全法”的制定

在总体国家安全观引导下，我国的国家安全理念、治理力度和治理框架已经发生根本性改变。党的十九大报告把“坚持总体国家安全观”确立为新时代坚持和发展中国特色社会主义的基本方略之一。新形势下，为超越传统的校园安全观、实现校园安全与国家安全理论的贯通和实践的重大创新，以政策的创新为前提，加快制定并出台符合我国情境的“校园安全法”成为所有工作的重中之重。

2. 加强对校园安全脆弱性的理论和实践研究

近年来，威胁校园学生健康和生命的事件不断发生，这些都是校园脆弱性放大后的表现。在政策制定过程中，需要以科学研究为指导，加强校园安全专业人员队伍建设，扶持专业社团，举办专业杂志，扩大研究资助，让目前的校园安全研究更上一层楼。要重视分析校园管理中的脆弱性要素，关注青少年及儿童身心健康的脆弱性、认知和能力的脆弱性，以及校园安全背后的家庭和社会文化的脆弱性。在此基础上要重视中小学及幼儿园脆弱性评估，并制定相应的应急预案。

3. 建立校园安全风险类型分类标准及宏观指导

制定、践行校园安全风险类型分类标准是推进校园安全的基础性工作之一。建议参照IRGC提出的风险治理框架，构建我国校园安全新型分类系统。我国在校园安全社会治理过程中，既缺乏对校园安全风险的公众认知，也缺乏规范有效的校园安全风险分类标准。因此，需要将单一学科与其他交叉学科相结合，将传统常规科学与非常规科学相结合，开展不确定性的管理，对跨学科研究、社会相关性研究、政策相关性研究与质量控制等进行综合分析，逐步建立我国校园安全风险分类标准，并界定各类风险的基本特征、强度标准、范例说明。

4. 构建基于防范重大社会风险的校园安全的宏观政策体系

2018年，我国高度重视校园安全政策的制定与完善，校园安全公共政策体系处于稳定优化阶段，但如何构建基于防范重大社会风险的校园安全的宏观政策体系仍是一个值得探讨的新问题。以下，我们借鉴IRGC提出的风险治理框架，进一步探讨我国校园安全宏观体系的建设问题。

IRGC 在风险分类的基础上，进一步提出了风险治理框架(The IRGC risk governance framework)。该框架包括“分析和理解风险”(analysing and understanding a risk，风险评估是其中的必要程序) 和“决定如何处理风险”(deciding what to do about a risk，风险管理是其中的关键活动) 两种活动。可以看出，该框架将“风险评估”和“管理”明确区分，目的是最大限度地提高这两种活动的客观性和透明度。同时，这两种活动还包括共同参与框架的其他三个要素：预评估（pre-assessment）、特性分析和评价（characterisation and evaluation）、沟通（communication）[①]。

该框架强调，在做与风险相关的决策时，需要把更广泛的社会、制度、政治和经济背景考虑进去，呈现出一个情境性风险治理（risk governance in context）结构模型。

该模型共包含五层结构，彼此相互影响。处于核心内层的为风险管理核心流程（core risk governance process），从第二层到第五层依次扩大为：组织能力（organizational capacity）、行动者网络（actor network）、政治与法规文化（political and regulatory culture）及社会氛围（social climate）。具体来看，风险管理核心流程包括预评估、风险评估、风险和关注点评估、评价耐受性/可接受性判断、风险管理、沟通六个指标。组织能力包括资产、技能和能力三个指标。行动者网络包括政治人物、监管机构、企业、非政府组织、媒体和公众六个指标。政治与法规文化包括各种监管风格（different regulatory styles）。社会氛围包括对监管机构的信任、感知的科学权威性、公民社会参与、风险文化四个指标。

依据上述模型，本书构建了“基于 IRGC 框架的校园安全治理模型”，如图 2.2 所示。

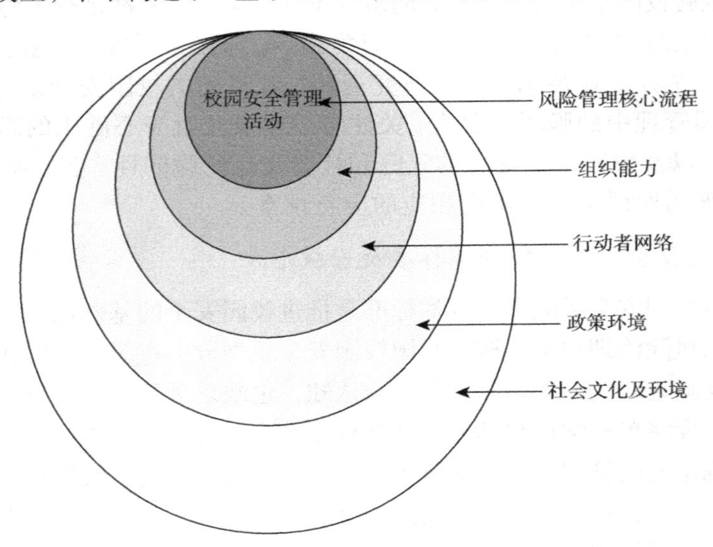

图 2.2　基于 IRGC 框架的校园安全治理模型

在第一层级，风险管理核心流程是该模型的核心环节。我国校园安全治理应做好校园安全风险管理核心流程设计。重点关注预评估、风险评估、风险和关注点评估、评价

① IRGC's policy brief on "Nanotechnology Risk Governance", https://irgc.org/risk-governance/irgc-risk-governance-framework/.

耐受性/可接受性判断、风险管理、沟通等六个指标，对各种校园风险进行识别，并依据风险分类标准对学校进行实时评估，确定风险等级并制定校园安全应急管理方案。

在第二层级，在上述基础上，校园安全管理要着力提高各级学校组织应对校园安全风险的能力。应购置和升级学校应对校园安全事件的设施和设备，为处置校园风险事件提供基础性保障。要提高校园安全事件相关主体（安全责任人、师生个体、班级、年级）应对校园安全管理的技能水平，应定期或不定期在学校内部组织教师、学生开展校园安全教育和培训，提高学校师生对潜在风险的认知水平，正确识别、及时应对校园安全事件，并通过实操演练提高综合能力。

在第三层级，在上述基础上，校园安全管理活动应重视所有利益相关主体的参与，打造良好的行动者网络。IRGC 风险治理框架十分重视风险治理过程中利益相关者的参与。校园安全管理涉及多方利益主体，如政府、企业、非政府组织、媒体等，学校需要向其及时提供与风险相关的信息，加强与利益相关者的对话和沟通，提升校园安全治理的科学化和民主化水平。

在第四层级，在上述基础上，应重视校园安全管理工作的政治与法规文化建设，即重视我国的政策环境。校园安全涉及的领域非常广泛，不仅包括校园内部的安全，也包括校园周边的安全，还涉及多元复杂责任主体，因此政府在政策制定中可以采用多元监管风格（different regulatory styles），确保校园安全管理政策的实效性和可操作性，让该项工作做到有法必依、有法可依，合乎法律、基于民情。

第五层级意味着校园安全管理活动是我国社会文化及环境的一部分。社会文化及环境对人的影响是潜移默化的，在进行校园安全治理的过程中，需要建立与之相匹配的风险文化，如规范、价值、态度等。目前，我国公民的风险意识淡薄，风险知识欠缺，应对风险的能力还有待提高。应在全社会大力加强风险文化建设，如积极宣传校园安全风险防范的相关政策法规，利用高校、媒体等加强对校园安全风险知识的宣传，提高社会对风险防范的重视度，增强公民的风险意识和应对风险的能力①。此外，我国公民社会发育尚不成熟，公民参与社会事务的程度较低，对监管机构的信任程度不高，对校园安全风险科学权威的期望不足，这些都会制约我国校园安全重大社会风险防控的布局和构建，因此，社会文化与风险治理的有效结合也是今后工作创新的方向和领域。

① 谢有长. IRGC 风险治理框架及对我国的启示[J]. 中共山西省直机关党校学报，2016,（1）：14-16.

第3章　2016~2018年应急教育与校园安全研究动态

应急教育与校园安全紧密相关、相互促进，加强应急教育建设是保障校园安全的前提。近年来，“应急教育”与“校园安全”逐渐上升为社会的热点问题，也有不少学者将眼光转向这两个领域并有着非常丰硕的研究成果。编者分别以“应急教育”与“校园安全”为关键词，在中国知网检索发表在2016~2018年的相关文献，获得总论文数量分别为52篇和434篇，其中发表于SCI来源期刊、CSSCI、CSCD、其他核心期刊的论文数量均为44篇，筛选后与应急教育和校园安全主体密切相关的论文数量分别为10篇和44篇。从数量上看，应急教育的文献数量远远少于校园安全的文献数量；从研究内容上看，校园安全的研究内容相较于应急教育更加多样，涉及的主题更多。

3.1　应急教育研究现状

应急教育是一种教育活动，主要用以指导个体在发生紧急情况时自救、互救，从而提高个体生存能力[①]。我国学者自2003年SARS（重症急性呼吸综合征）事件发生之后开始关注应急教育，从最初的应急教育相关概念研究逐渐转向对突发事件等实际案例的研究。通过对2016~2018年文献的归纳梳理，学者主要从应急教育的主体、内容、现实问题及建设机制等几个方面开展应急教育研究。

3.1.1　应急教育的主体

研究2016~2018年相关文献与案例，应急教育的主体包括政府、学校、社会、家庭。吴晓涛和姬东艳认为，我国的应急教育应当由政府、社会、家庭与学校共同配合并采取

① 吴洪华. 学校应急教育存在的误区和对策[J]. 教育实践与研究（中学版），2008，（10）：7-8.

一系列的应急教育措施，应急教育主要由政府主导开展①。马国香认为应急教育的主体主要是学校与家庭的配合，学校作为应急教育的主体要建设系统性、时效性的应急教育体系，要提高教师的应急素质，同时不能忽略家庭教育在应急教育中的关键作用，要促进学校教育与家庭教育的相互配合，从而推动应急教育的不断发展②。刘杰强调社会力量参与应急教育，他认为我国能够有效参与突发事件应急管理的社会力量主要有社会组织、社会工作者、社区自治组织、社区群众、企业和志愿者等，其组织灵活多样，具有亲和力，往往更加靠近突发事件现场，理应是应急教育的重要力量，要加大社会力量参与应急教育的建设步伐③。王精忠认为要构建全民应急教育体系，他强调教育行政主管部门、学校、社区三者要协同配合，主要由基层政府和社区组织、机构组织三者共建应急教育管理体系④。覃红等以华中师范大学为例，强调校园要构建高校立体化安全防控体系，校园作为应急教育的主体，要不断加强自身建设⑤。

3.1.2 应急教育的内容

应急教育的内容影响应急教育的发展。研究2016~2018年的文献，吴晓涛和姬东艳认为，从横向层面来说，《中小学公共安全教育指导纲要》依据学生学段对不同年级学生的应急教育重点进行了规定。具体到不同区域的学校时，还需依据区域突发事件发生特征设置应急教育内容，不同地区在不同的月份，应急教育的内容也应有所侧重。从纵向层面来说，应急教育的内容应涵盖应急知识、应急技能与应急意识①。周芳检⑥认为，要构建多层次、全方位的应急教育体系，丰富应急教育内容。为提升全民族应急能力，必须建立健全国家危机教育体系，在小学至大学各阶段中开设不同层次的危机教育必修课，将危机教育贯穿整个教育体系。应急教育的内容设置要具有实践性的特点，要模拟事故情境，开展各类事故的应急演练。应急宣传周期间，应在全国范围内针对自然灾害、恐怖袭击、疾病传播、核辐射等突发事件，模拟学校、办公室、家庭、公共交通工具及餐馆等生活化的情境，实景演练发生突发公共事件时社会组织与公众进行防护、自救和互救的应急行为⑦。

3.1.3 应急教育的现实问题

许多学者对我国应急教育存在的现实问题进行了分析与归纳，囊括现行法律制度、

---

① 吴晓涛，姬东艳. 我国小学应急教育体系优化研究[J]. 灾害学，2017，32（2）：196-201.

② 马国香. 大学生应急能力培养对策研究——以自然灾害应对为视角[J]. 山东农业工程学院学报，2017，34（10）：73-74.

③ 刘杰. 如何让社会力量更好参与应急管理[N]. 学习时报，2018-09-03（006）.

④ 王精忠. 我国全民应急教育体系框架构建研究——以国家治理现代化为视角[J]. 山东警察学院学报，2017，29（2）：122-128.

⑤ 覃红，秦伟，吴德能. 构建高校立体化安全防控体系的思考——以华中师范大学为例[J]. 学校党建与思想教育，2017，（9）：87-88.

⑥ 周芳检. 突发性公共安全危机治理中社会参与失效及矫正[J]. 吉首大学学报（社会科学版），2017，38（1）：124-130.

⑦ 周芳检. 突发性公共安全危机治理中社会参与失效及矫正[J]. 吉首大学学报（社会科学版），2017，38（1）：124-130.

教育理念、教育形式等，但侧重点各有不同，主要体现在以下几个方面。

吴晓涛和姬东艳认为我国现有的与应急教育相关的法律法规数量较少且随意性较强。国家层面应规定应急教育的原则与运行模式等，各级部门设置基本法规，地方结合自身实际制定具体的应急教育规范，这有利于加强中央统筹，增强地方自主性，并使应急教育立法具备科学性与可操作性。但是，我国应急教育立法的随意性较强，具有约束力的法律法规较少，多以“处理办法”“暂行条例”等形式进行规定①。

王精忠认为应急教育立法保障不足。法律依据是完成各项工作的重要保障，立法不足是应急教育体系建设的严重短板，从现阶段看，应急教育体系建设所需要的法制环境还没有很好形成，相关法律对应急教育的规定不健全、不完善；相关法律对安全教育的工作方针、方式方法和操作流程缺少必要的规范，致使在实践中应急安全教育很难在法律法规中找到开展工作的具体依据；立法的滞后性严重，安全教育跟不上经济发展的步伐，无法与当前安全生产、安全管理的工作融为一体，致使安全教育的效果受到严重影响②。

黄蓝认为我国应急教育理念存在相对滞后性，没有及时更新；有的院校突发事件应急预案已经初步建立，是否有效运行就成了其应急教育成败的关键；执行应急预案处理突发公共事件的主力军是普通师生、员工，师生、员工具有较高的安全意识，灵活掌握各项应急处置技能是开展应急管理工作的重要保障③。

马国香认为我国当前应急教育的形式较为单一，重视应急教育知识传授而缺乏对应急教育实践的关注，没有专业的师资力量和统一的实施途径及模式，应急教育停留于教师和学生的个人行为上，对于学生的灾害教育、磨难教育、挫折教育、生命教育实践等普遍忽视，针对灾害事件的心理训练和实践演练更是少之又少，导致学生在灾害事件面前无法做到临危不乱、理性思考和从容应对④。

向晋文认为要坚持实践导向的教育原则，将实践性作为检验教育培训效果的重要标准和开展具体工作的基本原则；在加强安全知识教育普及等知识性内容学习、教育的同时，应加大各类突发事件应急处理实践技能的培训力度，针对高校多发、易发的群体性突发事件开展应急反应和应急处置的演练，提高应急反应能力和应急处置水平⑤。

3.1.4 应急教育的建设机制

国内学者从不同角度出发，对促进应急教育的快速发展提出建议，涵盖以下几部分。

第一，应急教育立法。黄蓝认为高校应急管理法规缺失、缺漏，易造成善后处置的后遗症；应急教育各个层次的法律和制度为应急教育提供了全方位的制度保障；法律制

---

① 吴晓涛，姬东艳. 我国小学应急教育体系优化研究[J]. 灾害学，2017，32（2）：196-201.

② 王精忠. 我国全民应急教育体系框架构建研究——以国家治理现代化为视角[J]. 山东警察学院学报，2017，29（2）：122-128.

③ 黄蓝. 地方院校突发事件应急管理体系构建研究[J]. 商，2016，（34）：79-80，16.

④ 马国香. 大学生应急能力培养对策研究——以自然灾害应对为视角[J]. 山东农业工程学院学报，2017，34（10）：73-74.

⑤ 向晋文. 危机管理视域下高校突发事件管理探析[J]. 高教探索，2017，（3）：30-34，40.

度是进行应急管理的最有效办法；依靠法律处理高校突发性公共事件，是当今世界各国通行的有效做法和主要手段[①]。王精忠建议以立法的形式明确规定在应急教育中政府、学校和社会力量应共同参与[②]。吴晓涛和姬东艳认为，要树立应急教育的法制理念，强化立法意识，应突破传统的应急教育立法推进模式，强化应急教育的法制性与规范性；在应急管理类立法中明确应急教育主体责任与义务，在教育类立法中增加学校应急教育相关规定；要完善立法内容，提升法律法规的可操作性；要规范立法程序，明确立法层次[③]。

第二，建立应急教育管理机制。张伟平和史倩认为地方高校突发事件的应急教育是一项艰巨而复杂的工作，需要高层领导的统一指挥和协调，应建立应急教育的常设机构。该常设机构应该起到决策中枢的作用，对危机事件进行统一指挥、处理，协调学校各部门相互配合共同应对突发事件，还需要培育具备应急教育专业背景的专职人员，这样才能保证突发事件处理的专业性与有效性，建设一个完整的应急教育系统化管理体系[④]。

第三，建立应急教育评价机制。吴晓涛和姬东艳认为科学合理的应急教育评价可有效改善学校的应急教育方案，促进学生应急能力的提升。结合我国实际，可在当前评价机制中细化、强化应急教育评价，制定学校应急教育评价标准，由教育部门与应急管理部门主导，由学校相关负责人、熟悉学校运营的外部专家、家长等组成核心评价团队，对学校应急教育活动的理念、频率、方式及效果等进行持续性监测与记录，评价结果可作为学校年终考核的重要指标之一，从行政命令与社会督促等方面促进应急教育的开展[⑤]。

3.2　应急教育研究评价

编者以“应急教育”为关键词在中国知网进行检索。2016~2018 年发表的以应急教育为主题的论文总数为 52 篇，发表的论文数量随时间变化的统计表与趋势如图 3.1 所示。从 3 年的总体数量来看，应急教育的研究成果仍旧较少，平均每年发表的论文数量约为 17 篇；从 3 年的数量变化趋势来看，2016~2017 年，研究应急教育的论文数量呈增加趋势；2017~2018 年，研究应急教育的论文数量呈减少趋势。总体来看，2016~2018 年的论文数量较少，关于应急教育的研究仍旧处于起步阶段，但是发展速度很快，关于应急教育的研究重点已经逐渐由理论走向实践，研究的成果也越来越多地被应用到实践中。

---

① 黄蓝. 地方院校突发事件应急管理体系构建研究[J]. 商，2016，(34)：79-80，16.

② 王精忠. 我国全民应急教育体系框架构建研究——以国家治理现代化为视角[J]. 山东警察学院学报，2017，29(2)：122-128.

③ 吴晓涛，姬东艳. 我国小学应急教育体系优化研究[J]. 灾害学，2017，32(2)：196-201.

④ 张伟平，史倩. 地方高校突发事件应急管理的困境与对策——以山东省部分地方院校为例[J]. 中国市场，2017，(34)：90-91，104.

⑤ 吴晓涛，姬东艳. 我国小学应急教育体系优化研究[J]. 灾害学，2017，32(2)：196-201.

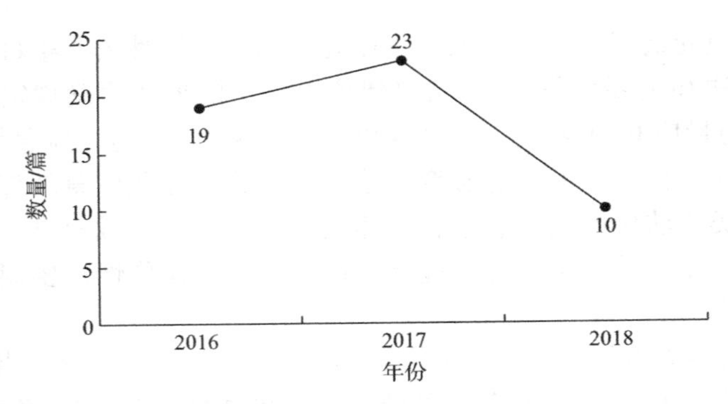

图 3.1　2016~2018 年中国应急教育相关论文数量变化图

本节分别从研究视角、研究内容、研究方法与研究展望 4 个方面对应急教育的研究现状进行评价。

3.2.1　应急教育的研究视角

从学科视角上看，相较于 2013~2015 来说，2016~2018 年应急教育的研究视角更为多样，不再单纯地局限于单一的学科视角。2016~2018 年的应急教育研究主要以公共行政学、自然灾害学、心理学等学科作为理论视角，结合地方校园的特殊情况提出问题并加以分析，给出对策建议。

从理论视角上看，2016~2018 年的论文运用了治理理论、人本主义理论、STS（science technology society，科学、技术和社会）教育理念等。相较于 2016 年以前的研究成果，2016~2018 年的应急教育研究虽在理论视角上进行了拓展，但也只是对治理理论的简单运用，还存在一定的局限性。因此，应急教育在理论视角上的探索不妨借助学科视角，从不同学科中探索新的理论视角，促进应急教育在理论视角的发展。

3.2.2　应急教育的研究内容

从研究内容上看，应急教育主要是面向社会大众的一种教育形式，学者不仅从多个角度具体分析了应急教育面向的人群（受众包括学生、公民、具体的行业从业者等），并且针对不同层次的人群做出了具体的分析。甚至有的学者从教育内容、教育形式上着手，提出富有建设性的意见，使得应急教育的研究内容更加丰富，主题更加多样。

2016 年以前，学者对于应急教育的关注程度较低、研究热情不高，且研究内容多停留于应急教育的含义与重要性方面，对于应急教育深层次的探究较为缺乏，更没有针对不同层次的人群设计出相应的针对性的应急教育措施。由于研究条件的限制，应急教育的研究尚未形成完整体系。2016~2018 年的论文对应急教育的教育主体、教育体制等方面都进行了深入的探讨，关注点也不仅仅局限于教育内容的丰富，还更加注重教育理念的更新及教育形式的多样。进行应急教育的过程中，不仅要依据不同年龄段学生的学习特征对不同年级学生的应急教育重点进行规定，具体到不同区域的学校时，还需依据区域突发事件发生特征来设置应急教育内容，应急教育内容应涵盖应急知识、应急技能与应急意识等方面。

3.2.3 应急教育的研究方法

从研究方法上看，2016~2018 年发表的论文主要采用了问卷调查法、随机抽样法、文献查阅法、访谈法，或者以上几种方法的结合，采用的数据分析软件主要是 SPSS。由此可见，对于应急教育的研究已经不仅仅局限在基本概念的简单阐述与现存缺陷的理论分析，还更加注重实践与高效，注重采取多种方法获取更为直观的信息与数据，通过模型进行科学化的分析论证，对现状有更为清晰的认识，提出的建议也更有针对性，这也是现阶段应急教育研究的大势所趋。

3.2.4 应急教育的研究展望

2016 年以前，我国应急教育由于学界重视程度不够、经费不足等，相关研究仍旧滞留于起步阶段，论文数量寥寥，研究内容粗浅。而当前突发事件频发，对应急教育也提出了更高的要求，学界显然也关注到这一问题。2016~2018 年，学界对应急教育研究重视程度不断提升，大量学者开始投身于应急教育的探索与实践中。

目前，学界关于应急教育的研究已经具备一个较为完整的理论框架，不仅能够对应急教育理论化层面的内容进行深刻剖析，从微观层面着手进行研究，还能够考虑到宏观环境对应急教育研究的影响，并且积极汲取国外发达国家的先进经验，提出了许多适用于我国国情的应急教育政策建议。本书认为，基于现有的文献研究成果，未来研究者还需着重进行以下几个方面的研究。

主题一：应急教育的实践性研究。以应急教育的理论知识为指导，借助多学科的研究方法与理论，探讨应急教育理论知识应用于实践的途径与方式。

主题二：应急教育与大数据的结合。随着大数据时代的到来，数据的收集分析将有助于更好地把握突发事件的发生原因及处理方式，为未来应急教育实现系统性发展提供了可能。

主题三：应急教育体系的建设。如何建设一个从理论至实践的完备的应急教育知识体系，以及应急教育人才培养体系是应急教育亟待探究的问题。

3.3 校园安全研究现状

校园安全是顺利开展学校教育活动的基础，也是教育改革和发展的基本保障[①]。校园安全涉及的范围广泛：从对象看，包括学生、教职工和学校的安全；从义务主体看，除

① 程天君，李永康. 校园安全：形势、症结与政策支持[J]. 教育研究与实验，2016,（1）：15-20.

教育行政机关、学校外，还涉及其他主体，如家长、社会和司法机关等；从内容看，不仅涉及教育领域专门事项，如体育活动伤害事故，还涉及其他领域安全事项，如食品安全、消防安全等，且不限于人身安全，还包括财产安全，甚至已经从传统人身安全发展到情感安全，由物理实体空间安全延伸至网络虚拟空间安全[①]。

校园安全已经成为社会各界密切关注的主题，学者从不同的学科视角对校园安全进行了研究和探讨。本节将从校园安全的影响因素、现实问题、评价体系和维护机制等方面来梳理 2016~2018 年校园安全的研究成果。

3.3.1 校园安全的影响因素

校园安全事故的发生是多方面因素共同作用的结果，我国学者将校园安全的影响因素分为宏观和微观两个层面进行分析。

从宏观层面来看，党的十八届三中全会设立了国家安全委员会并提出总体国家安全观。安春元认为，现行的总体国家安全观为高校平安校园建设赋予了新的时代内涵，新时期建设高校平安校园需要把握的影响因素主要包括：全球化背景下高校校园建设易受西方意识形态的渗透；新媒体时代大学生安全价值观正在发生改变；开放校园模式下校内外交流的日臻频繁带来新的安全隐患[②]。新媒体报道的倾向性也是校园安全的风险源之一，因此，网络意识形态安全教育是需要引起学校重视的方面。孙锦露认为，我国处于社会转型期，体制机制的不完善与法律的不健全等问题突出，校园安全类热点事件因其相对敏感性，易形成网络舆情[③]。大众传媒在传播积极信息的同时也会向师生传递许多不良信息，进而对他们的行为产生影响。互联网技术的发展和应用的普及对高校网络意识形态安全带来了新的挑战，也拓展了校园思想政治工作的空间和渠道[④]。陈世华认为，新媒体的运用在校园安全治理中将更加重要，发挥其特性和优势可以实现校园善治；其弱点与缺陷则需要学界和业界合作探讨，共建和谐平安校园[⑤]。

从微观层面来看，有学者认为个人、家庭、校园、社会和自然环境的共同作用是产生校园危机的主要原因。强恩芳认为，在个人层面，学生或教师由于主观或客观上的判断失误，或者生理和心理因素导致行为失常，故意或者过失会造成严重影响校园安全的行为出现；在家庭层面，学生或教师家庭的破碎、不和睦、暴力等反馈到学生或教师身上，并由此形成直接或间接的安全事故；在学校层面，学校与教师和学生的沟通不畅，对潜在风险认识不足造成防范失当与应对失措，设备故障和对设施疏于维护等会造成人员伤亡、财产损失；在社会因素方面，快速工业化、城市化、现代化造成的医疗、就业、贫富分化、社会保障、社会治安、社会风气、环境污染、药品和食品等转型期问题会引发安全事故；在自然因素方面，地震、海啸、泥石流等地质灾难，台风、洪水、霜冻、

① 姚金菊. 我国学校安全立法模式研究[J]. 青少年犯罪问题，2016，(2)：5-14.
② 安春元. “总体国家安全观”下的高校平安校园建设探索[J]. 学校党建与思想教育，2016，(18)：64-66.
③ 孙锦露. 网络舆情是如何生成发酵的——以四川某中学安全事件为例[J]. 人民论坛，2017，(31)：48-50.
④ 黄美娟. 构建高校网络意识形态安全机制的思考[J]. 学校党建与思想教育，2017，(12)：14-17.
⑤ 陈世华. 新媒体参与校园安全治理的逻辑与进路[J]. 东南学术，2018，(5)：229-235.

高温等气象灾难，手足口病、SARS 等传染病会引发安全事故①。

3.3.2　校园安全的现实问题

许多学者对我国校园安全存在的现实问题进行了分析与归纳，囊括现行法律制度、管理制度、警务制度、教育理念、意识形态安全等方面，但侧重点各有不同，主要包括以下几个方面。方正泉认为，校园安全管理的法律与评价标准缺失，上级管理部门的定期或不定期检查会导致校园安全管理状况参差不齐，差异性大，很多涉及校园安全的事务缺少法律法规保障②。韩霄琳认为，许多高校的管理制度不能与社会发展速度相协调，宽泛的制度不能有效应对突发状况，管理意识的匮乏会引发安全事故③。方益权和张玉认为，我国校园警务制度存在法律不健全、安保力量总体不足、警务模式多元但功能单一等问题④。马晓利等认为校园安全教育中存在以下问题：一是主体职责不清，形式传统、内容枯燥；二是教育模式陈旧，缺乏预防和引导功能；三是安全教育实效性差，学生安全意识淡薄⑤。万丽娜提出，高校意识形态安全工作的政治意识和责任意识、对策保障和重点举措、重点人员引导和管控工作均亟待进一步强化⑥。

3.3.3　校园安全的评价体系

校园安全问题有待国内学者建立科学的风险评价体系，国内学者从校园安全“知信行”（知识、态度、行为）、校园安全文化及设施安全风险等维度进行了研究。例如，梁艺华和陈爱云通过发放问卷，对学生的校园安全知识、态度和行为进行调查，得出广州市大学生校园安全知识和行为均处于中等水平的结论，并提出了完善校园安全教育的多种途径⑦。又如，阳富强等从安全精神文化、安全制度文化、安全行为文化及安全物质文化四个层次构建了大学校园的安全文化评价指标体系，建立了高校安全文化的熵权可拓评价模型，所得评价结果与校园实际情况相符合，这表明基于熵权的可拓学理论方法能够实现对高校安全文化的客观评价，其中安全精神文化是高校安全文化的建设核心，因此需要重点增强全体人员的安全意识、改善领导的安全态度和营造更加和谐的安全氛围⑧。再如，在中小学校园设施安全方面，高山和凌双以 2013 年我国除西藏、港澳台地区外的 30 个省（自治区、直辖市）的中小学校园设施安全的省际数据为样本，综合运用两阶段 Bootstrap-DEA（data envelopment analysis，数据包络分析方法）模型和聚类分析

---

① 强恩芳. 校园安全与“平安校园”的建设[J]. 教学与管理，2017，(10)：15-17.

② 方正泉. 以五大发展理念引领高校校园安全管理刍议[J]. 江苏高教，2017，(8)：34-37.

③ 韩霄琳. 艺术类高校校园安全管理存在的问题与对策[J]. 中国成人教育，2018，(23)：34-36.

④ 方益权，张玉. 公共安全治理视野下我国学校校园警务制度研究[J]. 社会科学家，2017，(3)：116-120.

⑤ 马晓利，卜慧楠，钱伟. 学校安全教育“四位一体”模式的构建[J]. 教学与管理，2017，(21)：53-55.

⑥ 万丽娜. 加强高校意识形态安全工作的若干思考[J]. 学校党建与思想教育，2018，(16)：91-92，95.

⑦ 梁艺华，陈爱云. 广州市一本高校大学生校园安全知信行状况[J]. 中国学校卫生，2016，37(3)：435-438.

⑧ 阳富强，刘晓霞，朱伟方. 大学校园安全文化评价的熵权物元可拓模型及应用[J]. 实验室研究与探索，2017，36(6)：298-302.

方法，测算我国校园设施安全风险水平，得出结论：我国中小学校园设施安全风险总体上呈现出“东北地区>东部地区>中部地区>西部地区”的趋势，且各地区之间风险水平呈现明显的差异性。准确衡量各地区中小学校园设施安全风险，有利于推动中小学校园设施安全从“粗放型”预防向“精准性”预防转变，以便制定出符合各地区实际情况的短期及中长期的校园设施安全管理政策[①]。

3.3.4　校园安全的维护机制

国内学者从不同角度出发，针对促进校园平稳运行、保障学生安全提出建议，涵盖以下几个方面。

第一，校园安全立法。关于如何遏制校园冷暴力，熊熊和戴江雪认为政府应加强宏观管理。政府可尝试出台相关的政策规定，对蓄意和疏忽造成的校园冷暴力行为进行监督、惩处，同时对学校对遏制校园冷暴力采取的各种管理改革进行财政支持[②]。孙绵涛对研制校园安全条例提出了自己的见解，认为在研究和制定校园安全条例的内容时，一要顾及校园安全制度的系统性及全面性；二要处理好学校安全管理制度与学校安全工作规范之间的关系，注意二者之间的关联性或一致性；三要处理好校园安全事故处理程序与其他法规中规定的校园责任事故处理问题之间的关系，使学校安全事故的处理既体现完整性又具有可操作性[③]。方益权认为，关于学校安全立法的现有研究，要么以主要面向校园内部的“校园安全”为视域展开，要么虽冠以面向校园内部和学校外部的“学校安全”但本质上仍属于“校园安全”的立法视域，主张学校安全包括校园安全与学校外部安全，应与社会安全互相交融，不能超脱社会安全而独立存在；需要以符合学校安全形势的社会安全理论为指引，突出强调安全治理，着力提升学校在安全维护过程中多元责任主体协同参与、有效整合和运用各种资源的能力，并着眼于学校在安全治理过程中校内、校外协同防范和危机处置机制的构建，制定一部综合性的“学校安全法”，以有效推动我国校园安全治理的制度化与法制化[④]。

第二，建立校园安全应急预案管理机制。卢晓宁认为中小学校安防配置标准与应急预案纲领的内容包括设置学校安全设施配备标准、制订学校危机处理应急预案和进行常规性的演练[⑤]。覃丽君借鉴芬兰中小学反校园欺凌计划组的欺凌应急干预机制认为，在我国依法治教的背景下，可以通过制定校园欺凌应急干预机制，引入具备校园欺凌干预专业资质及经验的第三方机构完善校园安全制度建设，让校园回归育人本位[⑥]。吕姣兰和化存才针对高校突发安全事件的应急处置，从信息发布、心理素质综合训练、处置机制、处置协助、舆情控制等方面提出如下建议：一是慎重发布“精神疾病”信息；二是

① 高山，凌双. 基于 DEA 模型的中小学校园设施安全风险评估研究[J]. 中南大学学报（社会科学版），2017，23（5）：152-159.

② 熊熊，戴江雪. 校园冷暴力遏制途径分析[J]. 学校党建与思想教育，2016，（6）：87-89.

③ 孙绵涛. 研制校园安全条例应注意的几个问题[J]. 现代教育管理，2017，（2）：120-122.

④ 方益权. 社会安全视野下的学校安全立法研究[J]. 苏州大学学报（哲学社会科学版），2018，39（3）：63-71.

⑤ 卢晓宁. 芬兰、瑞典中小学校园安全管理的特点及启示[J]. 教学与管理，2016，（19）：81-83.

⑥ 覃丽君. 发挥多元主体参与的力量：芬兰中小学反校园欺凌计划的实施及启示[J]. 外国中小学教育，2017，（9）：48-53.

充实大学生心理知识储备，综合训练其心理素质，布设心理防线；三是出台和建立健全高校突发校园安全事件的应急处置机制；四是优化校园及学校周边治安，以获得应急处置协助；五是加强舆情控制，引导舆论淡化危机，树立高校良好形象[①]。宋忠芳认为应急管理是动态管理，可分为预防与应急准备、监测与预警、应急处置与救援、事后恢复与重建四个阶段，应急预案的意义就是最大限度地减少事故损失，制订应急预案是学校安全管理必不可少的工作环节。各级政府应急管理机构、安全生产管理部门和教育部门应该通过培训等，指导学校科学制订应急预案[②]。

第三，建立校园安全标准化管理体系。赵彤璐提出，建立校园生命安全教育管理体系包括创新校园安全教育内容、建立安全教育管理立法体系和推进校园安全管理考核机制[③]。杨清华认为，相关大学通过设立党委领导的校园综合管理机构，负责全校情报信息统筹、稳定风险评估、信访事项处理及涉稳事件的处置，统筹协调校内教学、科研、宣传、保卫、后勤部门，以及学生和教师管理部门等，是构建校园非传统安全治理综合防控体系的积极尝试[④]。程天君和李永康建议优化校园安全管理中的资源配置，做到事、权匹配，职、能适应，并整合各方力量，形成“政府—学校—社会”多元协作的政策体系[⑤]。覃红等以华中师范大学为例，提出高校立体化安全防控体系的构建路径，具体包括以下几个方面：一是要稳固传统的“三防”（人防、物防、技防）体系，铸就校园安全防控的防火墙；二是要完善校园安全责任体系，焊牢校园安全管理的责任链；三是要构建校园安全文化体系，常敲校园安全教育的警示钟[⑥]。

第四，建设校园安全多部门治理机制。方益权和张玉认为，完善的校园警务制度既可以提高校园安全治理水平，有利于遏制校园暴力事件的发生，又可以为师生营造平安和谐的学习和生活环境，有助于人才培养，还能创造良好的社区环境，有利于促进“学校—社区”融合发展[⑦]。易招娣借鉴国外社区犯罪预警机制后，提出构建社区犯罪预警制度中治理主体联动机制的建议：一是发挥社区联动优势，实现校园安全治理主体中社区警务社会化；二是完善校园警务制度，推动警校合作机制；三是明确治理主体权责，完善校园安全治理主体快速反应机制[⑧]。

第五，加强校园安全应急教育。宋忠芳提出，要把生命教育理念贯穿学校教育全过程，营造良好的校园安全文化氛围，并从法律教育、法治宣传和依法维权意识三方面加强：一是对学生的法律知识教育；二是对师生、员工、家长和社区的法制宣传，宣传《中华人民共和国教育法》《中华人民共和国未成年人保护法》等，营造学校教育和周边环境

---

① 吕姣兰，化存才. 昆明某医学高校突发砍人事件网络舆情的聚类分析[J]. 云南大学学报（自然科学版），2017，39（S1）：6-10.

② 宋忠芳. 论学校安全文化及其载体建设[J]. 中国成人教育，2017，（10）：68-70.

③ 赵彤璐. 公共治理视角下校园生命安全教育体系的构建[J]. 教学与管理，2017，（27）：40-42.

④ 杨清华. 非传统安全视角下的大学校园治理[J]. 国家教育行政学院学报，2018，（5）：18-23.

⑤ 程天君，李永康. 校园安全：形势、症结与政策支持[J]. 教育研究与实验，2016，（1）：15-20.

⑥ 覃红，秦伟，吴德能. 构建高校立体化安全防控体系的思考——以华中师范大学为例[J]. 学校党建与思想教育，2017，（9）：87-88.

⑦ 方益权，张玉. 公共安全治理视野下我国学校校园警务制度研究[J]. 社会科学家，2017，（3）：116-120.

⑧ 易招娣. 校园安全治理视角下社区犯罪预警机制的建构[J]. 教育研究，2016，37（6）：51-57，96.

的良好氛围；三是增强依法维权意识，大学和有条件的中小学校都应聘请法律顾问，请共建单位或学生家长给予支持，中小学校也可发挥法制副校长的作用，使其兼做学校的法律顾问[①]。苏霞认为安全管理是重大事情，但对学校而言只是工作的“底线”，只有安全教育才能让学生筑牢安全“防线”，安全管理管“今天”、安全教育益“终身”，安全管理“治标”、安全教育“治本”，要将安全教育向课程渗透，让学生切实、全面掌握各项安全知识[②]。

第六，建立校园安全文化机制。学界对于校园安全文化建设的研究繁多，王景云指出，以“互联网+”为标志的网络技术在创造了新媒体环境的同时，也使我国大学文化安全问题凸显，主要表现为部分大学生理想信念动摇、价值取向紊乱、网络伦理失范和民族意识弱化。在新媒体迅猛发展和全球文化多元化的时代背景下，以文化为视角来追寻我国大学发展的真谛，必须凝练大学精神文化、行为文化、制度文化和物态文化中的一系列文化要素，才能使大学成为培养创新人才、建设文化强国、提升文化软实力的教育文化殿堂[③]。刘德华和罗丰认为，校园安全文化的创建包括开发安全校园文化课程、加强学校安全文化建设、加强学校安全环境建设三个方面，并强调校园安全文化的构建是保证学校功能运行的前提和基础。因此，学校、家庭、社会携手为学生打造积极健康的环境，保证学生的身心健康发展是学校管理的当务之急[④]。亓文涛等提出应建立一套完善的实验室安全管理体系，以促进高校实验室安全管理工作的健康发展；借助先进的信息化技术手段，利用网络支撑平台，构建一套强大完备的实验室安全文化体系，以加强和完善高校实验室安全管理体系的建设，提升实验室安全管理水平，实现对高校实验室的有效管理；打造实验室安全文化品牌，使全员树立“以人为本、安全为先”的思想，为实验室安全管理保驾护航[⑤]。

第七，建立校园意识形态安全体系。宋文生提出高校应充分利用课堂教学、校园文化、社团活动等平台，坚持用社会主义主流意识形态来引领大学文化，进而从多个角度建构体现高校办学特色的意识形态安全保障体系[⑥]。郑淑芬和闫明明认为，高校既是传播国家意识形态的重要阵地，也是国外敌对势力渗透西方意识形态的重要渠道，能否把握住高校意识形态主动权关系到我国高等人才培养的质量高低，高校要通过巩固马克思主义指导地位，系统建设高校意识形态；弘扬社会主义核心价值观，系统营造良好的校园文化氛围；壮大高校主流思想舆论，通过建设中国特色社会主义理论体系等路径来建设意识形态安全体系[⑦]。黄美娟提出互联网技术的发展和应用的普及既对高校网络意识形态安全带来了新的挑战，也拓展了高校网络意识形态和思想政治教育工作的空间与渠道。只有不断健全保障机制，着力打造长效机制，完善高校网络信息

---

① 宋忠芳. 论学校安全文化及其载体建设[J]. 中国成人教育，2017，(10)：68-70.

② 苏霞. 校园安全管理的教育转型[J]. 教学与管理，2018，(32)：11-12.

③ 王景云. 新媒体环境下中国大学文化安全的四维视域[J]. 湖南社会科学，2016，(6)：219-222.

④ 刘德华，罗丰. 校园安全文化的创建[J]. 教学与管理，2016，(19)：17-19.

⑤ 亓文涛，孙淑强，樊冰. 基于信息化的高校实验室安全文化体系构建[J]. 实验室研究与探索，2016，35(2)：295-299.

⑥ 宋文生. 高校意识形态安全体系建构研究[J]. 学校党建与思想教育，2016，(18)：13-15.

⑦ 郑淑芬，闫明明. 加强高校意识形态安全的路径探究[J]. 黑龙江高教研究，2017，(4)：171-173.

安全管理系统等方面的建设，才能确保我国高校网络意识形态安全①。周福战和牟霖提出高校必须严格落实网络意识形态工作责任制，切实加强网络意识形态安全教育，强化网络意识形态阵地管理，不断完善网络意识形态工作的导向机制、生成机制、管控机制和保障机制②。

3.4　校园安全研究评价

编者以“校园安全”为关键词在中国知网进行检索发现，2016~2018 年发表于国内核心期刊及以上级别刊物的校园安全论文总数为 44 篇，论文数量随时间的变化趋势如图 3.2 所示。从 3 年的总体数量来看，校园安全的研究成果较为丰富，平均每年发表的论文数量约为 15 篇。从 3 年的数量变化趋势来看，2016~2017 年，研究校园安全的论文数量呈增加趋势；2017~2018 年，研究校园安全的论文数量呈减少趋势。

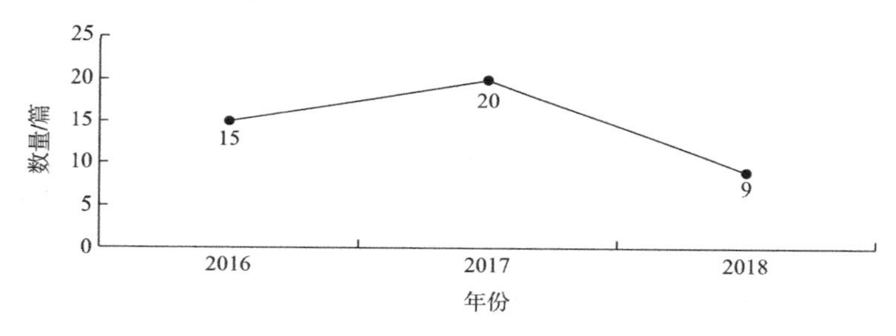

图 3.2　2016~2018 年我国校园安全相关论文数量变化图

编者通过检索发现，2016~2018 年，有关校园安全的主题论文发表数量虽多，但少有专注于该专题的学者对其进行深入探索。3 年内只有一位学者以校园安全为主题发表了两篇及以上的文章。该学者致力于我国校园安全防控体系建设的构建研究，对目前国内关于高校安全防控体系的研究进行了全面详尽的梳理，提出明确高校安全防控的内涵和建立完整的研究体系是当前高校安全防控体系建设研究需要最先解决的两大难题。该学者结合“互联网+”背景采用案例研究的方法，分析了当前我国高校校园安全防控体系存在的问题和挑战，进而提出建议，为后来学者对校园安全防控体系及其他方面的研究奠定了基础。以上分析表明，尽管 2016~2018 年关于校园安全的研究成果颇丰，但鲜有学者在这一领域进行持久且专注的研究。

本章从研究视角、研究内容、研究方法和研究展望 4 个方面对 2016~2018 年的校园安全研究动态进行评价。

---

① 黄美娟. 构建高校网络意识形态安全机制的思考[J]. 学校党建与思想教育，2017，(12)：14-17.

② 周福战，牟霖. 新时期高校网络意识形态工作的形势和对策[J]. 大连理工大学学报（社会科学版），2017，38（4）：146-151.

3.4.1 校园安全的研究视角

校园安全研究涉及的学科视角十分宽泛，涵盖了社会学、法学、管理学等多学科领域。有学者从社会学的学科视角出发，以社会平等理论分析了校园安全问题中存在的性别差异等社会因素；有学者从法学的学科视角出发，运用社会安全理论探究我国校园安全的立法模式，为推动我国校园安全制度化和法制化贡献了力量；有学者从管理学的学科视角出发，以 4R［缩减力（Reduction）、预备力（Readiness）、反应力（Response）、恢复力（Recovery）］危机管理理论为基础，对高校校园安全应急防控体系的建设提出建议。

不同的学者在校园安全研究方面构建了多种不同的理论视角。有学者以新媒体环境下的大学文化安全为视角，分析了以新媒体为主要信息传播方式的背景下，大学文化安全面临的困境，并提出维护我国大学文化安全的四维视域。还有学者从非传统安全的视角，探讨了大学校园非传统安全问题的特征，指出非传统安全问题对建设平安校园的挑战，并提出非传统安全视角下校园治理应该采取的措施。

各学者的研究往往只拘泥于自身学科领域，没有尝试跨学科的交流和理论探索。例如，在对校园安全管理提出对策建议时，学者往往仅从治理理论入手，构建社会多方协作治理的模式，并没有意识到安全教育对培养学生安全意识的重要性，也没有探究当出现校园安全问题时，该如何对失责的校方追责。未来对校园安全的研究，应从跨学科的视角出发，拓宽研究维度，提升研究层次。

3.4.2 校园安全的研究内容

通过对从中国知网检索到的2016~2018年出版的国内核心期刊及以上级别刊物的44篇以“校园安全”为关键词的论文进行计量分析，从文献中出现频率较高的主题得出2016~2018 年校园安全的研究热点（图 3.3），分别为：校园安全问题（6 篇）、校园暴力（4 篇）、校园安全管理（4 篇）及安全防控体系（3 篇）等。与以同样方式检索 2013~2015 年文献得到的结果（图 3.4）相比，校园安全问题和校园安全管理一直是学者关注的领域，但相比 2013~2015 年从宏观的角度研究校园安全文化，2016~2018 年学者更多地将目光聚焦于校园暴力等校园安全事件发生的具体原因，进而从根本上提出应对措施和防控体系。另外，编者从检索到的文献中发现，在各阶段校园中，中小学校园安全一直备受关注（其中 2013~2015 年 6 篇，2016~2018 年 6 篇）。

总的来说，校园安全的研究内容已形成了一定的理论体系，尤其是关于校园安全的立法模式和校园安全防控体系方面的研究成果丰硕。但关于校园安全的突发事件演化机制和新型校园安全问题还缺乏相对深入的研究。学者对校园安全突发事件的关注多集中在应急处理机制、沟通机制等方面，并没有深入分析突发事件的演化机制，即突发事件发生的深层次原因，故而难以从源头防控校园安全突发事件的发生。另外，新时代背景下出现的新型校园安全问题也并未引起学界重视。学校关于校闹和学闹这类事件的处理

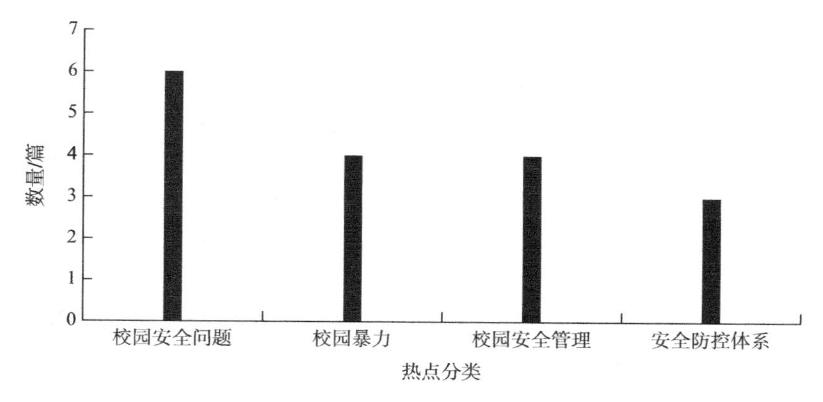

图 3.3　2016~2018 年校园安全研究热点统计图

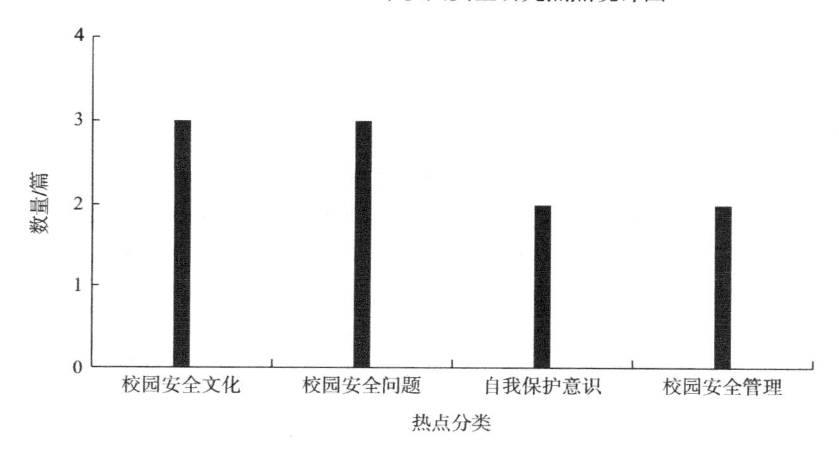

图 3.4　2013~2015 年校园安全研究热点统计图

机制还没有形成一定的理论体系，学者一般只关注学生权利而忽视了校方和教师应有的合理权利。再者，虽然许多学者都探讨校园安全法制化的合理性和必要性，并对立法模式进行了研究，但实际情况是国家尚未出台一部体系完整的“校园安全法”，不过这并不是否定该类研究的意义，而是其价值还未得到体现。

3.4.3　校园安全的研究方法

从研究方法上来看，学者对校园安全各个方面的研究多采用规范性的研究方法，其中不乏使用调查法分析校园安全中存在的问题，借助问卷分析现状、得出结论，并提出相关建议。2016 年至今是校园安全的实证研究进一步发展的阶段。学者通过实际调查，获得一手资料，对校园安全的真实现状进行了考察，结合个人认识描绘了校园安全面临的严峻形势。

3.4.4　校园安全的研究展望

在当前我国校园安全基本稳定的大形势下，源于经济体制深刻变革、社会结构深刻变动、利益格局深刻调整、思想观念深刻变化的风险正在不断影响高校的稳定与和谐。新兴的网络新媒体对校园安全工作提出了新的要求与挑战,面对多种文化与思潮的交汇,我国校园安全相关管理工作者必须时刻给予校园安全高度的重视，进行自我革新，完善基础设施建设，提高领导干部的思想认识，普及校园安全相关知识，制订应急预案，实施校内多部门联动管理机制；对校园安全进行科学分类管理，形成统一的研究理论体系，关注突发事件背后所折射的内在发生机理并进行理论分析，为学生提供有针对性的校园安全防范措施。

目前，学界对校园安全的研究具有相对完善且详尽的理论框架，特别是在宏观方面的制度存在的问题与对策方面、实证调查方面、校园欺凌研究及校园安全在新时期面临的挑战等方面的研究不在少数。我国学者还积极分析发达国家的先进经验，提出了许多适配我国新时代中国特色社会主义体制的政策建议。编者认为，基于现有的文献研究成果，未来研究者还需着重研究以下几个方面。

主题一：校园安全理论体系建设研究。随着总体国家安全观的提出及网络社会的到来，校园安全观的内涵也随之发生改变，其所涵盖的范围是后续研究的基础，学者应该结合国家安全的本质和内涵，进一步明确校园安全的范畴。

主题二：校园安全中的新兴技术应用研究。大数据的广泛应用、数据的收集分析将有助于掌握学生行为轨迹、分析学生心理状况，从而大大完善校园治理。大量的智能设备被应用于校园安全管理，无现金校园日趋实现，也将使由金钱产生的校园欺凌现象得到改善，为未来摸索范围更广的校园安全规律提供了可能。

主题三：校园安全现实案例研究。随着各级主体对校园安全的不断重视，校园安全将由零散研究走向全过程研究，由理论研究走向应用研究，更多结合实际案例的研究分析将会出现。

第4章　2018年学校应急教育的新发展

应急教育始于20世纪90年代国际社会应对各种自然灾害和人道主义灾难挑战的行动，其方式主要是在紧急状态下或者突发事件发生后向灾民和儿童提供人道主义教育援助，侧重于事中救助与事后恢复，目的是保障灾民和儿童的受教育权利，尽快恢复正常的社会秩序[①]。随着应急教育的发展，我国将应急教育这一概念界定为与突发事件相关的教育活动，即向相关利益者传授突发事件的应急处置知识和技能，使其获得应急处置能力的教育活动。

2006年，国务院发布并实施的《国家突发公共事件总体应急预案》明确指出"要加强以乡镇和社区为单位的公众应急能力建设，发挥其在应对突发公共事件中的重要作用"，凸显了应急教育的重要意义。随后，为提高全社会的应急能力，各级政府和各类学校纷纷开展应急教育工作。2018年正值我国应急管理部成立之时，我国应急管理进入新的发展时代。在新的时代背景下，我国学校应急教育取得了哪些新发展？本章通过检索中央地方各级政府、各类学校官方网站，收集学校应急教育相关制度文件，梳理了我国学校应急教育总体发展状况，进一步对我国2018年应急教育的发展情况进行分析，从学校应急教育制度的发展、学校应急教育内容与学校开展应急教育的形式等方面分析我国学校应急教育的变化，归纳其发展特点。

4.1　中国学校应急教育总体发展情况

4.1.1　学校应急教育制度的发展

我国自 2006 年提出加强公众应急能力建设以来，各级部门日益重视应急教育，教育部在《教育系统突发公共事件应急预案》中指出要加强人员培训，开展经常性的演练活动。2007 年，我国颁布了《中华人民共和国突发事件应对法》，明确规定"各级各类学校应当把应急知识教育纳入教学内容，对学生进行应急知识教育，培养学生的安全意

---

① 董泽宇. 突发事件应急教育初探[J]. 中国减灾，2014，(19)：48-50.

识和自救与互救能力”。至此，我国应急教育成为一项法律条文，是各级各类学校必须开展的教学活动之一。应急教育纳入法律十余年来，各级政府、学校纷纷制定具有针对性的规范文件。我国的应急教育制度设计在遵循《国家突发公共事件总体应急预案》《中华人民共和国突发事件应对法》等顶层制度设计原则的基础上，结合各级各类学校的教学实际做出了规划，如《中小学幼儿园安全管理办法》《中小学公共安全教育指导纲要》《中小学幼儿园应急疏散演练指南》等，这些制度的建立推动我国应急教育的发展。表 4.1 为我国学校应急教育相关制度文件梳理情况。

表 4.1　我国学校应急教育相关制度文件

序号	发布时间	发布部门	文件名称	相关内容
1	2005 年 10 月	教育部	《教育系统突发公共事件应急预案》	加强应急反应机制的日常性管理，在实践中不断运用和完善应急处置预案。加强人员培训，开展经常性的演练活动，提高队伍理论素质和实践技能
2	2005 年 6 月	教育部	《关于进一步做好中小学幼儿园安全工作六条措施》	为预防各类学生安全事故发生，进一步加强学生安全教育，做好学校安全工作，提出六条措施
3	2006 年 1 月	国务院	《国家突发公共事件总体应急预案》	明确提出加强以乡镇和社区为单位的公众应急能力建设
4	2006 年 6 月	教育部、公安部、司法部等	《中小学幼儿园安全管理办法》	加强中小学、幼儿园安全管理工作，主要包括：构建学校安全工作保障体系，全面落实安全工作责任制和事故追究责任制，保障学校安全工作规范、有序进行；健全学校安全预警机制，制定突发事件应急预案，完善事故预防措施，及时排除安全隐患，不断提高学校安全工作管理水平；等等
5	2007 年 8 月	第十届全国人大常委会	《中华人民共和国突发事件应对法》	各级各类学校应当把应急知识教育纳入教学内容，对学生进行应急知识教育，培养学生的安全意识和自救与互救能力
6	2007 年 2 月	国务院办公厅	《中小学公共安全教育指导纲要》	公共安全教育必须因地制宜，科学规划，做到分阶段、分模块循序渐进地设置具体教育内容
7	2012 年 4 月	国务院	《校车安全管理条例》	明确政府及有关部门的校车安全管理职责，规定了学校和校车服务提供者保障校车安全的义务和责任
8	2012 年 12 月	教育部	《中小学心理健康教育指导纲要（2012 年修订）》	培养学生健全人格和积极心理品质，对有心理困扰或心理问题的学生开展科学有效的心理辅导，提高其心理健康水平。注重孩子思想品德教育和良好行为习惯培养，从源头上预防学生欺凌和暴力行为发生
9	2014 年 2 月	教育部	《中小学幼儿园应急疏散演练指南》	加强对中小学幼儿园应急疏散演练工作的指导，提升学校应急疏散演练的组织和管理水平
10	2016 年 11 月	国务院教育督导委员会办公室	《中小学（幼儿园）安全工作专项督导暂行办法》	推动建立科学化、规范化、制度化的中小学（幼儿园）安全保障体系和运行机制，提高安全风险防控能力
11	2017 年 4 月	国务院办公厅	《国务院办公厅关于加强中小学幼儿园安全风险防控体系建设的意见》	提出完善学校安全风险预防体系、健全学校安全风险管控机制、完善学校安全事故处理和风险化解机制、强化领导责任和保障机制
12	2018 年 4 月	教育部	《教育部关于加强大中小学国家安全教育的实施意见》	明确了构建完善国家安全教育内容体系、研究开发国家安全教育教材、推动国家安全学科建设、改进国家安全教育教学活动、推进国家安全教育实践基地建设、丰富国家安全教育资源、加强国家安全教育师资队伍建设、建立健全国家安全教育教学评价机制等八项大中小学国家安全教育重点工作

从制度的数量来看，我国应急教育制度经历了从无到有、从少到多的过程。应急教育制度的建立部门包括中央与各级地方部门，中央部门有国务院、教育部、公安部等，实现了横向之间多部门联动建立应急教育制度的局面；各级地方部门也根据上级部门意见制定了相关的实施细则，实现了中央与地方在制度设计上的纵向联系。随着制度的不断完善，应急教育的要求更加具体与细致，如教育部制定了《中小学幼儿园应急疏散演练指南》，对应急教育的内容做出了明确规定。

4.1.2　学校应急教育内容

表 4.2 为我国学校应急教育制度中涉及教育内容部分的梳理情况。本书通过文本分析的方法，提取与应急教育内容相关的关键词，从关键词的变化分析我国学校应急教育内容的变化趋势。《国家突发公共事件总体应急预案》将突发公共事件划分为自然灾害、事故灾害、公共卫生事件、社会安全事件四类。从突发公共事件的类型上来看，我国学校应急教育既包括对火灾、地震等自然灾害应急知识的宣传教育，也包括对学生使用实验用品的防毒、防爆、防辐射、防污染等事故灾害知识的教育。随着校园安全事件类型的增加，我国应急教育的内容也在不断做出调整，如校园欺凌事件、学生自杀事件的频繁发生且受到社会的广泛关注，许多中小学校的应急教育内容也从原来的火灾、地震等自然灾害与事故灾害应急知识的教育转向对学生的心理健康教育。从应急知识的范围来看，学校应急教育不仅包括灾害发生时的自救与他救知识的教育，还包括灾害预防知识的教育，如《中小学（幼儿园）安全工作专项督导暂行办法》《国务院办公厅关于加强中小学幼儿园安全风险防控体系建设的意见》等明确提出加强学生的突发事件预防与应对能力。

表 4.2　我国学校应急教育制度中涉及的教育内容

发布时间	制度名称	涉及应急教育内容	关键词
2007 年 8 月 30 日	《中华人民共和国突发事件应对法》	各级各类学校应当把应急知识教育纳入教学内容，对学生进行应急知识教育，培养学生的安全意识和自救与互救能力	安全意识/自救意识
2014 年 2 月 22 日	《中小学幼儿园应急疏散演练指南》	适用于全国普通中小学、幼儿园在开展针对地震、火灾、校车事故等的应急疏散演练时参考	地震/火灾/校车事故
2016 年 11 月 30 日	《中小学（幼儿园）安全工作专项督导暂行办法》	定期组织地震、火灾等应急疏散演练；相关职能部门加强溺水、事故、学生欺凌和暴力行为等重点问题预防与应对，及时做好专项报告和统计分析，指导学校履行教育和管理职责；教育部门及学校健全未成年学生权利保护制度，防范、调查、处理侵害未成年学生身心健康事件，开展心理、行为咨询和矫治活动	地震/火灾/溺水/欺凌/暴力/心理健康预防/防范
2017 年 4 月 28 日	《国务院办公厅关于加强中小学幼儿园安全风险防控体系建设的意见》	将提高学生安全意识和自我防护能力作为素质教育的重要内容，着力提高学校安全教育的针对性与实效性。将安全教育与法治教育有机融合，全面纳入国民教育体系，把尊重生命、保障权利，尊重差异的意识和基本安全常识从小根植在学生心中。在教育中要适当增加反欺凌、反暴力、反恐怖行为、防范针对未成年人的犯罪行为等内容，引导学生明确法律底线、强化规则意识	反欺凌/反暴力/防范

4.1.3 学校开展应急教育的形式

以学生在应急教育中参与程度为划分标准，我国学校现行开展应急教育的形式可以分为三种：①被动接受式，如课程教导、主题讲座等；②参与感知式，如影片欣赏、感知体验、VR（virtual reality，虚拟现实）宣教等；③参与训练式，如应急演练、实践训练等。在被动接受式的应急教育形式中学生的参与程度较低，在参与感知式和参与训练式中学生的参与程度较高。不同的应急教育内容所采用的应急教育形式不同，如图 4.1 所示。

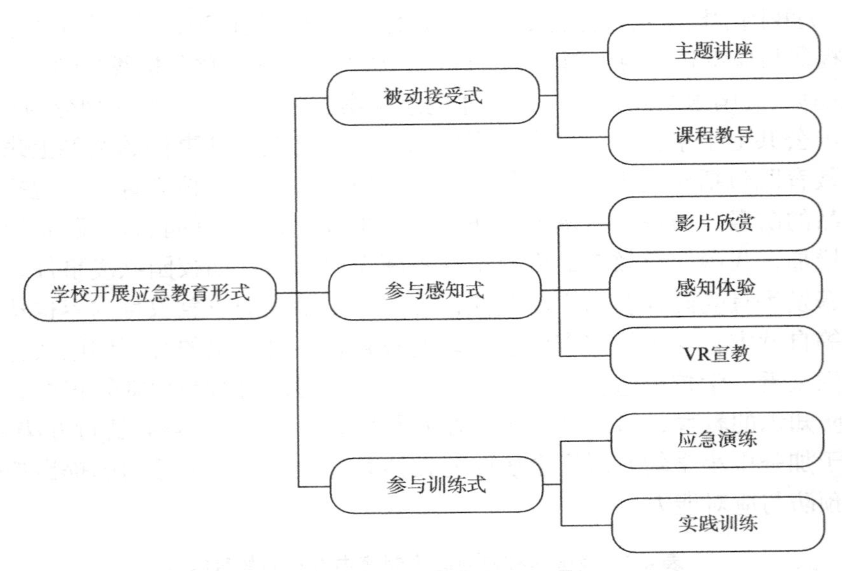

图 4.1 我国学校开展应急教育形式类型图

1. 被动接受式应急教育

被动接受式应急教育主要以教师讲授为主，学校通过上课或者专题讲座的形式有针对性地向学生传授应急教育知识。被动接受式应急教育的形式主要有两种。一是集中学生开展应急教育专题活动，学校在每学期开学和放假时，结合学校师生假期安全事故多发的特点开展应急教育专题活动，如汶川地震后的大型公益活动——《开学第一课》等。各地教育部门也逐步开始联合公安部门等深入学校开展针对校园欺凌的专项整治与教育活动。二是将应急教育知识融入课程教育中。首先，编写各类指南和指导手册，指导学校开展应急教育，如《中小学幼儿园应急疏散演练指南》《突发公共事件应急预案指南》等；其次，提供应急教育类图书，如《小学生安全应急手册》《应急知识小学读本》等。当前小学开展的应急教育主要渗透在科学、思想品德、体育等学科中，内容主要包括人与自然和谐相处的思想、自我保护知识及灾害发生时正确的避难方法和措施，如全日制义务教育《思想品德课程标准（实验稿）》要求学校开展初步的防火、防触电、防溺水等常识教育。各学校需结合自身实际开设应急自救、互救教育课程，每学期设置不少于四个课时的消防知识教育课程，并逐步实现中小学人手一册消防教材或课本的目标[①]。

2. 参与感知式应急教育

在参与感知式应急教育方式中，学生通过影片欣赏、参观应急基地或者角色扮演的方式参与其中，相比被动接受式应急教育方式，参与感知式应急教育方式中学生参与程度有所提高，他们通过自身参与感知获得并掌握应急知识。

参与感知式应急教育的一种方式是影片欣赏，学校通过组织学生观看3D（three dimensions，三维）数字动漫宣教片等形式，让学生更好地了解应急教育知识。感知体验式应急教育方式是另一种新的参与感知式应急教育方式。2016年，成都市锦江区成都师范附属小学（慧源校区）建立四川省首个"红十字生命健康安全体验教室"，体验教室设有多个主题体验区触摸屏安全知识展示区、多媒体消防互动模拟区、心肺复苏现场救护区、地震模拟区和交通安全引领区。其中，慧源校区初步构建了涵盖烟道逃生、火灾自救、心肺复苏等16个体验互动板块共同组建的家庭生活、校园生活、自然灾害、交通安全、自护自救5个主题体验课程，16个体验互动板块贯穿小学六个年级的安全教育全过程[②]。随着科技不断发展，许多学校开发出了VR宣教体验系统，在体验教室的基础上进一步提高学生的感知程度，模拟灾害发生情景，更加真实地还原灾害发生情形，一旦灾害发生，有利于学生迅速采取应急措施，及时实现自救或互救，最大限度降低灾害带来的损失。

3. 参与训练式应急教育

参与训练式应急教育常见的一种方式是应急演练。应急演练是在学校原有教学设施的基础上开展应急疏散活动，受教学设施的限制，开展的项目一般较少，较常开展的应急演练形式有消防、地震、防暴应急演练等。一直以来，应急演练是应急教育最重要的组成部分，也是学生掌握应急知识的最有效手段。2006年的《教育系统突发公共事件应急预案》中指出，要开展经常性的应急演练活动，加强人员的应急知识培训。应急演练已然成为应急教育最重要的一环，受到政府部门的高度重视，如《西安市教育系统突发事件应急预案》中规定，教育系统突发应急演练每年应开展3次，至少应开展1次。《关于常态化开展全省中小学幼儿园防灾避灾和自救互救主题演练活动的通知》（陕教安办〔2015〕2号）规定中小学校每月一次、幼儿园每季度一次开展应急疏散演练[③]。目前，我国学校的消防、防踩踏应急演练已经常态化，每一所学校每学期都会在当地消防部门的配合下开展消防应急演练活动，增强学校师生的应急能力。

参与训练式应急教育的另一种方式是实践训练。实践训练是通过建立训练基地，安排学生进入基地开展训练，培养学生的实际应急能力。与应急演练不同，实践训练需要学校建立专门的场地供师生参与训练，训练的项目包括火灾、地震、踩踏、校车疏散等

---

① 吴晓涛，姬东艳. 我国小学应急教育体系优化研究[J]. 灾害学，2017，32（2）：196-201.

② 赖波，胡琼英，黄珊. 四川建成首个"红十字生命健康安全体验教室"[EB/OL]. http://blog.sina.com.cn/s/blog_13a3098fc0102x0h5.html，2016-03-17.

③ 陕西省教育厅. 关于常态化开展全省中小学幼儿园防灾避灾和自救互救主题演练活动的通知[EB/OL]. http://www.snedu.gov.cn/news/jiaoyutingwenjian/201504/09/9002.html，2015-04-09.

十余项，训练场地可以模拟多种事故发生的情形，学生在训练基地可以获取各种事故处置知识。

4.2　2018 年高校应急教育发展状况

我国政府高度重视应急管理的基础建设，在《国家公共事件总体应急预案》的要求下，国家各部委和各省（自治区、直辖市）制订的专项预案、部门预案、地方总预案总和已逾 130 万件，这些应急预案涵盖各行各业，形成了具有中国特色的“纵向到底、横向到边”的应急预案体系。党的十九大以来，习近平总书记多次强调：“树立安全发展理念，弘扬生命至上、安全第一的思想，健全公共安全体系，完善安全生产责任制，坚决遏制重特大安全事故，提升防灾减灾救灾能力。”① 2018 年 3 月，国务院正式设立应急管理部，作为国务院组成部门，统筹负责全国应急管理工作。这次部门调整，显示了国家对应急管理前所未有的重视，也体现了国家对重大突发事件的应急管理水平在不断提高，应急教育制度在不断完善，应急教育作为应急管理中的重要一环，必须得到广泛关注。

高校作为集体场所，其特点之一就是人员密集，当突发事件来临时，如果不妥善处理会造成严重后果。我国教育部 1998 年启动扩招计划，高校在校生人数不断增加。伴随着社会的迅猛发展，突发事件的数量不断增加、种类日趋多样，原有突发事件的性质不断变化、复杂性不断提高，高校应急管理也由之前简单、单一的自然灾害应急教育转变为复杂的新时代背景下多层次、多形式的应急教育。社会环境的不断变化对高校管理者提出了严峻挑战，研究高校应对突发事件的策略及如何提高高校应急管理能力已成为我国科研人员的重点研究方向。

相比西方发达国家的高校应急教育工作，我国的应急教育工作水平差距很大，应急救援和救护能力还比较薄弱。从国家层面来看，在法律和制度方面尚未建立应急教育的完备框架，不能很好地进行相关知识和能力的基础培训与教育，相关人员的应急意识和应急能力欠缺，全民应急教育的基础薄弱；从社会层面来看，社会共识未能形成，积极有效的社会应急教育方面的社团组织运行不尽完善。

4.2.1　2018 年高校应急教育制度的发展

应急教育在应急管理系统中发挥着至关重要、难以替代的作用。加强应急教育可以全面增强民众的安全意识、对危险和隐患的感知和预判能力，有效应对突发事件。由于高校和社会关系密切，高校突发事件造成的不良影响极易向社会扩散。在国家治理能力现代化的背景下完善高校应急教育体系，能够使应急教育制度化、规范化和长效化。目前，我

① 习近平：决胜全面建成小康社会 夺取新时代中国特色社会主义伟大胜利——在中国共产党第十九次全国代表大会上的报告[EB/OL]. http://news.cnr.cn/native/gd/20171027/t20171027_524003098.shtml，2017-10-27.

国高校应急教育管理的制度支持主要有以下两类。

第一类是教育部制定的校园安全管理政策。为维护高校的校园安全，国务院制定了全方位的应急教育政策，自 2005 年《教育系统事故灾难类突发公共事件应急预案》形成的六大类突发公共事件的应急处置工作预案体系开始，经过十多年的迅速发展，我国高校应急教育的立法工作已经取得了较好的成果[①]。2018 年 4 月 16 日，应急管理部正式挂牌，各省（自治区、直辖市）制定了多类适合本省（自治区、直辖市）的应急教育政策[②]。以陕西省为例，2018 年西安市人民政府办公厅印发的《西安市教育系统突发事件应急预案》，明确在处置突发事件的过程中，要把抢救生命放在第一位，不得组织未成年学生参与风险较高的抢险救援活动；陕西省教育厅办公室发布的《陕西省教育厅办公室关于在全省中小学扎实开展“校园安全应急风险防控教育”系列活动的通知》要求，不断增强师生的安全意识，提高应急风险防控能力，为学生健康成长营造安全稳定的社会环境[③]。这些政策从战略高度规划了该省的应急教育未来发展走向，为高校制定和修订应急教育相关政策提供了模板和动力，为高校应急教育服务提供了完善的政策支持。

第二类是高校制定的应急教育政策。这是应急教育制度支持的核心。以中南大学为例，2001 年 11 月，学校制订了《中南大学大学生心理健康教育实施方案》，成立了心理健康教育工作领导小组，建立了一支高效稳定的心理健康教育师资队伍，为心理健康教育工作的有效开展提供了必要的政策支持[④]；2009 年，中南大学成立了“应急中心”，公布热线电话，对相关问题做出预案[⑤]；2013 年，中南大学颁布了《中南大学学生心理危机干预实施方案》（试行），进一步明确心理危机干预的对象和范围，指明相关工作的制度方法，重申各方工作的内容和职责[⑥]；2014 年，中南大学承办了第 92 期全国高校辅导员骨干培训班暨高校突发事件与公共危机应急管理专题培训班[⑦]；2016 年，全国教育系统社会稳定风险研究评估中心在中南大学召开成立会议暨校园安全风险防控高端论坛[⑧]；2018 年，中南大学组织收看了全国学校安全工作电视电话会议，突出安全教育，加强源头治理，加强应急救援[⑨]。不断完善的政策和活动为高校校园应急教育提供了更为严密的活动依据和法律支持。

---

① 教育部. 制订《教育系统突发公共事件应急预案》[EB/OL]. http://www.moe.gov.cn/s78/A12/szs_lef/moe_1422/201209/t20120918_142438.html，2017-03-01.

② 叶昊鸣. 应急管理部正式挂牌[EB/OL]. http://www.xinhuanet.com/politics/2018-04/16/c_1122687922.htm，2018-04-16.

③ 张博文. 西安发布教育系统突发事件应急预案[EB/OL]. http://www.xinhuanet.com/2018-10/26/c_1123618493.htm，2018-10-26.

④ 徐建军，唐海波. 让每个学子享受心灵健康[EB/OL]. http://news.csu.edu.cn/info/1061/57653.htm，2004-02-10.

⑤ 中南大学. 学校召开教学院长会 部署新学期教学工作[EB/OL]. http://news.csu.edu.cn/info/1142/108868.htm，2009-08-28.

⑥ 闫文杰. 学校举办学工干部新精神卫生法及危机干预条例培训会[EB/OL]. http://news.csu.edu.cn/info/1003/82849.htm，2013-05-10.

⑦ 唐静. 全国高校突发事件与公共危机应急管理专题培训班在我校举办[EB/OL]. http://news.csu.edu.cn/info/1003/83791.htm，2014-10-31.

⑧ 罗同瑞. 全国教育系统社会稳定风险研究评估中心在中南大学成立[EB/OL]. http://news.csu.edu.cn/info/1002/130480.htm，2016-10-22.

⑨ 王李晋. 中南大学组织收看全国学校安全工作电视电话会议[EB/OL]. http://news.csu.edu.cn/info/1002/136943.htm，2018-03-04.

4.2.2 2018 年高校应急教育内容的变化

我国现代应急管理和应急教育起源于抗击 SARS 时期。当下我国正处于社会转型期，面临日益增多的突发应急事件的挑战，有必要持续强化应急管理教育。2004 年底，河南理工大学向河南省教育厅提交的创办公共安全管理本科专业的申请获得教育部批准，2005 年，河南理工大学开始公共安全管理专业的招生计划①。我国从介绍和引进国外的应急管理学科相关教材着手，编写了国内第一批应急教育本科教材，包括《公共安全管理法律法规概论》《西方公共安全管理》《西方社区与家庭公共安全管理实务》《中国公共安全管理概论》等。2006 年，国务院发布了《"十一五"期间国家突发公共事件应急体系建设规划》和《国家突发公共事件总体应急预案》等文件，我国应急管理受到高度关注②。中国劳动关系学院和防灾科技学院也开始发展应急管理专业的本科学历教育。2009 年，暨南大学不仅设立了应急管理专业，还成立了全国第一个应急管理学院③。在应急管理本科教育发展的同时，部分高校的应急管理研究生教育也遍地生花，清华大学、中国科学院、北京师范大学、大连理工大学、华中科技大学先后开展了应急管理研究生教育。更多高校通过课程教学提高应急教育的专业性和系统性，如北京航空航天大学充分发挥课堂主渠道作用，开设了"大学生安全知识教育"和"大学生应急救援知识与技能"两门选修课程。

教育内容是应急教育工作的关键因素。我国教育系统目前的应急教育内容已基本形成六大模块：社会安全类突发事件教育、突发公共卫生事件教育、事故灾害事件教育、自然灾害事件教育、综合应急知识教育、影响学校安全与稳定的其他突发公共事件教育。2018 年，高校应急教育内容主要集中在抗震消防救灾等自然灾害事件教育，所占比例高达 65%，天然气泄漏、踩踏等事故灾害事件教育所占比例为 13%，综合应急知识教育所占比例为 10%，突发公共卫生事件教育所占比例为 7%（图 4.2）。

应急教育在发展中呈现的新内容主要表现为以下几个方面：一是实验室应急教育与演练体系的研究与实践已成为重要课题。国内高校实验室应急教育仍处于起步阶段，以院系为核心的实验室应急教育与演练培训体系很不完善。近年频发的高校实验室安全事故给我们敲响了警钟，通过应急教育，可以增强人的安全意识、提高应急救助技能、减少意外事故的发生。二是非正规校园贷及网络诈骗应急教育应受到重视。近年来，越来越多非正规小额贷款公司成立，奢侈品消费和提前透支消费观念的入侵，给刚刚步入成年人行列的高校学生带来冲击，物质虚荣的追求诱使学生非理性消费，非法校园贷可能造成学生的身心困扰和严重的财产损失。高校针对新生入学第一节课，除了常规的灾害教育，还需要让大学生入学伊始就对交通、心理、消防、金融、网络等各方面有全面的

---

① http://emergency.bce22.greensp.cn/category/jianjie.html.

② 中国林业网. 12 月 31 日：国务院办公厅印发《"十一五"期间国家突发公共事件应急体系建设规划》[EB/OL]. http://www.forestry.gov.cn/main/2429/content-457627.html，2010-12-31.

③ 夏杨，彭梅蕾，吴桂霞，等. 暨大成立应急管理学院[EB/OL]. https://news.jnu.edu.cn/mtjd/dt/2013/10/28/17580523081.html，2009-4-24.

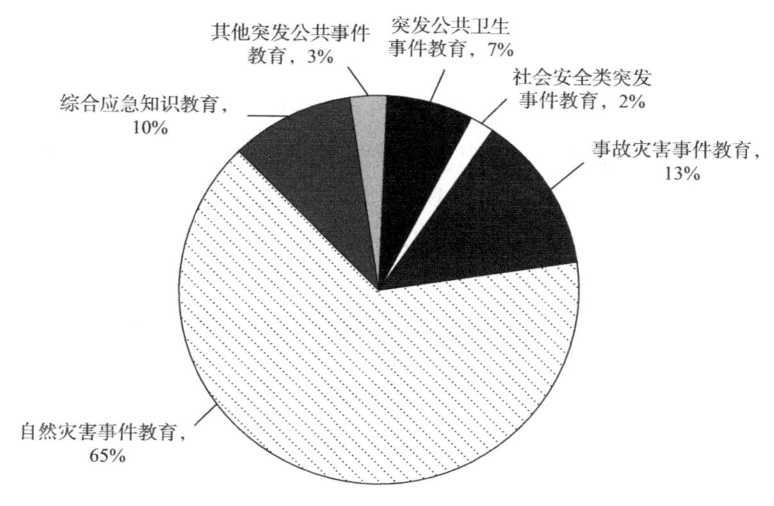

图4.2　2018年新闻报道的高校应急教育类型

认知，增强防范意识。三是心理健康应急教育亟须加强。当代高校学生一方面有着丰富的物质条件，知识面广，兴趣广泛，思维活跃；另一方面又缺乏社会经验，没吃过苦，更未经历过磨难，心理承受能力差，自我防范和自我保护意识薄弱，在各种诱惑和压力面前，无法正确抉择，容易产生各种心理障碍和疾病。针对该类问题，高校应进行入学心理测试和设置心理中心，建立长效"心防"应急教育体系，强化对高校学生日常心理问题的疏导。

总的来看，当前高校应急教育还没有形成科学规范的内容体系，主要表现在两个方面：一是未能实现应急教育内容的类别化和针对性教育。应急知识的内容较为单一，层次相对低下，并未对高校部门、职工教师、学生进行分层次的应急教育。二是未实现应急教育长期规划。应急教育内容没有经过专门规划，接受培训者往往是学习完上级会议精神和听完培训课程后又回到往日的工作状态，应急教育知识更新速度慢，无法应对社会出现的新情况[①]。

4.2.3　2018年高校应急教育形式的变化

高校主要采用传统的讲座、授课、报告等方式进行应急教育。随着融媒体时代的到来，现代化的课程实施手段，如桌面演练、情景模拟、案例分析等方式逐渐被运用到应急教育中（图4.3）[②]。当前应急教育在课程实施方面的困境是帮助学生将理论知识与实践知识结合起来，而其解决方案就是增加服务学习在应急教育学术项目中的应用[③]。基于此，南京理工大学泰州科技学院成立地震应急志愿者队伍，志愿者平时协助高校做好地震应急知识宣传普及、地震应急演练，震时协助地震救援队做好搜救、救护、疏散和

① 姜楠. 试论公共危机管理中的危机教育问题[J]. 中国商界（下半月），2010，(1)：224.

② 吴洪华. 学校应急教育存在的误区和对策[J]. 教育实践与研究（中学版），2008，(10)：7-8.

③ 李明. 应急管理情境模拟式教学的理论与实践[J]. 中国应急管理，2016，(2)：74-76.

秩序维护等相关工作①。服务学习作为经验式学习方式之一，其显著特点是学生能够对经验进行反思。通过对经验的反思总结，学生能够更加深入地理解课程内容和应急管理学科，同时也能够增强学生的公民责任意识。小型研讨会通常旨在提供、介绍、展示和讨论当前的应急理念、应急方法、组织架构及策略和程序。作为讨论型演练的一种方法，小型研讨会对于开发和改进现有的应急预案和程序非常有价值和意义，其具体形式包括讲座、演示、讲授、专题讨论等。暨南大学与应急管理部培训中心签署战略合作协议，双方的合作能更好地促进暨南大学应急管理学科的发展，以解决各级政府应急管理实践中面临的瓶颈性问题为导向，在科学研究、人才培养、社会服务等方面做出努力，对于加快我国应急管理事业改革发展步伐、提升突发事件社会协同应对能力，对于全方位深化合作，都具有重要的意义②。但是由于受到相关教育硬件设施和师资资源的限制，这些方式暂时没有被广泛运用。

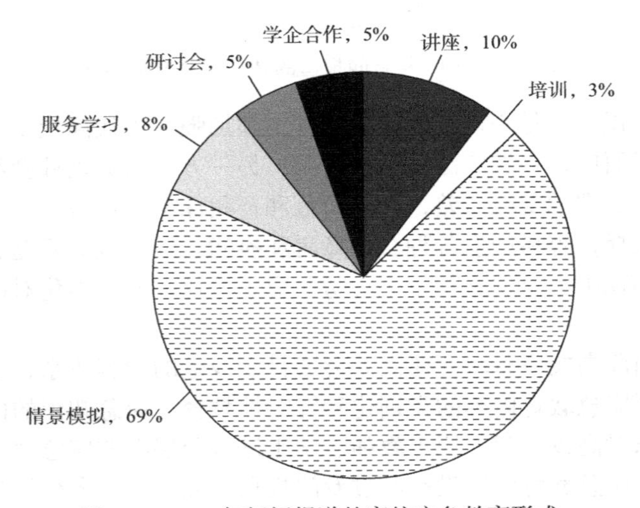

图 4.3　2018 年新闻报道的高校应急教育形式

国外在高校突发事件能力建设方面积累了很多具有建设性的宝贵经验，校园突发事件在美国发生频率较高，校园凶杀、枪击事件等各种校园突发事件频发③。因此，美国政府比较重视高校的应急教育，在应急教育领域，不仅有比较成熟的应急教育培训形式，而且有非常丰富的应急教育内容。美国学者提出丰富且完善的课程实施方式，既包括传统的课程实施方式，如课堂授课、小组讨论、案例研究及参观考察等，还包括大量的现代化开放式的体验式学习法。我国高校借鉴学习西方应急教育方法有利于提高学生的应急管理能力和水平④。

① 陆婧. 南京理工大学泰州科技学院成立地震应急志愿者队伍[EB/OL]. http://jsnews.jschina.com.cn/tz/a/201806/t20180605_1657361.shtml，2018-06-05.

② 郭军. 暨南大学与应急管理部培训中心签署战略合作协议[EB/OL]. http://www.chinanews.com/gn/2019/01-03/8718859.shtml，2019-01-03.

③ 刘伟. 西方发达国家公共危机教育的主要特征及其启示[J]. 中州学刊，2013，(2)：10-14.

④ 林涛，林毓铭. 美国应急教育的借鉴与启示[J]. 中国应急管理，2012，(2)：51-55.

4.2.4　2018 年高校应急教育特点

1. 应急教育常态性

在加强安全知识教育普及等知识性内容学习的同时，应加大各类突发事件应急处理实践技能的培训力度，推动应急教育向常规教育过渡。高校突发事件不仅类型多样，涉及大学生、留学生和教师等多个不同的群体和对象，而且任何一类突发事件均要经历事前、事中、事后几个不同的发展和处置阶段。针对不同的高校突发事件类型、不同的对象及事件发展所处的不同阶段，需采取区别对待、分类应急教育方法。应急教育必须常态化，通过及时更新应急教育内容、改进应急教育形式，全面把握国内外的复杂环境和校内外具体情况，全面分析、评估潜在的安全威胁，针对可能发生事件的性质、类型、规模做好相应的应急教育工作预案，切实提高应急教育工作的针对性和实效性，维护广大师生的切身利益和学校的社会形象与声誉。

2. 形式多元性

随着移动互联网的迅猛发展，以数字技术为基础的新媒体得到广泛应用，特别是以微博、微信和软件客户端为典型形态的自媒体被群众普遍接受和使用，当今社会已经进入一个“人人手握麦克风”的时代。应急教育也被赋予新的形式，以更加快捷、生动、易于理解的方式得到普及。利用互联网开展应急教育工作成为各高校的共同选择。线上已有 60 余所高校开通了专门的保卫处微博账号，约有 100 余所高校的保卫处开通了微信公众号，多以“平安 + 大学名称”或“大学名称 + 保卫处”作为名称标识。这些账号主要通过发布安全常识、校园警情提示、校园安全工作动态、时事新闻等内容进行宣传教育，但教育内容依然囿于传统，所进行的应急教育零散、缺乏系统性。线下的应急教育以现代信息科技为支持，理论与实践相结合，既能够帮助学生更好地理解理论知识，也能够提高学生的应急能力和水平；情景模拟演练能直接将理论知识应用于实践，能够帮助学生熟悉应急管理的操作流程，提高学生的实际操作能力。

3. 参与深入性

高校突发事件深植在校园日常工作之中，一旦受某些因素的诱发随时都有可能发生。为了强化师生安全意识，提高抗击突发事件的应变能力，高校针对应急教育专业化要求，设立应急管理部门和应急管理研究中心，逐渐完善课程内容，并将理论研究与实践经验相结合，更加注重应急教育过程中的仿真训练和实践环节，进一步强调实用导向。应急教育已经从传统单一的教学课程设计和技术型应急教育，发展为综合运筹管理、风险管理、信息与计算机工程及人力资源管理等多学科相关知识的学科体系，理论知识与实践知识结合尤为密切。完善的应急教育知识结构能够丰富和拓展我国应急管理人才的知识层面，提高其应急管理的技能和方法。

4. 互动丰富性

设施资源是应急教育发展的前提和基础，高校应急教育通过与政府、企业互动，获得更加优质的应急教育资源。高校可与公安部门、学校主管部门、学校所在地综合治理部门联合建立多方联动的应急教育联动机制，如地方政府应急管理培训基地设有应急演练实验室，用于学生的模拟演习、应急准备和危机决策等电脑模拟训练。此外，企业、社会组织等也可为高校学生提供校外硬件资源，学生可以利用这些资源进行实践演练、积累实践经验，同时政府与企业也能实现宣传教育作用，实现共赢。例如，清华大学在浙江台州市设立公共安全研究实践基地，将为台州市应急管理提供智力支持和技术支撑，也将有助于台州市的应急管理水平整体提升①。

4.3 2018 年中小学应急教育发展状况

中小学应急教育是我国学校应急教育的重要组成部分，是校园应急教育的基础工程。中小学应急教育是指学校通过组织中小学在校学生开展有目的、有计划的学习活动，使其获得预防和应对突发事件的知识和技能，从而保护自身及他人生命财产安全不受损害的教学活动。

2018 年我国中小学应急教育取得了新发展，应急教育制度内容更加具体化，应急教育内容更加丰富，应急教育形式更加多样。2018 年我国中小学应急教育最大的变化是应急教育形式的改变，主要体现在“互联网+”技术、3D 虚拟现实技术等现代信息技术的应用丰富了中小学应急教育的形式。

4.3.1 2018 年中小学应急教育制度的发展

我国中小学应急教育制度不断完善，制度内容更加具有针对性，能更好地指导应急教育实践。2018 年应急教育制度建设方面，总体遵循《国家突发公共事件总体应急预案》《教育系统突发公共事件应急预案》《国务院办公厅关于加强中小学幼儿园安全风险防控体系建设的意见》等顶层制度的设计精神，各级政府纷纷制定了相应的实施办法，贯彻执行上级制度。2017 年国务院办公厅发布的《国务院办公厅关于加强中小学幼儿园安全风险防控体系建设的意见》是各省（自治区、直辖市）2018 年开展应急教育的重要指导性政策文件，各省（自治区、直辖市）根据意见要求，结合自身地区的实际情况，进一步制定了实施意见，提出具体可操作的建议，指导下一级政府与各级学校更好地实施学校应急教育，防范校园风险。表 4.3 列举了 2018 年我国部分省（自治区、直辖市）发布的中小学应急教育相关制度。

① 泮昊. 清华大学公共安全研究院台州实践基地揭牌[EB/OL]. http://www.576tv.com/Program/348824.html，2018-11-11.

表 4.3 2018 年我国部分省（自治区、直辖市）发布的中小学应急教育相关制度

序号	发布时间	制度名称	制定部门	涉及应急教育内容
1	2018 年 1 月	《江西省人民政府办公厅关于加强中小学幼儿园安全风险防控体系建设的实施意见》（赣府厅字〔2018〕2 号）	江西省人民政府	教育部门和学校要坚持推广使用《江西省中小学校学生安全提醒教育每日一播》校园广播系统，实现学校安全提醒教育的常态化；要坚持每年在学校集中开展安全教育活动，通过举办各类竞赛、网络测试答题等活动检验效果；要坚持开展每学期不少于一次的应对地震、洪水、火灾等情况的突发性应急演练
2	2018 年 2 月	《四川省人民政府办公厅关于加强中小学幼儿园安全风险防控体系建设的实施意见》（川办发〔2018〕12 号）	四川省人民政府	抓好《生命·生态·安全》省级地方课程教学，通过课堂教育、实践活动、体验教育、网络教育、家校共育等多种形式，丰富安全教育内容。将安全知识作为学校管理者、教职员工培训的必要内容，加大培训力度，强化考核评价
3	2018 年 8 月	《云南省人民政府办公厅关于加强中小学幼儿园安全风险防控体系建设的实施意见》（云政办发〔2018〕62 号）	云南省人民政府	有关部门要对学校开展应急疏散演练给予指导和支持，鼓励各种社会组织为学校开展安全教育提供支持，设立安全教育实践场所，探索青少年学生安全应急基地（体验馆）建设，着力提升安全应急实践能力

4.3.2 2018 年中小学应急教育内容的变化

中小学应急教育内容主要包括地震、火灾、反恐反暴应急知识等。泰州市在 2018 年建立了学校安全教育实训基地，该实训基地加入了初期火灾处置、高空应急疏散、校车疏散、防踩踏事故、泥石流救助及洪灾自救、防暴力恐怖袭击等十多项实训科目，内容十分丰富。2018 年，各地市出台了应对极端恶劣天气的应急方案，对学生进行应急教育，避免在恶劣天气下发生学生伤亡事件。2018 年 12 月 28 日，长沙市教育局发布《关于进一步做好新一轮强冷空气及低温雨雪天气应对准备工作的通知》对学生进行安全知识教育，增强学生面对雨雪天气的安全保护意识与防护能力。

4.3.3 2018 年中小学开展应急教育的形式变化

1. 普及被动接受式应急教育

2018 年，广东省开展“做自己的首席安全官——平安校园行”活动，组织全省近万名担任法治副校长（辅导员）的公安民警举办各类主题活动 1.6 万场次，参与师生达 359 万人，取得了良好的宣传教育成效[①]。2018 年，宁夏回族自治区教育厅联合宁夏回族自治区消防总队编写了 1~9 年级《成长教育》教材和《消防安全》教育读本，发行 80 余万册，作为 1 353 所小学和 247 所初中学校安全教育统编教材使用。同时，宁夏回族

① 教育部. 2018 年秋季开学工作专项督导报告[EB/OL]. http://www.moe.gov.cn/s78/A11/moe_914/201811/t20181106_353790.html，2018-11-06.

自治区教育厅开启“互联网+教育”智慧校园建设，把网络教育与课堂教育有机结合[①]。显然，2018 年我国中小学应急教育的普及程度大大提高，基本上做到了人手一册应急知识读本，应急教育逐渐成为中小学生的必修课。

2. 丰富参与感知式应急教育

随着网络技术的不断发展，各级学校在开展应急教育过程中采用网络技术与实际教学相结合的方式。《国家突发事件应急体系建设“十三五”规划》指出，“继续推进政府综合应急平台体系建设。完善应急平台体系建设标准规范；加强应急基础数据库建设；推动应急平台之间互联互通、数据交换、系统对接、信息资源共享；加强应急平台应用软件开发，提升应急平台智能辅助指挥决策等功能；加强基层应急平台终端信息采集能力建设，实现突发事件视频、图像、灾情等信息的快速报送，推进“互联网+”在应急平台中的应用”。2018 年我国中小学应急教育将网络技术充分运用于知识的传播中，许多学校在开展应急演练时采用“互联网+”技术，使用校园安全风险防控平台全过程远程指挥、协调、查看、联络组织应急演练活动，提高中小学、幼儿园突发事件安全管理科学化水平，这标志着学校应急教育工作提升到一个新的阶段[②]。例如，河南省在 2018 年推广使用“安全教育实验区”平台，根据大数据分析结果，强化对应急知识薄弱地区的安全教育，使安全工作更有针对性和有效性，增强了中小学安全教育信息化水平。内蒙古自治区包头市投入 2.3 亿元资金建成包括公共安全教育体验馆在内的包头市示范性综合实践基地，开创了安全教育由课堂讲解转入实践化、形象化、智能化的教育阶段[③]。在 2018 年 11 月开展的全国中小学校消防安全宣传教育工作推进会上，与会代表参观了银川市中小学校消防科普体验馆，观摩了学生消防安全疏散操和消防安全教育示范课等。2018 年，泰州市建立了江苏省第一个学校安全教育实训基地，该基地是一家体验式安全主题训练营。该基地在吸收国内外经典训练科目的基础上，加入了初期火灾处置、高空应急疏散、校车疏散、防踩踏事故、泥水救助及洪灾自救、防暴力恐怖袭击等十多项实训科目，截至 2019 年 1 月，泰州市累计参训教师 1 600 余名，受训学生 8 万人[④]。

3. 保持参与训练式应急教育

教育部发布的《2018 年秋季开学工作专项督导报告》显示，山东中小学校每月至少开展 1 次应急疏散演练，幼儿园每季度至少开展 1 次应急疏散演练。各学校也积极配合，一般在开学或者学期结束的一段时间内开展应急演练，如陕西省商洛市商州区第一小学在 2018 年 9 月开展了反恐防暴应急演练；2018 年 12 月 28 日，嘉兴市特殊教育学校组织开展校园遭遇暴恐袭击应急处置演练。

---

① 李思默. 全国中小学校消防安全宣传教育工作推进会在银川召开[EB/OL]. http://china.cnr.cn/gdgg/20181124/t20181124_524425221.shtml，2018-11-24.

② 孙军. 青岛市教育局组织开展全市中小学、幼儿园应急疏散演练[EB/OL]. http://www.mnw.cn/edu/news/2083116.html，2018-11-09.

③ 教育部. 2018 年秋季开学工作专项督导报告[EB/OL]. http://www.moe.gov.cn/s78/A11/moe_914/201811/t20181106_353790.html，2018-11-06.

④ 董志雯，轩召强. 树立安全教育新典范 泰州安全“微课”显成效[EB/OL]. http://sh.people.com.cn/GB/n2/2019/0203/c134768-32612954.html，2019-02-03.

4.3.4　2018 年中小学应急教育特点

随着中小学应急教育制度的不断细化，教育内容的不断拓展，教育形式的不断丰富，2018 年我国中小学应急教育的特点表现为以下两个方面。

1. 教育内容更加丰富

2018 年中小学应急教育的内容更加丰富，范围涉及地震、火灾、高空应急疏散、校车疏散、防踩踏事故、泥石流救助及洪灾自救、防暴力恐怖袭击等十多项内容。

2. 教育形式趋向智能

随着信息技术的不断发展，中小学应急教育的形式不断增加，各级学校在开展应急教育的过程中采用网络技术与实际教学相结合的方式。"互联网+"、互联网平台软件开发、大数据等技术不断被应用于应急教育中，安全教育开始由课堂转入实践化、形象化、智能化的教育阶段。

4.4　2018 年幼儿园应急教育发展状况

4.4.1　2018 年幼儿园应急教育制度的发展

风险事件无法预知，但风险应急意识要具备。2007 年 8 月，第十届全国人大常务委员会第二十九次会议颁布了《中华人民共和国突发事件应对法》，涉及预防与应急准备、监测与预警、应急处置与救援等内容。其中第二章第三十条明确规定：各级各类学校应当把应急知识教育纳入教学内容，对学生进行应急知识教育，培养学生的安全意识和自救与互救能力。教育主管部门应当对学校开展应急知识教育进行指导和监督[①]。同样，幼儿园的应急教育工作也受到持续关注，2005~2018 年国家多次颁布关于幼儿园安全教育问题的条例。尤其是 2018 年，国家针对幼儿园的安全问题颁布了三个文件，其中多次强调幼儿园应急教育的重要性，如《中共中央国务院关于学前教育深化改革规范发展的若干意见》中指出，幼儿园必须把保护幼儿生命安全和健康放在首位，落实园长安全主体责任，健全各项安全管理制度和安全责任制，强化法治教育和安全教育，增强家长安全防范意识和能力，并通过符合幼儿身心特点的方式提高幼儿感知、体验躲避危险和伤害的能力[②]。

综合来看，在历年的幼儿园应急教育相关法规的发展中，我国法律体系中对应急教

① 中华人民共和国突发事件应对法（主席令第六十九号）[EB/OL]. http://www.gov.cn/zhengce/2007-08/30/content_2602205.htm，2007-08-30.

② 中共中央国务院关于学前教育深化改革规范发展的若干意见[EB/OL]. http://www.gov.cn/zhengce/2018-11/15/content_5340776.htm，2018-11-15.

育的规定多呈现分散化和碎片化的特点，即应急教育内容零散地分布在不同领域的法律法规中，缺乏一部统一各项应急教育规定的法律法规，教育主体开展应急教育时随意性较强。例如，2006 年实施的《中小学幼儿园安全管理办法》中强调应急预案的重要性，并未提出应急教育的实现方式。由于校园突发事件发生频繁且多样，而立法周期较长且进展缓慢，为适应严峻的校园安全形势，教育部等出台了大量推进应急教育的规范性文件，用以指导和规范应急教育的开展。在我国当前法律实践中，这些规章和文件的法律效力低，对组织的约束力差，在推进校园应急教育方面缺乏强制性。

另外，应急教育相关文件的内容侧重于对眼前突发事件的教育规定，缺乏对问题动机和未来可能出现的突发事件的应急教育内容规定。例如，2011 年全国各地多次出现校车事故，社会影响极其恶劣，2012 年的《校车安全管理条例》顺势而出，明确了政府及有关部门的校车安全管理职责，致力于保证学生的校车安全。由此可见，我国的应急教育制度建设是在突发事件发生之后，其应急教育才被关注。实施细则等配套性法规是应急教育立法体系中的重要组成部分，每一部法规的实施都离不开实施细则的配套性建设以使立法真正落到实处。当前各应急教育相关法律法规和文件等都规定要加强某一方面的应急知识教育或者要求建立责任机制等，针对具体内容如何设置、流程如何开展、可操作性是否具备等问题进行说明的实施细则却呈现缺失状态，导致应急教育相关法律文件难以形成合力。2018 年，这一方面得到极大改善，国家发布的《关于进一步加强中小学（幼儿园）安全工作的紧急通知》中提到，深入开展一次学校安全隐患大排查，做到隐患排查不留死角，对排查出的问题，要按照“谁主管、谁负责”的原则，建立台账、落实责任、细化措施，明确时限，确保全面整改落实。同时强调各地教育行政部门和学校要建立健全学校安全事件应急管理机制，制定区域性学校安全风险清单，完善、细化各项应急处置预案，落实人员职责，做好安全防范和隐患化解前置工作。由此可见，与我国幼儿园安全相关的制度安排逐渐成熟，开始关注各个主体的任务和责任，以及应急管理的过程设置及应急流程的开展等，幼儿安全应急教育制度化得到质的飞跃。

4.4.2　2018 年幼儿园应急教育内容的变化

幼儿年龄小、接受能力差，尚未形成完全独立的思考能力，在发生意外伤害时无法实现自我保护的特点，这些均凸显了幼儿园应急教育的重要性。

幼儿园应急教育包括以下三大内容。其一，幼儿需要掌握相关安全知识的教育，即幼儿能有效掌握安全事件的成因、特点及发生的预兆。例如，在自然灾害的知识教育中，以诗词的形式让幼儿掌握有关地震灾害的基本知识：地震啦、要冷静；护住头、别跳楼；大地晃、桌椅摇；大地震、房屋倒；大家保持冷静；不要慌忙逃跑；捂住口鼻护住头；蹲在桌下或桌旁；不坐电梯走楼梯；千万不可跳下楼。幼儿必须对相关知识有一定的了解，才能培养他们的安全风险意识。其二，幼儿需要具备一定的风险意识，幼儿教师或保育员运用一定的风险理论知识或风险模拟训练对幼儿施加有目的、有计划、有责任的意识教育，从而帮助幼儿形成生活必需的风险认知和应对风险能力。

其三，教育幼儿掌握相关应急技能，即幼儿遭遇安全事件时，能采取正确的措施及时规避，避免造成严重的后果。学校可以按照安全事件的情境创设，让幼儿身临其境，切身感受事件的应急处理。例如，贵州省黔东南苗族侗族自治州黎平县大风车幼儿园在该县第五中学开展亲子消防安全演练活动，让幼儿在互动中学习消防设备实用知识，增强消防安全意识[①]。

目前，幼儿园应急教育内容主要的主题包括：自然灾害应急教育、消防应急教育、性侵应急教育等。

（1）自然灾害有海啸、地震、恶劣气候等，具有偶发、波及范围广、损害性大等特点。据应急管理部网站消息，应急管理部、国家减灾委员会办公室 2019 年 1 月 8 日发布了 2018 年全国自然灾害基本情况。核定结果显示，2018 年，各种自然灾害共造成全国 1.3 亿人次受灾，589 人死亡，46 人失踪[②]。在自然灾害中，成年人也可能无法有效规避自然灾害带来的风险，何况幼儿。幼儿在自然灾害的威胁中更加脆弱，只有增强幼儿自身的安全风险意识，才能有效减轻自然灾害风险的威胁。我国为了推动防灾减灾工作的进一步开展，自 2009 年起，将 5 月 12 日设立为“全国防灾减灾日”。中国灾害防御协会灾害科普专业委员会主任邹文卫提出“把灾害科普教育注入娃娃心田”[③]。每年幼儿园都会开展自然灾害应急教育相关工作，2018 年，中国儿童少年基金会“中脉青少年安全守护行动”西南地区首间安全体验中心在九寨沟县第二幼儿园正式落成，致力于为中小学校、幼儿园的教师进行安全教育培训，提高幼儿园的应急教育能力[④]。

（2）消防应急教育。我国多次在制度设计中强调消防应急教育的重要性，并提出消防应急教育应从小抓起，如《中小学幼儿园应急疏散演练指南》从制定演练方案、成立演练组织结构、演练前安全教育、演练前师生身体状况问询检查及其他准备工作等五个方面，明确了中小学幼儿园在演练准备阶段需要完成的各项任务，是幼儿园开展消防应急演练的重要指导文件[⑤]。另外，2015 年颁布的《教育部 公安厅关于加强中小学幼儿园消防安全管理工作的意见》中提到，幼儿园应当采取寓教于乐的方式对儿童进行消防安全常识教育[⑥]。现在全国几乎每个幼儿园都组织开展了消防安全知识培训，形式也更加多样化，力图通过幼儿能够接受的方式来增加幼儿的安全知识和提高幼儿的应急能力。2018 年 11 月 9 日，以“消防安全 牢记心间”为主题的消防安全演练活动在呼和浩特市青少年活动中心附属艺术幼儿园举行，活动分为消防安全知识宣传、快速逃生演练、参

---

① 杨代富. 亲子消防演练 快乐迎“六一”[EB/OL]. http://www.xinhuanet.com/photo/2018-05/27/c_1122894087.htm，2018-05-27.

② 叶昊鸣. 2018 年各类自然灾害共造成全国 1.3 亿人次受灾[EB/OL]. http://www.xinhuanet.com/politics/2019-01/08/c_1210033241.htm，2019-01-08.

③ 邹文卫. 把灾害科普教育注入娃娃心田[EB/OL]. http://tech.hexun.com/2017-12-22/192048583.html，2017-12-22.

④ 罗冰倩，常红. 让安全教育成为灾后儿童教育的主旋律——中国基金会西南地区首间“安全体验中心”落户九寨沟[EB/OL]. http://world.people.com.cn/n1/2018/1123/c190970-30418332.html，2018-11-23.

⑤ 教育部办公厅. 教育部办公厅关于印发《中小学幼儿园应急疏散演练指南》的通知[EB/OL]. http://www.moe.gov.cn/srcsite/A06/s3325/ 201402/t20140225_164793.html，2014-02-22.

⑥ 教育部，公安部. 教育部 公安部关于加强中小学幼儿园消防安全管理工作的意见[EB/OL]. http://www.moe.gov.cn/srcsite/A11/s7057/201509/t20150923_210190.html，2015-08-26.

观消防车和救援车三个内容，从多方面提高幼儿的消防应急能力[①]。

（3）性侵应急教育。幼儿自身思想的不成熟及家长对幼儿性教育的缺乏，导致幼儿的性知识极度匮乏，无法有效判断自己是否遭受到性侵害，更加无法有效地应对该类事件。随着性侵幼儿事件的屡次发生，社会对性侵应急教育越发重视。例如，北京林业大学青春健康同伴社在北京林业大学幼儿园主办"护苗行动"，在游戏互动中引导幼儿认识自己身体的隐私部位，识别五类危险行为（视觉警报、言语警报、触摸警报、独处警报和拥抱警报），学会拒绝美食、物质诱惑，以及遇到危险时学会"拒绝、逃跑、告诉父母、打 110 报警"四步[②]。

4.4.3　2018 年幼儿园开展应急教育的形式变化

对于幼儿教育而言，不能仅将重点放在知识的学习上，更要注重幼儿个人习惯与基本生活素养的培养。安全意识与防护能力是幼儿应该掌握的基本生活能力，需要考虑幼儿的接受习惯进行教育。幼儿阶段是处于玩乐意识较为强烈的阶段，该阶段幼儿的记忆力、模仿力较强，幼儿园可以通过幼儿游戏来有效地包装安全教育内容，提升幼儿的参与兴趣。幼儿园应急教育的形式可分为语言传递方式、直接感知方式两种。

语言传递方式是目前应急教育中最普遍使用的方式，主要是指教师通过课堂讲解向幼儿传递应急知识，在潜移默化中帮助幼儿形成风险意识。该方式具有成本低、适用性广、对教师教学技能要求相对较低等优势，也具有幼儿接受程度较低、效率较差等缺陷。目前，幼儿园采取家园合作的方式，实现课堂讲解知识的深化吸收，一定程度上弥补了该形式的缺陷。例如，幼儿园配备了家园手册，教师和家长每天在手册中记录幼儿一天的学习和生活情况，实现双方的信息交流。另外，微信群、微信公众号的使用使家长能够更加及时详细地了解幼儿的学习和生活状况，教师可以在微信群告知家长课堂讲解的安全知识，并和家长沟通如何在家庭中进一步增强幼儿对安全应急知识的理解和掌握。

直接感知方式是指幼儿通过视觉或触觉感知危险的后果，形成多维度认识，更加深刻理解危险的存在。该方式主要有影片欣赏和角色扮演两种途径。幼儿可通过观赏影片中危险发生时的场景，理解该类危险的严重程度，通过观看影片中展示的应急处理方式，形象地理解该类危险发生时应如何应对。随着科技的发展及 AR（augmented reality，增强现实）技术的出现，观赏影片方式有了新的发展。例如，北京博凯智能全纳幼儿园建成了 AR 智能教室。儿童教育专家殷红博教授表示，AR 技术让平面、静止、单调的事物变得立体、生动、丰富、灵活，这能够有效地激发幼儿的学习热情和学习动机，同时，能够有效地使幼儿快速理解和掌握教学难点和事物的内在规律。

角色扮演可以帮助幼儿融入场景，切身感受危险的存在，意识到危险的严重程度，正确应对方式的角色训练，使幼儿能生动形象地掌握应急处理知识和技能。在日常防火

① 胡浩. 消防安全从娃娃抓起——呼市青少年活动中心举行消防演练[EB/OL]. https://m.china.com.cn/appshare/doc_1_879853_1055358.html，2018-11-16.

② 北京林业大学人口和计划生育办公室. "护苗行动"——倡导儿童安全意识社会实践活动走进北京林业大学幼儿园[EB/OL]. http://news.youth.cn/jsxw/201807/t20180721_11675778.htm，2018-07-21.

等消防安全知识学习中，幼儿园可以和消防部门合作，由消防官兵作为教官，指导幼儿掌握必要的防护处理，指导幼儿将毛巾打湿后捂住口鼻，避免吸入浓烟、保持弯腰前行等，以情境体验的形式加深幼儿对消防知识的掌握，让幼儿对危险有基本的识别与解决能力，避免事件发生后的慌乱情形出现。例如，2018年10月30日，广安市武胜县沿口二幼学前班幼儿在老师的带领下，参观武胜县消防大队，接受消防官兵主持的系列消防安全教育①。该类方式可以实现幼儿园与社会部门的合作，更加有效地包装安全教育内容，提升处于玩乐意识较为强烈的幼儿的主动参与意识。

4.4.4　2018年幼儿园应急教育特点

1. “幼儿园—家庭—社会”联合教育

幼儿园应根据家长的职业特点，邀请家长参与幼儿安全教育，建立并促进幼儿园和家长之间的联系，充实教育力量，达到家长与幼儿园共育的效果。同时，幼儿园应加强与教育、消防、卫生、公安、交通等政府部门的联系，共同开展教育活动，形成完整的幼儿教育生态系统。

2. 应急教育活动形式多样化

幼儿园应急教育要将幼儿的学习和发展看成一个整体，依据幼儿的认知发展、动作发展和生活经验积累等方面的特点和应急教育的内容选择应急教育活动形式。幼儿园应急教育既要重视集体教学、小组教学、区角活动等形式，也要重视说教与综合实践活动的结合，通过真实情境增强幼儿的直观体验；可以通过主题活动，结合游戏、音乐、美术、诗歌等幼儿易于接受的方式开展一系列安全教育活动，也可带领幼儿进行情境演习，如消防演习、地震演习等，加强幼儿对安全知识的理解和接受程度，从而促进幼儿安全理论知识的增长和自我保护能力的提高。

4.5　学校应急教育未来发展

4.5.1　应急教育制度化

虽然各省（自治区、直辖市）关于加强中小学幼儿园安全风险防控体系建设的意见中均明确规定将应急教育纳入课堂教学，并且每学期必须开展一定数量的应急演练活动，但各级学校的应急教育内容、各类应急知识的应急教育形式仍然不统一。有些学校的应急教育课程形同虚设，虽开设了应急教育课程但未真正开展应急知识教育；有些学校虽开展火灾或地震应急演练，但未开展其他的应急知识教育。为更好地开展学校应急教育工作，政府有关部门需要建立专门的应急教育制度，对各级各类学校开展应急教育的内

① 张璐. 广安武胜县沿口镇第一幼儿园幼儿参观消防大队[EB/OL]. http://www.gzjwch.com/xyfc/8109.html，2018-11-14.

容与形式做出明确规定，并建立专门的责任机制，由特定的政府部门督促特定的学校开展应急教育活动，对未在规定时间内开展应急教育或应急教育开展不到位的单位负责人追责；应建立相应的学校应急教育配套制度，如学校应急人才培养制度、学校应急教育资金与应急教育设备使用制度等。

4.5.2　应急教育社会化

从应急教育系统的属性来看，我国应急教育系统包括学校、家庭、社会三部分①。学校应急教育是我国应急教育的重要组成部分，为提高学校应急教育的有效性，学校应急教育应与社会、家庭应急教育之间实现有效互动，借助社会力量提高应急教育质量。目前，社会力量正在积极参与学校应急教育，如各地新建的青少年应急实训基地、生命安全体验实验室等。许多学校还联合社会组织一起向学生传授专业的应急知识，如学校联合红十字会对学校师生进行专业的应急知识训练，使学校师生接受专业人员的培训，以期提高学校师生的应急知识水平。

4.5.3　应急教育全面化

我国学校应急教育的普及程度虽然有了很大的提升，但仍有许多学生未能接受专业的应急知识教育。一方面，要提高学校应急教育质量，使每一位学生掌握各项应急知识，就必须进一步扩大应急教育的普及范围，实现应急教育的全面覆盖；另一方面，要推动应急教育课程体系开发，制定不同事件的应急知识教育课程体系，使学生掌握全面的应急知识。

4.5.4　应急教育信息化

应急教育信息化是指充分运用信息技术，创新应急教育形式，开发应急教育电子课程等，提高应急教育的信息化程度。目前，许多学校已经试点运用各种信息技术开展应急教育，如运用大数据技术分析应急教育的薄弱环节，开展有针对性的应急教育。未来可使用大数据技术为每一所学校、每一个班级，甚至每一位师生制定专门的应急教育课程，提高应急教育质量。

---

① 董泽宇. 突发事件应急教育初探[J]. 中国减灾，2014，(19)：48-50.

第5章　2018年校园安防技术及其应用的新进展

校园安全工作事关广大师生的生命健康和千万家庭的幸福安宁，更关系到社会的和谐稳定。然而，随着社会风险的“传导渗透”，校园安全事故突发性增强，危害性增大，使本该欢乐的校园蒙上了一层阴影，引起社会各界的广泛关注和人们对校园安全问题的深度思考。

公众对保护校园安全的呼声强烈，政府也在积极行动，以进一步加强校园安全防范。2017年4月12日，李克强总理在国务院常务会议上部署了“加强中小学幼儿园安全风险防控体系建设、打造平安校园”的工作，明确提出要健全校园欺凌防控体系，严格管理责任，完善安防设施，加强社会监督，切实把校园建设成最阳光、最安全的地方①。各学校应国务院要求，同相关部门紧密合作，牢固树立安全意识，强化底线思维，努力抓牢抓实学校安全防控工作。2019年3月12日，教育部部长陈宝生在回答记者提问时表示，当前我国86%以上的中小学、幼儿园已配备了保安员，在安全防范体系建设方面，70%以上都达到了国家建设标准。近几年来，每年因重大事故死亡的人数平均下降了10个百分点，其中溺水、交通、踩踏等事故死亡人数每年降低15个百分点，这说明校园安全风险防控措施效果显著，校园安全形势持续向好②。本章通过分析2018年校园安防技术的发展与应用，提出校园安防建设的基本要求，探索未来校园安防技术发展的方向。

5.1　校园安防系统的新发展

校园安防系统由出入口管理系统、电子巡更系统、视频监控系统、校园紧急报警系

① 李克强：切实把校园建设成最阳光最安全的地方[EB/OL]. http://www.gov.cn/guowuyuan/2017-04/12/content_5185192.htm，2017-04-12.

② 教育部部长：86%以上的中小学、幼儿园已配备保安员[EB/OL]. http://www.scio.gov.cn/ztk/dtzt/39912/39913/39919/Document/1649505/1649505.htm，2019-03-12.

统、消防安全检查系统、信息发布系统等子系统共同组成，子系统各司其职，互相衔接。现阶段，校园环境对安防系统预警、联动能力的要求越来越高。为顺应安防技术开发接口日趋统一的趋势，安防系统的数字化、集成化程度也在快速提高。

下面介绍出入口管理系统、电子巡更系统、视频监控系统、校园紧急报警系统，以及校园安防与人脸识别技术、校园安防与红外热成像技术。

5.1.1 出入口管理系统

1. 出入口管理系统概述

出入口管理系统是学校安全技术防范的重要组成部分，它是集自动识别技术、计算机控制信息管理技术为一体的电子系统或网络管理系统。其通过预先设置特定识别符或指定识别模式，对出入口目标进行识别，再依据识别结果启闭出入口执行机构[①]。其中，控制出入口执行机构启闭，是指对进出校园、宿舍或校内重点区域的人员进行放行、拒绝放行、放行记录和报警等操作。从硬件组成方式上看，校园出入口控制模式可分为一体型和分体型；从管理方式上看，校园出入口控制模式可分为独立控制型、联网控制型和数据载体传输控制型[②]。

2. 出入口管理系统的构成

出入口管理系统由识读部分、传输部分、管理—控制部分和执行部分，以及相应的系统软件和管理网络共同组成。由于校园环境对数据传输和联动处置的要求较高，除以上几个部分外，还需为校园出入口管理额外增加网络传输和系统联动两个部分的技术设计。特殊情况下，还可考虑为重点教学楼、实验室、办公室等地点设立相对独立的管理模式。具体来看，校园出入口管理系统由以下五个单元组成。

1）管理平台及存储单元

管理平台及存储单元具有人员信息储存与管理、设备状态管理、证明许可打印、操作员权限管理、报警信息处理、事件浏览、电子地图等多项功能。随着数字化、智能化技术的迅速发展，该单元在更大范围和更高层次上实现了与其他智能化系统的集成与联动，如办公设备管理、门禁、考勤、巡逻、会议签到、访客管理、电梯控制管理等。在此基础上还增加了实时监控、数据共享、精确检索等其他重要功能。

2）处理与控制单元

处理与控制单元是指出入口管理系统的控制器，该控制器能够存储大量被许可进出人员的卡号、密码等重要识别信息，在识别与核对信息的基础上，控制器可对出入请求做出判断和响应。出入口管理系统的控制器是整个系统的核心部分，影响其安全性的因素包括防破坏措施、电源供应、报警能力、防浪涌动态电压保护能力等。

---

① 中铁辰邦（北京）科技有限公司高校校园出入口及门禁系统解决方案，http://www.crcbt.com/index.php/solve/show/sid/193.html.

② 《中华人民共和国公共安全行业标准：出入口控制系统技术要求（GA/T394—2002）》，http://www.biaozhun8.cn/biaozhun120336/.

3）身份识别单元

身份识别单元能够对出入人员的身份进行识别和确认，现阶段运用较多的是卡证类、密码类、生物类、复合类等身份识别方式。其选择依据主要是出入口的安全等级（一般、特殊、重要或要害）。二者对应关系如表5.1所示。

表5.1　出入口安全等级与身份识别方式对应关系表①

出入口安全等级	身份识别方式
一般	读卡器、出门按钮
特殊	进出门均刷卡
重要	进门刷卡加乱序键盘、出门单刷卡
要害	进门刷卡加指纹加乱序键盘、出门单刷卡

4）电子门锁与执行单元

电子门锁与执行单元是出入口管理系统控制人员进出的媒介。一般情况下，电子门锁与执行单元包括各种电子锁具、三辊闸、道闸等控制设备，这些设备都具有反应快速、失误率低、防潮、防腐的良好性能，并具有一定的抗弯（抗折）、抗拉（抗张）、抗压和抗冲击等防破坏的能力。电子锁具的型号和种类较多，按照工作原理和性能差异，不同材质的门应当采用不同的锁具，如金属门、木门和玻璃门通常采用电控磁力门锁，单门单向平开门则安装电控阴极门锁等。

5）布线及通信单元

出入口控制器支持RS232、RS485或TCP/IP②等多种联网的通信方式①。在控制范围、速率要求等不同条件下，联网方式也有所不同。为考虑出入口管理系统整体的安全性，必须以加密的方式进行通信传输。读卡器与控制器之间、控制器与管理电脑之间，均需先对数据进行加密才可传输，软件数据库中的数据也需用加密手段进行储存。

3. 出入口管理系统的运行原理

在每个控制区域的出入口上，不仅要安装识别设备（读卡器或指纹仪），还需配备门磁和电锁。其中，门磁由无线发射模块和磁块两部分组成，其功能是检测门的开关状态。无线发射模块的钢簧管是检测过程中重要的元器件，当磁体与钢簧管之间的距离超过1.5厘米时，钢簧管会立即闭合造成短路，外部联动的报警指示灯随即亮起，并向主机发出报警信号。电锁用于控制门的开启与关闭。当人员进入被控制区域时，电锁通过卡证贴合、密码输入、生物特征录入等方式来识别身份和使用权限［部分校园出入口已率先采用超高频RFID（radio frequency identification，无线射频识别）读写器，该读写器能够实现远距离感应读卡，学生只需步行进出，无须近距离接触识别设备］③，控制器接收并确认身份信息后触发控制电锁的继电器，允许人员进入，人员离开时按下出门按

① 中铁辰邦（北京）科技有限公司高校校园出入口及门禁系统解决方案，http://www.crcbt.com/index.php/solve/show/sid/193.html.

② TCP：transmission control protocol，传输控制协议；IP：internet protocol，网络之间互连的协议。

③ 李睿，金华. 超高频RFID的智慧校园安全出入系统设计[J]. 单片机与嵌入式系统应用，2018，18（1）：67-69.

钮或再进行一次识别操作。控制器将这些进出信息作为“事件”存储起来，再通过连接输入/输出设备的缆线上传至主机，以便长期保存、查询和统计。控制中心的电脑上配有出入口管理软件，可供管理人员查看出入口监控视频和通行情况，或控制出入口的开关。其运行原理见图 5.1。

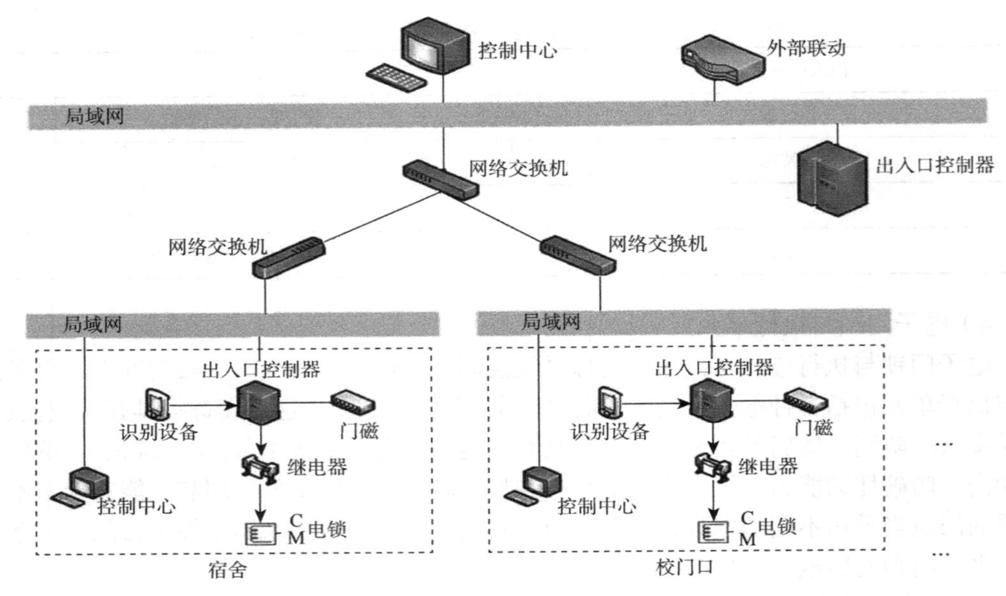

图 5.1　校园出入口管理系统运行原理

C 表示电容；M 表示电机

参考以下资料绘制：一种可自动识别的门禁安防系统技术方案，http://www.jigao616.com/zhuanlijieshao_14816738. aspx；出入口控制系统功能介绍，http://www.16fafa.cn/news/show-123067.html

5.1.2　电子巡更系统

1. 电子巡更系统的构成

在校园中运用电子巡更系统能够对巡更队伍和巡更工作进行更加科学与规范的管理，做到安防管理工作中人防与技防的最优整合[①]。通常情况下，电子巡更系统由巡更器、信息钮、通信座、软件系统等四部分组成[②]。其中，巡更器也称为巡更棒，是采集巡更人员巡更时间、地点等数据的便携式工具；信息钮是沿巡逻路线安置的电子标识，以便巡更人员观察路线和“打卡”，也可以用来标识巡视重点，如门禁设施或消防设施；通信座（或通信线）是数据下载转换器，是下载巡更数据的媒介；软件系统可供管理人员查询近期记录、备份数据、巡逻地点、巡更人员、时间、事件等。

① 许立田，张伟，杨俊明. 基于 RFID 的电子巡更系统在公司管理中的应用[J]. 设备管理与维修，2018,（10）: 154-155.

② 亦源智能系统离线式巡更系统，http://www.sheyit.com/xungeng/268.html.

2. 电子巡更系统的运行原理

电子巡更系统分为离线式电子巡更系统和在线式电子巡更系统。离线式电子巡更系统无须布线，首先，管理者预先在 PC（personal computer，个人计算机）端软件上指定巡视的区域、路线及巡检项目等内容，制订详细的巡检计划，并将该计划下载至巡更器。在巡视之前，巡更人员通过巡更器贴合人员卡来录入和确认自身信息。其次，巡更人员手持巡更器，按照规定的时间和巡逻路线到达设备巡逻点后，将巡更器放在信息钮前，按动记录按钮，巡更器便可记录巡更人员到达巡逻点的时间、地点及设备代码等相关信息。若巡更人员未按正常程序巡视，时间提前或推后，控制中心的管理软件会自动判定巡视记录无效。若在读取巡逻点的过程中发生突发事件，巡更人员点击特定按钮更新巡逻点资料，巡更器便会将巡逻点编号及更新时间保存为一条巡视记录。最后，通信座（或通信线）会按照系统要求的频率上传巡更器中的巡视记录。若需检查巡视工作的完成情况，可用数据线将巡更装置连接在电脑上，从 PC 端软件查看巡视信息（图 5.2）。如有需要，还可命令管理软件比对事先设定的巡检计划与实际的巡视记录，以生成漏检、误点等工作失误的统计报表，需要时可将巡视情况打印成报表存档或直接存入数据库中备案。

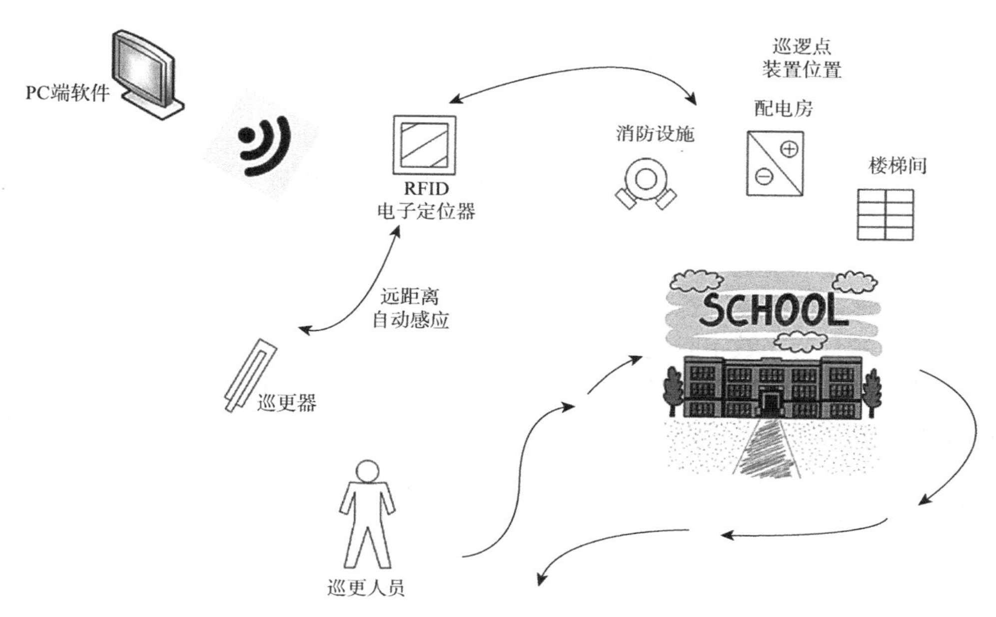

图 5.2 校园电子巡更系统运行原理

参考以下资料绘制：思卡乐 RFID 智能巡更管理系统概述，http://www.sikale.com/product.aspx?classId=91&parentid=88

但是，离线式电子巡更系统划定的既定路线存在被危险人员掌握的风险，巡视时也无法随时了解巡更人员的实时位置或对巡更人员刷卡行为做出反应。因此，在线式电子巡更系统更适合防范要求较高的校园环境。在离线式电子巡更系统的基础上，在线式电子巡更系统要求巡更人员在指定的时间和地点向管理中心的电脑返回信号，巡更人员的返回信号会通过实时通信被转换为巡视信息，并及时显示在电子地图上，这样能在对巡更人员进行监督的同时起到安全防范作用。如果在系统规定的时间内管理电脑未接收到返回的信号，或信号不按规定的次序显示，系统将提示巡视异常（不正常）。现阶段，随着 GPS（global positioning system，全球定位系统）、GIS（geographic information system，地理信息系统）、GSM（global system for mobile communication，全球移动通信系统）等实时传输和感应技术的快速发展，巡检设备的功能也越发多样化和高端化，其应用范围正在进一步扩大。

目前，校园电子巡更系统更多地使用超高频 RFID 技术，该技术可利用无线电信号识别特定目标并读写相关数据，同时可以在独立供电、非接触的情况下实现远距离群读。在校园内，除智能巡更系统外，物业资产管理系统同样要依托超高频 RFID 技术，用于统一标识和远程记录学校各种应急装置与资源，以便在突发情况下进行规划和调度[①]。近两年兴起的云巡更技术，摆脱了离线式电子巡更系统和在线式电子巡更系统的传统控制技术。云巡更技术无须通过巡更器扫描信息钮，即能实现巡更人员到达巡逻点时自动打卡，巡更路线和时间点也会同时显示在云平台上。云巡更技术充分利用云服务进行自动化的传输、备份与分析，尽量避免人为因素造成的困扰。在未来，云巡更技术可实现实时主动报警、实时纠错的功能，进一步提高巡更效率。

5.1.3　视频监控系统

1. 视频监控系统概述

视频监控系统是以新型网络计算机技术为基础的视频检测手段。纵向上看，视频监控系统共经历了三个发展阶段：一是模拟视频监控阶段，这个阶段以闭路电视监控系统为主，其传输媒介为视频电缆，由主机进行模拟处理，只适合在范围较小的区域应用，系统很难进行扩展；二是数字视频监控阶段，该阶段以 PC 机插卡式的视频监控系统为主，也被称为半数字时代，由多媒体控制主机或 DVR（digital video recorder，硬盘录像机）主机进行数字处理；三是智能视频监控阶段，20 世纪 90 年代末至今，随着网络和通信技术的快速发展，视频监控系统逐渐发展为以嵌入式技术为依托、以智能图像分析为特色的数字化系统。随着云计算概念的提出，以云计算为基础的智慧城市、智慧校园等理论将会为视频监控系统提供更为广阔的发展前景。

2. 视频监控系统的构成与运行原理

视频监控系统的基本结构包括前端摄像机、管理中心、监控中心、PC 客户端、无线网桥等五个部分，各部分分工如下。

（1）前端摄像机。监控系统的前端摄像机是指摄像头，主要用于采集被监控点的关键信息。随着人工智能技术的发展，视频监控前端计算能力逐步增强，智能分析功能越来越多地从后端服务器前置到前端摄像机内，如提取关键信息、配备报警装置或按照预设特征对采集到的图像进行嵌入式分析等。

---

① 姜立芳，程力刚. 高可视化智能安防集成系统在智慧校园中的应用[J]. 中国新通信，2018，20（21）：138-139.

（2）管理中心。管理中心承担所有前端设备管理、控制、报警处理、录像、回放、用户管理等工作。为适应大规模监控系统需求而建立的视频监控管理中心，能够及时命令和调整前端的数字化设备，如 DVR、视频服务器及网络摄像机等。同时，管理中心具备电子地图管理功能，支持模拟电视墙输出、相关视频查看与前端设备语音对讲等功能，提供灵活和严密的权限管理。

（3）监控中心。监控中心由电视墙、监控客户终端群组成，集中监控所辖区域。视频监控系统可以有一个或多个监控中心。

（4）PC 客户端。PC 客户端可提供远程监控功能。

（5）无线网桥。无线网桥可以将 IP 网上的监控信息传至无线终端，也可以将无线终端的控制指令传给 IP 网上的视频监控管理系统，能够达到快速传输、移动监控的目的。从通信机制上看，无线网桥可分为电路型网桥和数据型网桥两种。其中，电路型网桥无线传输机在 PDH/SDH①微波传输原理的基础上兼容多媒体需求的网络解决方案，其数据速率稳定，传输时延较小，能够作为 3G/4G②移动通信基站互联互通的有效支撑。数据型网桥具有组网灵活、成本低廉的特征，通过 IP 传输机制能够实现网络数据传输和低等级监控类图像传输，被广泛应用在各种基于纯 IP 构架的数据网络解决方案之中。

视频监控系统的运行原理如下：监控点摄像机的模拟视频信号采集到监控信息，通过编码器将关键信息转换为数字信号，进行压缩处理后经由网络媒介传送到监控中心，监控中心的网络数字矩阵再将 IP 数据包还原为模拟信号，输出到大型电视墙上供管理人员查看（图 5.3）。其中，存储主机会对视频图像进行全天不间断地录像并存储数据，根据需要还可增加数据转发的功能。拥有各分主机授权的用户可以监视视频图像，并远程控制摄像机镜头和云台，或对系统进行参数配置和更改等等。

现阶段，随着视频监控信息的传输和储存需求不断增长，云存储、云计算、云搜索等技术被更频繁地应用在智能视频服务中。通过一体化网络连接，这些技术能够有效地满足高清化需求，缓解传输和存储压力，降低建设与运行维护成本，其技术推动能力不言而喻。特别是云计算技术支持下的智能化后端能够发动网络内闲置节点进行分析，实现事半功倍的优化效果。

5.1.4　校园紧急报警系统

校园紧急报警系统是为应对校园突发事件而设计的一整套校园联网报警及紧急求救程序。现阶段的校园紧急报警系统一般包括以下几种。

1. 周界报警（入侵报警）系统

新时期的周界报警（入侵报警）系统是指能够对各种入侵事件及时识别响应，且具有长距离监控、高精度定位功能、低能源依赖性、高环境耐受性、抗电磁干扰、抗腐蚀

① PDH：plesiochronous digital hierarchy，准同步数字系列；SDH：synchronous digital hierarchy，同步数字体系。

② 3G：the 3rd generation telecommunication，第三代移动通信技术；4G：the 4th generation mobile communication technology，第四代移动通信技术。

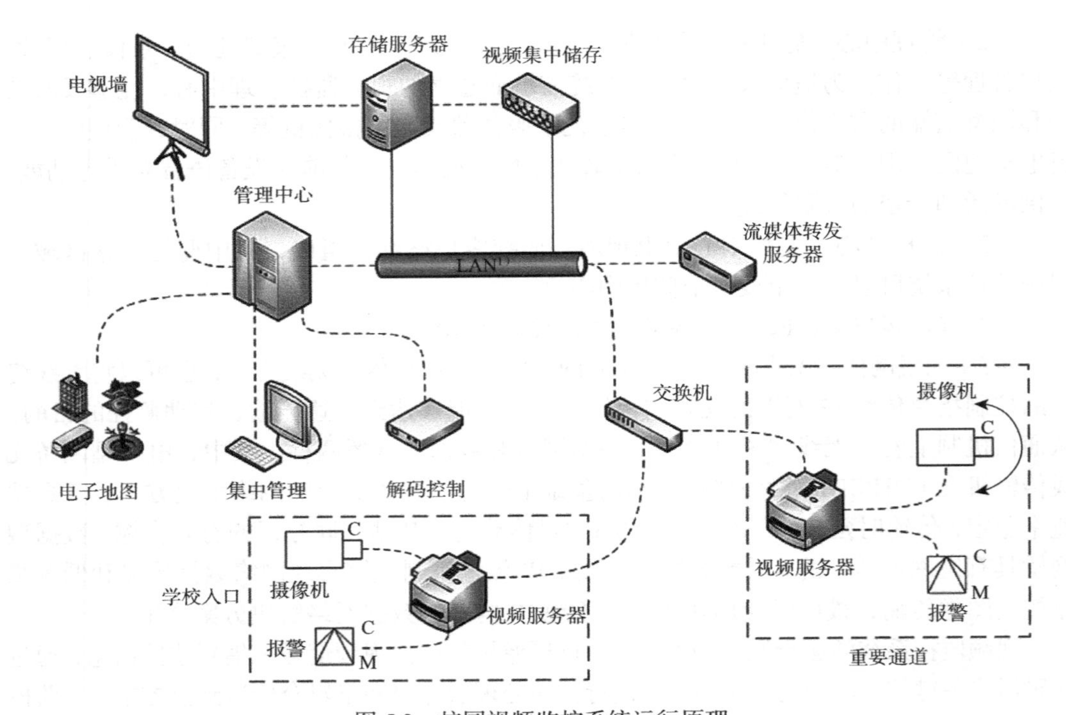

图 5.3　校园视频监控系统运行原理

1）LAN：local area network，局域网

参考以下资料绘制：四川蓝豆科技有限公司，http://landoutech.com/anz/

等特性的报警系统。其特点在于：①当满足预设条件的多个入侵目标进入系统划定的警戒区域时，周界报警系统可以在同一时间内分别进行检测和跟踪；②可设定不同形状的入侵检测范围，这些区域可重叠，各区域内的防入侵参数可独立设定，互不影响；③可代替各种直线式或点式的传感器，以进一步扩大检测范围，提高检测率，降低误报率；④根据提前输入系统的条件，周界报警系统可智能化区分入侵者的类型，如人、动物或交通工具，只有符合指定特征的入侵行为发生时，报警系统才会发出报警提示。

2. 一键报警系统

一键报警是指在突发事件发生时，在校人员通过按下有线紧急呼叫按钮或者大功率无线紧急呼叫按钮发出警情信号的报警方式。针对校园安全防范的特点，校园紧急报警按钮一般设置在出入口、主要通道、办公楼和教学楼的公共部位等区域，其地点还可根据视频监控系统中划定的防护区进行选择和设置。报警器配有高效长寿电池组，该电池组具备电源交/直流供电自动切换功能，能做到平常交流充电，交流停电自动转换，以确保系统万无一失。

具体来看，一键报警系统的运行过程如下：①当突发事件发生时，在校人员按下一键报警应急按钮，通过应急按钮与应急报警主机信号交互，主机及时接到应急按钮的报警信号；②通过校园网络的桥接，紧急报警装置与校内安防监控中心值班室、校园监控平台、无线基站和对讲机等多种设备联为一体。报警柱上传的报警信息直接发送至监控室的值班岗，值班岗工作人员能够立即与报警人进行语音或视频对话，以了解报警人所处的方位和遇到的问题。同时，报警设备会自动拨打校长等负责人手机或办公电话，以便第一时间启动应急预案；③应急报警主机本身通过专门接口与声光警号、鸣响高音警号相连，当报警发生时，声光警号和鸣响高音警号会同时发出报警信息；④报警信号再经应急报警主机自动呼叫，或通过校园公用网络向应急中心上报报警信息，同时，应急联网报警系统服务器收到公用 PSTN/GPRS/Internet[①]等路径上传的警讯和现场视频图像，警情信息也会自动出现在数据处理终端的电子地图上，为指挥中心分派警力提供明确指导。

3. 校园消防报警系统

对于宿舍、食堂等人员停留时间长的区域，人员的不恰当操作、电路老化等原因都可能导致火灾发生。学校人员聚集性强，一旦发生火灾很容易造成严重损失。因此，校园消防报警系统对于维护学生的生命安全与财产安全具有重要作用。

校园消防报警系统一般采取分级监控、独立控制、集中管理的模式。消防报警监控通常安装在图书馆、食堂、宿舍、重点实验室、会议室等大型公众聚集场所或重要防火部位。基于物联网技术的火情自动报警系统包括火灾报警装置、触发装置、警报装置及其他辅助功能装置。在系统前端，视频服务器和网络摄像机上配有火灾探测器，以检测燃烧产生的烟雾、热量、火焰等物理量。这些物理量通过转换器变成电信号。视频服务器和网络摄像机上配有报警输入和输出接口，以便将电信号发送至火灾报警控制器。火灾发生后，系统会自动显示火灾发生的部位，声报警器、光报警器和火灾事故广播也会及时发出火警信号和疏散通知，同时联动其他设备的输出接点，开启事故照明、疏散指示标志、消防给水和防排烟等设施，以实现监测、报警和灭火的自动化，使人们能够及时发现火灾，并及时采取有效的自救措施，最大限度减少火灾造成的生命和财产损失。图 5.4 是校园火灾自动报警系统运行原理图。

5.1.5　校园安防与人脸识别技术

人脸识别是依赖人类固有生物特征进行身份验证的智能化技术。人体生物特征既包括指纹、人脸、视网膜、虹膜、DNA（脱氧核糖核酸）等生理特征，也包括语调、签名、步态等后天形成的行为特征。由于生物特征不易伪造，以该特征为核心的人脸识别技术正被广泛应用于各行各业的出入管理、门禁考勤、电脑安全防范、ATM（automatic teller machine，自动取款机）智能视频报警等安全管理工作之中。

通常，人脸识别系统的运行机制包括以下几个步骤：数据采集与存储、训练、预处理、检测、特征提取、人脸识别、结果输出。一是数据采集与存储，建立总数据库，采集人脸图片和关键信息，包括数量、姓名、性别、年龄、职业及复制的人脸模型等，信息采集可通过提前录入或视频监控抓拍的方式完成；二是训练，对人脸库中的人脸图片进行训练，得到每个人对应的模型，类似于人脸的复制品；三是预处理，即对采集的图

---

① PSTN：public switched telephone network，公共交换电话网络；GPRS：general packet radio service，通用分组无线服务技术；Internet：互联网。

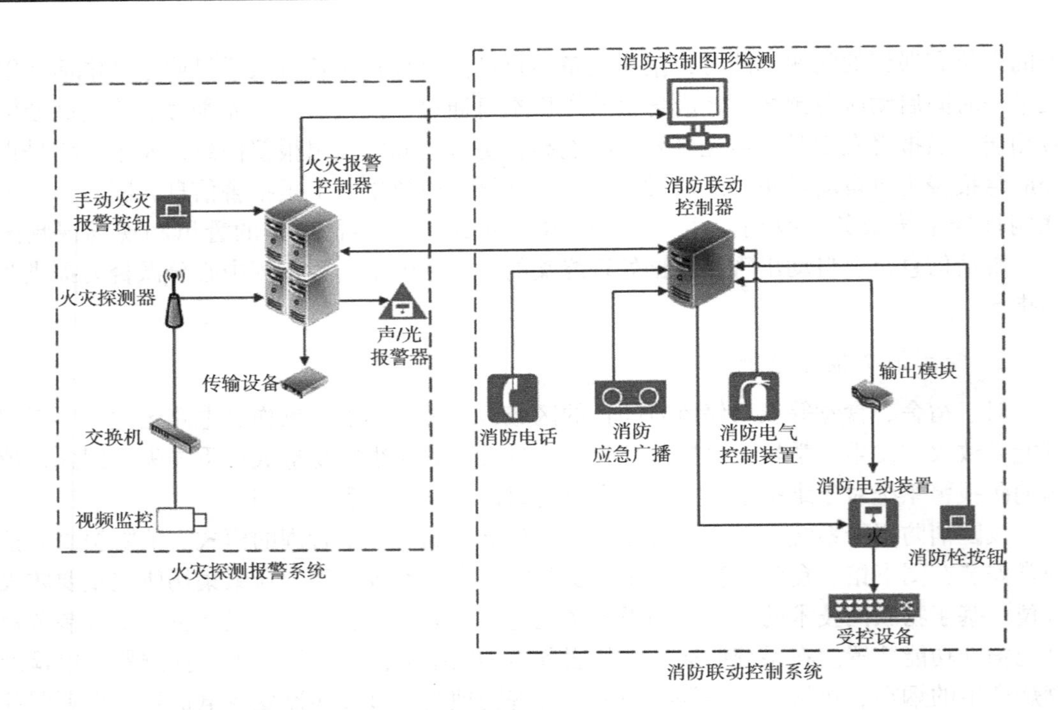

图 5.4　校园火灾自动报警系统运行原理

参考以下资料绘制：成都景祥科技有限责任公司，http://www.jxkeji.cn；丁宏军主任：详解火灾自动报警系统和智慧消防（附设计图），https://baijiahao.baidu.com/s?id=1603666182194034669

像或视频进行预处理；四是检测，根据图像或视频检测人脸并分割图像，进行特征提取和人脸识别；五是特征提取，根据特定算法提取人脸图片的关键特征；六是人脸识别，用提取出的人脸特征与人脸数据模型进行比对，找到匹配程度最高的单个人或多个人，将单个人或多个人序列作为识别结果；七是结果输出，即输出识别结果。

在人脸识别的诸多方法中，比较具有代表性的是基于几何特征的方法、基于代数特征的方法、基于模板的方法和基于神经网络的方法等。现阶段，基于特征的 AdaBoost 算法及其拓展应用能够进一步提高系统的识别率和计算性能，如 AdaBoost+haar 特征、AdaBoost+SOM（self-organization mapping，自组织映射）等。以 AdaBoost+SOM 为例，该人脸识别方法需经历以下三个步骤。

1. 预处理

在 AdaBoost 人脸检测算法的基础上检测图像中的人脸，并对人脸进行定位和适当剪裁。由于经过剪裁的原始图像有大有小，预处理器还需对它们进行统一调整。在将所有图像都转换为灰度图像后，预处理器会自动将图像分为两组，一组是训练子集和测试子集，另一组是训练器和测试部分。

2. 训练

图像的训练子集主要用来训练 SOM 分类器。由于 AdaBoost+SOM 方法的基础是无监督神经网络学习，神经元需通过竞争来激活，因为在任何时候都只有一个神经元能够被激活。通过这种激活过程，神经元能够实现自我组织，即 SOM。SOM 的内在逻辑是自适应地执行一个非线性变换，或者把数据映射到一维或二维空间，同时在训练过程中为每张人脸配备一定数目类的分级模型，所有人的模型都将用于测试在测试子集中的图像。

3. 测试

AdaBoost 人脸检测算法通过检测在测试步骤中创建的分级模型，可有效定位和获取输入图像中的人脸。

除 AdaBoost+SOM 方法外，针对 CNMF（convex nonnegative matrix factorization，凸非负矩阵分解）方法的新迭代规则也可利用人脸图像灰度归一化方法，在除去一定的噪声和光照的影响后，通过离散小波变换得到图像低频信息，降低高频信息对识别率的干扰，再采用阈值稀疏约束将迭代过程中的矩阵稀疏化，有效提取出人脸特征集。最终将测试样本集图像在优化后的特征子空间–基矩阵上分解，用得到的特征的权值系数在支持向量机上进行分类[①]。

可见，新时期的人脸识别技术既能够全自动定位和获取输入图像中的人脸，还能保证识别过程的高速率、高识别率和高验证率，以达到明显优化识别结果的目的[②]。

5.1.6　校园安防与红外热成像技术

人体温度的变化是诊断疾病的一项重要指标。因为当人体产生疾病时，人体的热平衡会遭到破坏，体温会随之发生变化。校园作为人群集中区域，学生又多为易感人群，红外热成像仪定期测温技术能够快速判断校园内人员是否有发热现象，继而判断校园内人员感染程度和疫情状况，避免聚集性疫情发生。因此，红外热成像技术对预防和监测校园流行性疾病有着重要价值。

红外线因其波长大于可见光的红光而得名。任何温度在绝对零度（−273.5℃）以上的物体都能成为红外辐射的光源，因此红外热成像设备能够检测到任何有温度的物体。不仅如此，红外热成像设备在成像过程中可实时检测每个像素点的准确温度。在多种红外线中，长波长红外线可穿透过大气、烟云等干扰物质，即使在恶劣的气候环境下，红外热成像设备的结果照样准确。

在学校、幼儿园等易感人群密集的场合，红外热成像技术不仅能够在非接触式、中远距离的情况下对人群测温，还能主动分析检测目标，并对测温结果的准确度进行自适应补偿，保证了较大范围内目标测温的准确度。针对人体测温，当前红外热成像测温技术已无须依赖外置校准黑体，测温精度达到±0.3℃，实时测温响应时间在 30 毫秒以内，一般适应于 0~50℃环境条件，可实现在−40~+60℃全工作温度段精确测温。不仅如此，红外热成像技术也能与视频图像检测技术相结合，形成热成像摄像机，使监

---

① 周静，黄心汉. 基于新迭代规则的稀疏 CNMF 人脸识别方法[J]. 华中科技大学学报（自然科学版），2018，46（12）：48-54.

② 叶剑锋，王化明. AdaBoost 检测结合 SOM 的自动人脸识别方法[J]. 哈尔滨工程大学学报，2018，39（1）：129-134.

控设备自带测温功能。监控设备采集到的热成像图像，可通过非均匀校正和特有的图像处理算法平滑图像滤波，改善其成像效果。这不仅解决了耳温计、体温计、额温计、点温计等传统测温方式耗时长、易交叉感染且只能对个体进行检测的问题[①]，还能在发现发热现象的同时对测温对象进行身份识别，及时发出报警信号，有效控制疫情扩散，保护在校师生的生命安全[②]。

5.2 校园安防建设的典型案例

5.2.1 北京市御贝国际幼儿园利用高科技打造智能安防系统[③]

近年来，幼儿园安全事件频发，幼儿在校园内的安全状况成为家长关注的重点。为进一步加强中小学、幼儿园安全防范工作，国务院办公厅发布了《国务院办公厅关于加强中小学幼儿园安全风险防控体系建设的意见》（国办发〔2017〕35 号），明确校园安全系统的建设标准。北京市御贝国际幼儿园积极响应国家号召，在校内安装智能化安防系统以保护幼儿安全，对幼儿园实行全方位管理。智能化的校园安全防护体系包括全天候监控系统、“双重防线”出入管理系统和云平台智能信息传递系统等。

1. 全天候监控系统

北京市御贝国际幼儿园安装的监控摄像头像素达到 2 000 万星光级，还具备自动对焦、24 小时无死角监控和远程实时监测等功能。监控系统与手机端相连，园区管理人员和家长可随时通过互联网、手机远程观看图像，做到实时监督与观察。在声音和视频方面，监控系统支持远程控制和双向音频，即监控设备抓拍的画面和接收的声音均能通过网络传输，家长也可从手机端发出音频消息，与老师或孩子实时沟通。

2. “双重防线”出入管理系统

为防止陌生人和不法人员随意进出幼儿园园区，危害幼儿安全，北京市御贝国际幼儿园出入管理系统采用“双重防线”加强入园管理。在室外，该系统安装了红外人脸识别技术的动态人脸速通门，园区内人员或家长接送幼儿时可直接刷脸进入。幼儿园出入口管理系统还与动态跟踪、动态识别等技术相结合，对通过识别机的人员进行识别，一旦识别出身份不明或黑名单中的人员，系统将发出追踪指令或直接发出报警信号。这套识别系统还能识别正常尾随和贴身尾随行为，精确程度达到厘米级。针对不同情况，该系统能够自动检测和区分正常尾随和贴身尾随，并采取不同的通行控制策略，防止非法人员通过照片、视频等手段伪造通行许可，保障幼儿出入安全。在室

---

① 景阳科技：热成像技术重新定义视界的维度[EB/OL]. http://www.sohu.com/a/133490476_531064，2017-04-12.

② 贾巍. 阳光校园建设需求下安防向精细化方向发展[EB/OL]. http://info.edu.hc360.com/2018/03/050932792227.shtml，2018-03-05.

③ 根据新浪网、北方网、北晚新视觉、华声在线等新闻报道整理。

内，该系统采用电子智能门禁系统，人员只有刷卡才能够通行。“双重防线”出入管理系统有效遏制了陌生人的随意进入和危险行为的发生，为保护幼儿安全提供了更有力的保障。

3. 云平台智能信息传递系统

北京市御贝国际幼儿园采用的智能安防系统具备智能考勤、园所通知、健康体检等多种功能。云平台智能信息传递系统可将幼儿的考勤记录、园内信息和幼儿状况等实时推送到家长手机上，全面完整地记录幼儿在幼儿园中的点点滴滴，实现家长与园区老师的实时互动，让家长更全面了解幼儿情况。在健康体检方面，园区利用智能健康筛查机器人对幼儿全身十大系统进行检测，该机器人集智能传感器、视觉算法、大数据、互联网等技术于一体，具备“签到、自动测温、手检、身高、体重、拍照留存、实时显示”等检测功能，以及“咳嗽、口腔、外伤、指甲”等检测辅助功能，对孩子进行科学的健康指导和管理。为方便老师和家长掌握幼儿情况，北京市御贝国际幼儿园还引入人工智能技术记录幼儿成长档案，真实记录幼儿的生活点滴①。

幼儿年龄较小，自身的保护意识淡薄，自我防护能力低，极易发生意外，因此需要成人时刻关注他们的动态，以保障其人身安全。北京市御贝国际幼儿园通过建立现代化的安防系统打造智能幼儿园，既能及时监测幼儿动态，预防安全问题，也可通过云平台实现信息的实时传递，实现学校和家长互动，让家长更加放心。

5.2.2 长春二道区学校构建立体式校园安全防范体系②

2018年6月14日，东北三省生命与安全教育高峰论坛在二道区召开，二道区运用“互联网+校园安全”构筑“平安校园”的理念广受赞赏。8月22日下午，长春市综治办督导检查组到二道区视察，检查学校校园安全生态网的建设情况。二道区学校利用信息技术构建的“五环联动、同促五化”的全息式校园安全生态网，实现了校园安全工作的高效管理。“五环联动，同促五化”主要通过责任落实环、监管预警环、排查整改环、教育培训环、评价分析环，实现校园管理的规范化、智能化、常态化、特色化、自动化。

1. 强化责任落实环

二道区学校校区通过建立任务清单，以责任状的形式明确责任，保证责任的严格落实。同时，学校每个岗位还有相应的监督负责人，形成从上到下、人人参与监督管理的局面。

2. 优化监管预警环

二道区学校依托信息技术，创新安全管理理念，开发了“安全管理信息监控平台”，以进一步提高校园安全管理工作的精细化程度。通过构筑全角色、全天候、全方位、全

① 北京御贝国际教育智能服务系统，为孩子提供舒适探索环境[EB/OL]. http://www.chinaz.com/news/2018/0917/937654.shtml，2018-09-17.

② 根据新浪网、搜狐网、安防知识网、天软科技网等新闻报道整理。

过程、全覆盖的“五全式”校园安全管理生态网，加强学校的监督预警工作，具体体现在以下七个方面。

1）视频监控“掌控式、实时化”

校园安装有 1 218 个全方位、全景高清视频监控点，在兼顾全局的同时又能很好把握细节。此外，视频监控系统与手机同步连接，在发现安全风险时可远程启动校园广播，做到实时掌上抓拍、在线通报、远程调度，加强校园安全防范能力。

2）突发事件“联动式、一键化”

校园警务室安装有“一键式报警”装置，该装置实现了公安指挥中心、辖区派出所、教育局管理平台等三方互联互通。遇见突发事件，通过一键启动，三方可以同时接警，方便高效。

3）校园访客“采集式、电子化”

为更好地对学校出入口进行控制，学校警务室配有“电子访客信息采集”系统，要求访客一人一证、人证统一。该系统既能够全程监控来访人员的行动轨迹，也能够将来访人员的信息采集、保留，以便事后查证。

4）周界防范“报警式、信号化”

学校安装有“电子围栏”和“红外布防”系统，防止外来人员、不法分子入侵校园，加强对校园周界的监控。当外来人员触动报警信号，通过视频联动，管理人员能够及时了解报警区域情况并快速处理，确保校园周界安全。

5）校园巡更“记录式、自动化”

按蛇形路线铺排，教学楼设置 789 个电子巡逻点，平均每层楼不少于 3 个，实现全覆盖式巡逻。若学校夜巡保安在规定时间内没有按规定路线巡逻，系统将记录并自动报警。

6）校车运行“对讲式、全程化”

学校每辆校车都安装有 GPS 行车记录仪，记录校车运行轨迹，以了解校车是否按规定线路行驶；车内的 4 个车载摄像头能够对司机的驾驶行为、车内动态、上下车门情况及前方路况信息实时监控。若校车出现超载、超速等违规行为，平台会自动报警，通过抓拍的形式将信息通报给相关工作人员，工作人员就可以利用远程对讲功能，制止驾驶员的违规行为。

7）消防安全“监测式、智能化”

学校安装有智能烟雾探测报警系统，在火灾初期通过火灾探测器将燃烧产生的烟雾、热量、光辐射等物理量转化为电信号，传输到报警控制器自动进行报警。同时报警控制器还会将位置与联动画面上传，方便工作人员及时判断火灾位置、采取措施，为学校探测初期火灾发挥了重要作用，大大减少了校园火灾事故的发生。学校还安装有智能用电安全预警系统，对用电数据进行监测，及时发现、解决用电安全问题，避免用电安全事故发生。

3. 深化排查整改环

为加强学校日常管理，清除隐患，二道区学校同公安、消防、卫生等部门合作，形成系统化、常态化的监管方案，以加强对问题的排查，增强对校园安全的监督管理。

4. 活化教育培训环

二道区学校利用信息技术手段，采用趣味性更强的方式对学生进行安全教育，着力打造娱乐化、专业化、实践化的三种现代课堂模式，让孩子在快乐中学习、掌握安全技能，提高安全教育的效率。三种课堂模式如下。

（1）学校运用“生命与安全教育”应用系统，打造安全教育娱乐化课堂。该系统具备互动游戏、课堂教学、安全知识、考核监督、数据分析等功能，主要分为学生应用端和教师管理端。学生进入界面后，可自主选择互动游戏进行学习，系统会自动生成三级数据库（即局、校、班等），动态公布“生命与安全教育”光荣榜，激发学生学习安全知识的兴趣。教师使用“生命与安全”学科电子教材模块，通过随堂练习和综合考试，对每个学生的安全素养进行分析，在完成教学目标的同时又提高了教学效果。此外，教育局也能够远程监控学生的学习情况，为教育系统安全管理及教育工作进行决策分析。

（2）运用“生命与安全教育”学科教室，打造专业化的安全教育课堂。二道区内不同学校建立有不同安全主题的学科教室，配有 3D、VR、AR 等现代化智能教学设备。主题学科教室可以为教师授课营造全新的“生命与安全”教学环境，为学生创设真实的、身临其境的安全场景。

（3）运用“中小学生安全教育体验中心”，打造安全教育实践化课堂。体验中心设有消防安全教育体验区、交通安全教育体验区、地震灾害及公共安全教育体验区，学生手持“安全体验卡”，可以到不同主题区体验，系统可以远程同步记录每个学生的体验成绩，建立安全档案。体验区利用创设的真实情境，让学生感受事故发生时可能出现的各种情况，学生通过实践学习掌握安全技能，进而增强安全意识，增强自我保护能力。

5. 量化评价分析环

吉林省教育厅根据《长春市学校安全工作综合监管系统》《校园校车安全管理信息监控平台》的要求，对校园安全工作实行“过程+结果”的双重考核，以实现自动打分、动态评价。二道区学校还制定科学的教育管理制度，建设可回放、可追溯的考核评价体系，在汇集平安校园大数据的基础上，为教育安全提供决策支持①。

二道区学校积极响应国家要求，落实校园实际，把校园安全建设视作头等大事。从兴建安全监控网络、开设安全教育课程，到成立中小学生安全教育体验中心，二道区学校通过不断加强校园安全工作“五环”，实现学校安全工作的“五化”，最后形成了“五环联动、五化同促”的全息式“平安校园”生态融合体系。学校通过应用高科技技术，更好地实现了对校园的精细化管理。

① 刘彦冰. 五环联动 五化同促 省教育厅积极构建平安校园安全监管体系[EB/OL]. http://news.xwh.cn/2018/1024/402620.shtml，2018-10-24.

5.2.3 清远市第二中学利用信息技术建立智能管理系统[①]

2018 年，由中国电信发起，广东迅通科技股份有限公司联合业内领先企业，共同开展了“助力清远二中、建设智慧校园”的活动。为进一步提升校园安全防范等级，广东省清远市第二中学还建立了危化品智能监管系统和校园安全动态信息管理平台，以实现校园管理方式的深刻变革。

1. 危化品智能监管系统

校园危化品的管理与师生安全紧密相连，是校园安防监管的重要内容。根据国家对危化品的管理要求，结合实际管理现状，清远市第二中学建立了与人脸识别、姿态识别、物联网、高清视频等技术相结合的危化品智能监管系统，真正实现危化品的可查、可控、可追溯。该系统具备双人双锁的危化品出入库过程管理和立体感知的危化品室环境监测两大功能，实现了人防、物防和技防的完美结合，确保管理的科学化、规范化。

1）双人双锁的危化品出入库系统

危化品具有易燃、易爆、腐蚀性、毒性等危险特性，如果不能对其进行科学和规范的管理，就会埋下校园安全隐患。危化品智能监管系统通过将前端双人双锁人脸识别仪、云端管理平台及微信公众号等三方紧密相连和相互验证，形成从危化品的采购、领用、出库到入库的专业审批流程；申请者从微信公众号平台端完成申请、审核、审批等业务流程，双人双锁监控仪再进行“刷脸”认证。这一系列库存管理和业务过程会被系统自动记录在云平台上，以达到危化品可查、可控、可追溯的管理目的。

2）立体感知的环境监测预警系统

该系统在室内对危化品进行全天候的视频监控，对危化品室的内外环境和出入库流程严格把控。危化品室内装有全方位探测仪，当室内环境的温度、湿度超过警戒值时系统就会自动报警。同时，室内配备了姿态识别系统，当有相关人员吸入有毒气体摔倒在地时，系统会发出报警信息，通知有关人员前去救治。

2. 校园安全动态信息管理平台

校园安全动态信息管理平台能够在管理平台的地图展板中展示授权人员正常触发和异常信息的动态，以实现对校内人员和设备的全面管理。该管理平台主要利用人脸识别智能终端产品，对出入校园的人员实时监控。具体而言，该管理平台由出入控制系统和预警—报警系统组成。

1）出入控制系统

出入控制系统作为校园技术防范的重要组成部分，在维护校园秩序中起着关键作用。清远市第二中学采用二维码访客系统、人脸识别闸机系统、动态人脸布控系统和车牌识别系统，加强校园出入管理，极大地提升了校园安全系数。

（1）二维码访客系统。二维码访客系统以微信公众号平台为基础，与门禁系统相

① 根据中国网、中国资讯网、南方网、中国工业网等新闻报道整理。

连，具有访前预约、扫码登记、刷脸开门、扫码开门等功能，可对来访人员的行为和权限进行管理和控制。来访人员的信息可在云端自动生成电子文件，与传统的纸质版签到表相比，运用这种系统方便后台对信息查询、记录、保存和管理，极大地便利了学校对来访人员的管理。

（2）人脸识别闸机系统。校门口安装有多部闸机式人脸机，严格控制人员出入。有人员出入校园时，人脸机自动抓拍人脸信息与后台人脸数据库比对，匹配成功后方可允许人员通过。闸机式人脸机能防止安保人员和巡检老师肉眼错辨学生身份，同时从根本上阻止校外人员混入学校危害学生安全。此外，系统检测到的人脸信息与云端同步，学校能够实时掌握学生的出入情况。当有学生擅自离校、夜宿未归、代刷卡或者校外人员冒充校内人员刷卡等情况发生时，系统将发送预警信息至家长或者教师手中，实现智慧校园中的人机互联。该系统除了对学生的出入进行管理外，还对已授权的来访人员、有权限的教职工或白名单人员的出入具有控制权限。

（3）动态人脸布控系统。学校的重要区域都安装有深度人脸抓拍机，可以将抓拍到的人脸信息上传至人脸分析平台。动态人脸布控系统具有人脸对比、出入人员移动轨迹预览、黑/白名单布控、可疑人员预警等强大功能，能够切实保护在校师生的生命及财产安全。当有可疑人员出现在监控范围内时，系统会自动提醒安保人员采取应急措施。该系统还会实时将学生进出校门信息推送至家长处，家长可以全面掌握子女在校信息。

（4）车牌识别系统。清远市第二中学采用车牌识别系统，自动识别来往车辆，验证车辆的合法身份。对已登记车牌号码的车辆，系统会自动予以放行；对识别到的黑名单库里的车牌号码，系统会自动报警。

2）预警—报警系统

校园安全防范，重在预防。清远市第二中学安装了姿态识别预警系统和一键呼叫报警系统，以加强预警，更好地保护师生安全。

（1）姿态识别预警系统。校园的集聚性较高，在上下学时段，很容易发生人员倒地、踩踏情况。学校安装的姿态识别预警系统对监控区域内的视频画面进行同步分析，提前预警意外险情、进行实时告警。当监控区域内发生人员倒地、踩踏等事件时，系统会自动报警，并将相关信息迅速发送至管理人员的手机或微信平台端，通知相关人员立即采取应急措施。

（2）一键呼叫报警系统。为防止校园欺凌事件或其他紧急事件发生，学校安装了一键呼叫报警系统。该系统与签到室、门卫室等装有接警机的地方连接，当有警情发生时，报警人点击报警按钮即可与安保人员进行视频通话求助。

清远市第二中学在智能技术基础上实现了对人员、危化品等校园安防关键环节的全面监控，通过搭建校园安全动态管理平台，健全危化品管理的责任体系，分层、分级落实危化品管理防控问题，打造了严格的管理秩序，促进了平安校园的建设。

5.2.4　南京理工大学加强监控，警校合作建立平安校园

2018年9月4日8时31分，正值学生开学，有精神病史的周某刚从三号门进入校

园，南京理工大学监控报警中心就通过人脸识别技术发出报警提示，巡查人员立即前往巡查。当巡查人员发现周某时，她正跟一位新生家长发生口角。巡查人员控制住周某，通知其家人将其带离学校。当天下午，周某又两次试图进入校园，均因为人脸识别系统报警，被学校安保人员第一时间拦截，直到周某的家人将其带走。学校之所以能够成功拦截可疑人员，是因为周某曾在2017年2月持刀闯入学校家属区，被学校监控报警中心发现后，将其照片录入人脸识别库，并添加至黑名单。南京理工大学利用人脸识别技术在最短时间内采取了处置措施，精准消除隐患，提升了校园的安全系数①。这只是南京理工大学校园安全管理的一个实例，为建设平安高校，南京理工大学校园安全管理还主要体现在以下两个方面。

1. 视频监控，加强风险防控

加强校园安全建设，不断提高校园安全防控技术的智能化程度，一直是南京理工大学努力的方向。作为一所军工科技类的高校，南京理工大学在安全防控技术方面取得过很多突破，其在2018年还被评为“江苏省平安校园建设示范高校”。

当前普遍应用的校园卡出入管制虽然能够阻断一定的人员进入学校，但无法精准识别人员的危险程度。为加强出入管理，南京理工大学将人脸识别技术融入监控报警指挥中心系统，该系统集预警、接警、处警于一体，能够有效阻隔违法犯罪嫌疑人及“黑名单人员”，防止其对在校师生造成伤害①。学校具体监控方案如下：首先，利用视频监控与人脸识别技术相结合的方式，形成全方位的校内环境监测网络。目前，整个南京理工大学校园共有2 750余个高清摄像头，其中有50余个具备人脸识别摄像功能，主要安装在学校大门、关键卡口、宿舍门禁等关键区域。其次，当警情发生时，系统通过快速定位，通知安保人员立即前往对现场问题进行处置。最后，对数据进行分析后，影响校园安全的危险因素被存入系统，学校安保部门根据系统分析结果制定应急预案，由此来提高学校预防、控制和处置各类突发事件的能力，对校园安全事件起到预防作用，真正实现“零伤害”。

2. 警校合作，织密安全保护网②

以往校园的安保人员是学校聘用的临时人员，这些人员既不具备专业技能，也没有实际权力对违反学校秩序的人员进行处置。为促进校园管理的规范性，南京理工大学与江苏省公安厅、南京市公安局、驻地派出所等三级公安组织合作，建立了校园治安管理“中心—平台—警室”一体化机制，促进警校的沟通与合作。警校合作运用在校园安保工作、校园消防安全和校园秩序维护三个方面。

1）校园安保工作

截至2018年，南京理工大学是当地唯一被南京市公安局确定为“一级巡防单位”的高校。根据一级巡防要求，南京市公安局加强了南京理工大学周边的警力部署，辅以交警、治安民警等多个警种，配备24小时立体巡防屏障。驻地派出所还在学校内设警务

---

① 明玉花，徐明. 江苏校园安全报告“刷脸”新时代，“人脸识别”发现“危险人物”，南京这所高校黑科技了解一下[EB/OL]. http://www.sohu.com/a/257201152_387170，2018-09-30.

② 倪浩. 校地共建，构筑校园四维安防机制[N]. 江苏教育报，2018-11-30.

室，由 1 名民警和 2 名保安专门负责学校治安防控和教育工作。学校专门设置了校园管理与保卫处，建立由 24 名干部、110 名门卫和机动队员组成的校园专职安防队伍。此外，学校还建立了由 2 名保卫值班干部、2 名监控中心值班员和 30 名机动队员组成的校园巡防队伍，作为应急人员以增加校园巡防应急保障力量。

2）校园消防安全

学校多高层和砖木建筑，人员密集型场所分布范围广，教学需要涉及的易燃易爆物品及实验室较多，因此，学校向来重视消防安全工作。为进一步确保消防安全，学校与南京市公安消防局合作，共建校园消防安全教育体系和垂直化督查管理机制。作为学校消防安全二级管理单位，南京市公安消防部门承担着大学新生消防安全教育培训的指导和协调工作，按年度计划，与校方共同开展理论与实践相结合的安全教育培训活动、大学新生消防安全教育及宿舍消防安全综合演练活动。此外，学校还不断完善校内消防安全管理网络，明确消防安全工作管理标准，规范工作流程，全力以赴做好消防安全工作。

3）校园秩序维护

一方面，南京理工大学校区较大，周边有大量居民住宅小区，各类流动摊贩设点较多，校内情况复杂，加剧了交通和市容管理工作的难度。另一方面，由于学校缺乏行政执法权，秩序保障难度较大。为解决该问题，学校与驻地交通管理部门、城市管理部门积极探索，建立校园秩序托管机制，将周边及校内的市容整治工作纳入驻地街道管理范围，形成常态化、长效化的管理机制。学校还成立了全天候的巡查队伍，与交警、城市管理人员实时对接，定期沟通、协调以解决校园秩序管理工作的重点及难点问题。

南京理工大学将视频监控和人脸识别技术相结合加强校园安全防控建设，提高了学校安全管理的基础能力。警校合作既促进了校园安全管理的规范化，又提高了安全防范的效力。

5.3　校园安防建设的基本要求

为切实把校园建设成为最安全的地方，教育部相继出台了一系列政策文件，要求各级各类学校增强安全意识、落实安全制度、完善安防系统。根据《安全防范技术工程标准》（GB 50348—2018）的定义，安全防范系统是以维护社会公共安全为目的，由实体防护、电子防护等技术构成的防范系统。校园安防系统是为适应学生自我保护能力较差、人流量爆发时间集中等特点设置的。随着我国校园安全事件的增多，校园安防系统面临着各方面的考验，以人防和物防为基础建设起来的传统校园安全防范体系已很难满足应对现代化风险的需要。根据 2018 年校园安防技术的发展，我们认为有效的校园安防系统必须满足以下基本要求。

5.3.1　监控布点实现全覆盖

学校属于人员密集场所，随时有可能发生各种复杂情况，监控录像可以实时记录事情经过。监控系统的全面覆盖有利于实时监管和事后取证。2018 年 3 月 23 日，济南市天桥区小太阳幼儿园老师虞某在上课期间，将一名幼儿强行拖入开水房训斥，导致该幼儿被热水烫伤。但因开水房未安装监控，警方无法完全掌握致伤经过情况，只能通过询问幼儿和老师来了解过程①。该次事故进一步证明了校区监控录像全覆盖的重要性。为满足师生教学和日常活动需求，学校功能划分类型多，分为生活区、娱乐区、办公区、教学区等区域。因此，设置的监控点要尽量与区域划分一一对应，因地制宜地设置不同类别的摄像机，如周界围栏需要高速球摄像机；生活区和娱乐区需要夜视效果好、监控视野广的红外摄像机，以保证室外夜间成像清晰度；办公区和教学区则需要可以联网的数字摄像机，既能定期上传视频资料，让学校领导了解日常的教学情况，也可让教育部门在重要考试时对各学校、各教室进行远程监控，实现跨区域的联网监控管理。

5.3.2　具有事前预警的功能

过去，校园安防系统的主要作用是提供处理事故的重要信息，对摄像机的要求只停留在看得见、看得清，对电子围栏的要求只停留在拦得住。事实上，校园安防系统存在诸多管控盲区，物防、技防滞后于现实需要，亟待事前预警技术，以达到阻止危机发生和规避人财损失的目的。因此，校园安防系统不仅要注重阻截、记录等事后功能的发挥，还要以学生活动轨迹和成长阶段为范畴，以威胁学生人身与财产安全、危害学生身体与心理健康为识别标准，严格排查高危风险源，将危险消灭在萌芽状态。以视频监控为例，校园环境下的监控系统要在保证清晰度的同时，还要对视频图像内容进行识别处理，通过快速匹配或结构化分析发现安全隐患，触发报警装置，提高校园安防系统的响应速度，充分发挥校园安防系统的事前预警功能。此外，周界防范和入侵报警建设也是校园安防系统发挥事前预警功能的重要体现。在非法人员入侵学校或重要区域时，系统应自动报警并发出通知，由安保人员及时处理，或联动至公安部门出警处置。

5.3.3　坚持按学段部署的原则

学校类别不同，人员构成不同，对安防技术的要求也不同。第一，对于幼儿园来说，儿童年龄较小，缺乏自我保护意识，可通过老师和家长的实时监督来保护孩子的安全。为此，幼儿园可选择联网监控技术，使家长能够通过手机远程查看幼儿在园情况。家长若发现幼儿行为异常，可直接向老师反映或求证。考虑到隐私问题，系统可以设置定时观看和分区域开放，取消存储和回放功能。此外，由于幼儿园工作人员较少，了解安防软件和网络操作的人员匮乏，应选用易于理解和操作的安防设备（软件），或对工作人员

---

① 济南市天桥区教育局. 天桥区教育局关于武汉大学（济南）小太阳幼儿园幼儿烫伤事件的通报[EB/OL]. http://www.tianqiao.gov.cn/art/2018/4/13/art_19174_2207671.html，2018-04-13.

进行严格的技术培训。第二，相较于幼儿，中小学生思想活跃，活动范围较广，校园安防系统应适当增设红外报警器、探测器等具备跟踪捕捉功能的技防设备。针对复杂的学校周边环境，校园安防系统更要突出周界防范功能，以预防学生翻墙外出和校外人员爬墙入校。第三，对于高校来说，学校规模大，学生思想较成熟，开放程度高，这些特点要求其监控系统应覆盖到位，周界防范系统相比中小学、幼儿园可适当减少，应增加网络安全防范系统，同时要注意避免侵犯学生隐私权。

5.3.4　保证设备持续运转

安防系统持续运转是校园安全的重要保障。一旦出现故障，就会造成数据库损坏、系统日志丢失等严重后果。2018 年 8 月 24 日 23 时，武汉市江夏区直属机关幼儿园发生火灾，过火面积达 100 平方米。据消防部门综合现场勘察结果，最终认定起火原因为监控设备电器没有定期检测和保养，导致线路出现故障①。可见，对安防设备进行日常维护检查，及时发现和处理问题，是保证安防系统持续运转的重要前提。同时，为了预防故障停电或人为断电，安防系统主机和各子系统应设置备用电源或应急电源，其电量应能使用至少 48 小时，以保证停电后各系统继续工作。系统升级改造时，应保证新旧系统的平稳过渡和子系统间的兼容并存，以达到整个安防系统持续运行的目的。这也要求安防系统的核心具备较强的兼容性、扩展性和开放性。

5.4　校园安防发展的方向

2018 年 10 月 23 日，中国国际社会公共安全产品博览会在北京开幕，开始了为期四天的安防技术展览。该博览会全方位地展示了前沿技术与安防结合的进展成果。新一代信息技术发展日新月异，安防技术也不断更新换代。智能分析、云计算和大数据等相关技术的发展，推动着现代安防从传统的被动防御向提前预警和主动判断转变。同时，集成联动、高效数据处理和分析已是大势所趋。未来的校园安防将会朝着智能化、融合化的方向发展，有效提升校园安全管理水平和突发事件处置能力。

1. 智能化分析

当前，人工智能得到快速发展和广泛应用，为校园安防提供了坚实的技术支撑，智能化视频分析技术也成了新的建设重点。通过运用图像处理、跟踪、模式识别、人工智能、数字信号处理等技术手段，前端相机也可具备感知能力和智能分析能力，可以识别画面内容并将画面信息结构化。如此一来，视频监控不仅仅局限于事后查证，在智能分析技术的支持下，监控摄像头还可以实时分析视频内容，及早发现危险信息，做到事前

---

① 何习文.【典型火灾案例剖析】“8.24”江夏区直属机关幼儿园火灾[EB/OL]. http://www.hubei.gov.cn/zhuanti/2018zt/xfxcy/201812/t20181229_1376429.shtml，2018-12-29.

智能预警、事中及时响应处理、事后高效查看。智能分析技术的运用能够提高校园异常事件甄别的精准度和处置速度，有力地推动校园安防系统从事后追查走向事前预警转变，实现“事前防范、事中管理、事后追溯”的智能化系统建设目标。

2. 多系统融合联动

校园安防系统涉及各个系统，只有多系统融合协同才能有效提高整体防范能力。当前，仍有部分校园安防系统处于分散孤立的状态，门禁、考勤、监控等系统各自为战，各类设备无法产生联动效应，难以有效发挥安防系统的整体效果，这在一定程度上影响了应急事件的处理速度。因此，未来校园安防系统的建设需要统一规划，建立校园安防综合平台，实现消防、报警、门禁等多个子系统的联动，促进风险隐患监测、突发事件处置、应急资源管理、日常业务处理等内容一体化和智能化融合管理，达到“1+1>2”的效果。校园安防设备互联互通有利于更好地进行数据采集，有利于对校园环境和安全状况实时监控，有利于建设智慧校园，进而提升校园安全信息的感知能力、分析能力和处理能力。

3. 视频数据结构化

视频结构化分析是一种基于视频内容进行信息提取的技术，通过目标检测、特征提取、对象识别、深度学习等分析手段，该技术能够按照语义关系重组计算机识别、理解、检索到的文本信息。随着安防技术的发展，校园监控摄像头不断增多，监控视频数据也在日积月累。面对这些海量数据，传统的人工检索方式费时费力，难以实现精准调用，效率低下。视频数据结构化技术可以按照输入指令搜索和定位相关内容，提高查找速度和精确度；还可以极大降低存储容量，进行数据的二次挖掘。

4. 5G 引领智慧安防

与 4G 相比，5G（5th generation mobile networks，第五代移动通信技术）网络具有移动宽带增强、大规模物联、低延时通信和无线传输等优势。当前安防系统大部分是有线传输数据信号，而 5G 网络的应用可以实现无线网络传输，使视频监控不再局限于固定网络，减少布线和维护成本，更快传输超高清视频。除了提高传输速率，5G 网络还能增强后端数据分析处理能力，最大限度地实现视频监控从“看得清”向“看得懂”的转变。如果 5G 网络与物联网、人工智能、云计算、大数据等技术实现无缝衔接，必将给校园安防带来跨越式的发展，推动校园安防进入智能物联时代。

一直以来，我国高度重视智能技术在校园安全领域的运用。《国家教育事业发展“十三五”规划》指出，“支持各级各类学校建设智慧校园，综合利用互联网、大数据、人工智能和虚拟现实技术探索未来教育教学新模式”[①]。《国务院关于印发新一代人工智能发展规划的通知》（国发〔2017〕35 号）及《教育部关于印发〈高等学校人工智能创新行动计划〉的通知》（教技〔2018〕3 号），均为推动人工智能技术创新和人才培养提供方向。2018 年政府工作报告专门提出“要多渠道增加学前教育资源供给，重视对幼

① 国务院. 国务院关于印发国家教育事业发展“十三五”规划的通知[EB/OL]. http://www.moe.gov.cn/jyb_xxgk/moe_1777/moe_1778/201701/t20170119_295319.html，2017-01-10.

儿教师的关心和培养，运用互联网等信息化手段对儿童托育中育儿过程加强监管，一定要让家长放心安心”[①]的工作要求。对此，李克强总理还特意强调，针对儿童托育中育儿过程用好录像监控等手段，这既是对孩子的保护，也是对老师的保护[②]。因此，全社会应行动起来，以学生安全为中心，尽快建立一套系统化联动、标准化应急、专业化处置的校园风险防控体系，为校园铺织一张密不可侵的保护网。

① 李克强. 2018 年政府工作报告——2018 年 3 月 5 日在第十三届全国人民代表大会第一次会议上[EB/OL]. http://www.gov.cn/zhuanti/2018lh/2018zfgzbg/zfgzbg.htm，2018-03-05.

② 李克强：鼓励各地因地制宜多渠道增加学前教育供给[EB/OL]. https://www.chinanews.com/gn/2018/05-28/8524624.shtml，2018-05-28.

第 6 章 2018 年校园安全事件典型案例

2018 年 1 月，教育部发布的 2018 年工作要点中明确要求深化平安校园建设，加强中小学校车安全管理，推动加强大中小学国家安全教育①。2018 年 3 月 1 日，全国学校安全工作电视电话会议在北京召开，会议指出，牢固树立安全发展理念，加强学校安全基础设施建设，做好防溺水、上下学交通、卫生和食品安全等常规安全管理，强化校园欺凌与暴力、校园贷等热点难点治理，切实把校园建成最阳光、最安全的地方，确保教育系统的安全稳定和谐②。各地各学校积极落实平安校园建设，不断加强体制机制建设，创新开展安全宣传教育，取得了积极成效。本章通过检索教育部、人民网、新华网等网站，搜集整理 2018 年的校园安全事件，以事件的影响程度、受关注程度、涉及的伤亡程度等为评价指标，采用德尔斐评价法，评选出 2018 年典型校园安全事件，事件类型涉及实验室爆炸、食品安全、“校园贷”、校园欺凌、网络安全、意外伤害等方面，以期通过回顾典型案例，分析案例的发展过程，总结案例经验，为校园安全管理提供借鉴。

6.1 案例一：某大学实验室爆炸事故

实验室是大学生校园活动的一个重要场所，同时，也是大学生伤害事故的高发地。实验室爆炸事故被公认为是危害性最大、破坏性最强的校园安全事故之一。本节选取某大学实验室爆炸事故作为校园实验室安全的典型案例，在对事故发生的原因及应急处置深入分析的基础上，提出预防和杜绝该类校园安全事故的对策，从而为实验室安全及应急管理工作提供参考。

---

① 教育部. 教育部 2018 年工作要点[EB/OL]. http://www.moe.gov.cn/jyb_sjzl/moe_164/201807/t20180716_343155.html，2018-07-16.

② 教育部. 把安全工作摆在教育强国建设更突出位置[EB/OL]. http://www.moe.gov.cn/jyb_xwfb/gzdt_gzdt/moe_1485/201803/t20180301_328396.html，2018-03-01.

6.1.1　案例背景

实验室是学校必不可少的教学设施，是进行科学研究、知识创新的基地，是培养各种专业人才的摇篮，对学生能力培养、科技发展和社会进步有着重要的作用。教育部网站刊登的《高等教育第三方评估报告》显示：2009~2010 学年，全国普通本科高校共有实验室 28 156 个，实验室面积 2 785.67 万平方米。2012~2013 学年这两项数据分别为 29 964 个、3 102.26 万平方米。实验室数量增长了 6.4%，实验室面积增长了 11.4%[①]。高校实验室规模不断增长、空间不断拓展的同时，使用频率、效率相应不断提升，实验用危险化学品、易燃易爆品、放射性物品等种类和数量也逐年增多，其中所潜在或者已经出现的安全问题不容小觑，一旦发生实验室安全事故，将会对人员、财产，甚至生态环境造成不同程度的危害。高校实验室的爆炸事故，使学校实验室安全再次成为人们的关注点，教育部重申进一步加强学校教学实验室安全检查工作，要求各地各校全面开展学校安全风险隐患排查和风险防范管控，遏制校园重特大事故发生。为何校园实验室爆炸事故会发生？如何治理高校实验室安全事件？这是校园安全事件治理需要着重分析与思考的问题。

6.1.2　案例过程

据中国青年网报道，2018 年 12 月 26 日上午 10 时 40 分，“北京消防”官方微博发布消息称：2018 年 12 月 26 日上午 9 时 34 分，119 指挥中心接到某大学东校区 2 号楼起火的报警。随后，上午 11 时 38 分，该大学官方微博发布了 2018 年 12 月 26 日上午 9 时 30 分左右学校东校区 2 号教学楼实验室失火的消息。

当天下午 15 时 03 分，学校通过官方微信发布事故初步核实结果：经初步核实，事故为环境工程实验室内进行垃圾渗滤液污水处理科研试验时发生爆炸并引发火灾；火情于上午 10 时 20 分得到控制；共有 3 名参与试验的学生在事故中不幸遇难。

2018 年 12 月 29 日，该大学在学校官方网站发布 12 月 26 日实验室爆炸事故的情况通报。通报表示：事故发生后，学校各专项工作组迅速开展工作。一是多次看望、慰问遇难学生家属，全力做好善后工作；二是有针对性地对相关师生开展心理辅导，关爱师生心理健康；三是开展学校安全工作大检查，全面排查安全隐患；四是积极回应各方关切，全力配合北京市事故调查组开展工作。

6.1.3　案例分析

1. 原因分析

该起实验室爆炸事故的发生，反映了学校在安全意识、安全教育，实验设备及材料

---

① 厦门大学. 高等教育第三方评估报告（摘要）[EB/OL]. http://www.moe.gov.cn/jyb_xwfb/xw_fbh/moe_2069/xwfbh_2015n/xwfb_151204/151204_sfcl/201512/t20151204_222891.html，2015-12-04.

选取，实验室安全管理制度执行和危险化学品管控等方面的管理流于形式。

1）安全意识淡薄，安全教育不到位

该起爆炸事故的发生与事发科研项目负责人及参与学生安全意识淡薄有很大关系。一是项目负责人违规购买、违法储存危险化学品。事发前，项目负责人李某私自从天津市某化工厂购买项目所需危险化学品磷酸、过硫酸钠及其他材料，并违规将购买的危险化学品存放在校内模型室和综合实验室，从采购源头埋下安全隐患。二是项目负责人未向学生告知试验的危险性，明知试验危险，仍冒险带领学生违规进行试验。2018 年 2~11 月，项目负责人先后带领学生开展垃圾渗滤液硝化载体相关危险性试验 50 余次，大大增加了实验室安全事故发生的可能性。三是参与实验的学生安全意识淡薄、自我保护观念不强。学生欠缺安全开展试验的知识，对项目负责人违规采购、存储、开展试验的行为置若罔闻，助长了项目负责人的一系列不合规行为。

2）实验设备及材料选取不科学

北京市应急管理局公布的关于该大学“12 · 26”较大爆炸事故调查报告显示，该起实验室爆炸事故发生的直接原因为金属材质搅拌机长时间运行摩擦产生的火花遇到搅拌机斗内磷酸、镁粉混合释放的大量氢气，从而引发爆炸。由此可见，未对危险化学品实验原料及实验设备进行缜密的辨别和甄选是造成该起事故的重要原因之一。一是选取磷酸、镁粉作为实验原料欠妥。通过理论分析和实验验证，磷酸与镁粉混合会发生剧烈反应并释放出大量氢气和热量，参与试验师生对这一重要理化性质认识不够，对镁粉等易制爆危险化学原料缺乏必要的试前安全评估。二是选取金属材质搅拌机对实验原料进行搅拌不当。使用金属材质搅拌机对磷酸和镁粉进行搅拌，金属材质搅拌机持续运行一段时间后，转轴处金属摩擦、碰撞将产生火花，可能引发实验室火灾、爆炸等安全事故。

3）实验室安全管理制度执行不力

该起事故发生之前，该大学就制定了实验室安全管理相关制度，在其二级机构国有资产管理处官方网站上，发布了《×大学实验室工作管理办法》《×大学实验室安全管理办法》《×大学实验室环境保护管理办法》，但爆炸事故所属土木建筑工程学院及其下设实验中心及实验室管理人员没有有效落实、贯彻执行学校实验室安全管理相关规定。这突出体现在：一是学院未按学校要求对申报的横向科研项目开展风险评估，未组织开展实验室安全自查；二是学院下设实验中心未按规定开展实验室安全检查与安全隐患排查，对实验室存放的易制爆等危险化学品摸底不清，报送不实；三是实验室管理人员未有效履行实验室安全巡视职责，未及时发现、制止并上报项目负责人带领学生违规使用教学实验室开展试验的行为。

4）实验室易制爆等危险化学品管控不严

对易制爆危险化学品在采购、存储、使用等重要环节的管理不善，是该起爆炸事故发生的又一重要原因。一是对危险化学品采购源头管控不严。学校明确规定：保卫处是实验室危险化学品的入口管理部门，负责各学院实验室危险化学品、易制爆危险化学品的采购审批；各学院负责本学院实验室危险化学品、易制爆危险化学品的购置等日常管理。该事故中的科研项目负责人违规采购危险化学品并成功躲避学校及学院的两级监管，表明学校及学院实验室安全监管主体责任落实不到位，给实验室带来了巨大安全隐患。二是对危险化学品存储管理不力。学院及实验中心未及时查处项目负责人违规存储并转移、挪动试验用易制爆危险化学品的行为表明实验室日常安全管理工作不到位。三是对易制爆危险化学品的登记管理不到位。经核查，该事故中的科研项目所在学院并未登记易制爆危险化学品。四是对危险化学品的使用过程监管缺位。事发前两天，项目负责人带领 7 名学生尝试使用搅拌机对镁粉和磷酸进行搅拌，当天消耗约 3~4 桶镁粉，约合 99~132 千克，在试验过程中，大规模易制爆危险化学品的使用未得到实时的有效监控，暴露出学院及实验中心对危险化学品使用的安全监管缺位。

2. 应急处置分析

1）第一时间成立工作小组，应急处置响应迅速

事故发生后，学校第一时间成立工作小组，党委书记、校长任组长，及时在现场组织救援，进行安全防护和善后工作，并及时召开党委常委会扩大会议通报情况、部署工作，充分发挥应急处置的领导和组织优势，响应迅速，及时安抚遇难者家属，保障了救援、防护及善后工作的有序、高效开展，防止了事故进一步发展和扩大。

2）开展安全工作大检查，全面排查整改安全隐患

学校积极吸取实验室安全事故教训，落实教育局校园安全风险排查与防范工作，对教学楼、实验楼、实训中心、行政楼、学生宿舍等重点部位、重点区域进行实地检查，详细检查消防设施设置、线路管理情况、实验室安全防护设备等内容，检查和纠正教学、科研过程中存在的突发性安全事故隐患，监督和敦促整改措施的落实情况，进一步加强了对重大安全事故的预测和预警工作，提高了防范重大安全事故的能力和水平，严防该类安全事故再发生。

3）配合事故调查，及时通报事故进展动态信息

自事故发生以来，学校全力配合北京市事故调查组开展工作，主动接受社会监督，畅通信息沟通渠道，通过官方微信、官方微博、官网首页，多渠道及时发布初步核实、情况通报、停职检查等事故进展动态信息，积极回应各方关切，表达了学校敢于担当、公正透明处理事故的坚定决心，维护了遇难者家属和社会公众的知情权，维护了学校声誉，确保了教学活动的正常有序运转。

4）依法依规严肃问责，严格落实责任追究制

北京市应急管理局于 2019 年 2 月 13 日发布了该大学“12・26”事故调查报告，认定该起事故是一起责任事故，并提出对有关责任人员和单位的处理建议。根据干部管理权限，经教育部、该大学研究决定，对学校党委书记、校长、副校长等 12 名干部及土木建筑工程学院党委进行问责，并分别给予党纪、政纪处分。这些措施均体现了学校勇于担责、严格落实责任追究制的决心，给了遇难者及其家属一个公正的交代。

6.1.4　案例启示

该起事故令人无比痛惜，为深刻吸取事故教训，有效防范类似事故发生，应着重从

以下几个方面加强实验室安全管控工作。

1. 加强安全教育培训，营造良好的实验室安全文化环境

安全无小事，事事必做细。针对目前高校师生普遍重视教学和科研工作，对实验室安全不够重视、安全意识淡薄的现状，有关部门要求高校重视师生安全教育，并将其作为实验室安全管理的重中之重。首先，学校应重视实验室安全文化建设，树立“预防为主”的安全管理理念，强化安全教育培训，从思想上引导广大师生树立实验室安全意识。其次，学校应分层次、分类别对全校师生、实验中心工作人员、实验室管理人员进行实验室安全教育，提高安全教育的针对性。再次，学校应不断扩充和完善实验室安全教育形式和内容，通过授课、讲座、培训，编制安全教育手册、利用网络自媒体及虚拟仿真系统等先进手段，使安全教育落到实处，切实保障安全教育质量。最后，学校应对师生开展应急知识和技能、突发事件和常见安全事故处置等专项实践教育活动，切实提高师生安全防护及应急处置能力。

2. 强化实验室安全管理体制机制建设与执行

针对该起事故暴露出来的未及时发现安全违规行为及安全管理制度执行不力等问题，一是要求高校进一步健全和完善安全管理体制机制建设。一方面，健全定期和不定期交叉检查、奖罚并存考核、水平垂直双向监督、匿名举报等机制，将“安全岗位责任制”全面落实到岗位、落实到人，贯穿于实验室安全管理全过程。另一方面，完善风险评估机制，强制要求实验设备及物品在实验前、实验中、实验后的每个环节都必须严格开展风险评估，分析和预测可能存在的风险因素及安全隐患，并制定相应的应对措施，制订应急预案，减少和排除实验全过程的安全威胁。二是确保安全管理机制运行流畅、执行到位。构建学校、二级学院、教学实验中心三位一体的安全责任管理体系，逐级落实安全管理责任，严格安全管理制度的贯彻执行。

3. 推进实验室安全应急处置能力建设

安全保障体系建设和必要的人、财、物投入，是保障教学实验室安全及提高应急处置能力的基本前提。首先，学校应重视实验室安全保障体系的建设。一是加大实验室安全管理经费的投入，在实验室建设预算经费中，确保安全建设预算充足；二是加强实验室安全设施的投资力度，及时更换陈旧的安全设施、购置必备的安全设备、配备足够的救助设施等；三是配备教学实验室安全人才队伍，及时补充安全工作编制和人员，为实验室提供专业的技术支持和指导。其次，加强实验室安全应急能力建设。实验室安全应急能力是在安全事故发生后，防止事态扩大和蔓延的最后防线。一是制订并不断完善各类安全事故预案。为快速准确应对突发安全事故，制订科学合理的应急预案是关键，应急预案主要内容应包括事故类型、组织机制、处理措施和步骤、注意事项等；应急预案应建立动态调整机制，以确保实效性、科学性和针对性。二是开展应急救援、处置知识讲座与培训，不断提高师生应急救援与处置安全责任意识。三是开展应急演练和应急抢救实践活动，保证师生能够沉着冷静应对各种突发安全事故，不断提高现场救援和实战处置能力。

4. 加快构建实验室危险化学品全过程监管体系

实验室危险化学品及易制爆危险化学品的安全管理关系到实验室师生的身体健康和生命安全，也关系到学校的平安建设及社会形象。学校应建立常态化实验室安全监管机制，利用二维码、数据库、信息管理平台等先进科技手段，加快构建实验室危险化学品及易制爆危险化学品的采购、储存、使用和废弃物处置等全过程监管体系，实现各环节安全风险全时段、全方位管控。其一，危险化学品、易制爆危险化学品的采购应归口统一管理，由学校负责统一采购，严禁个人违规购买。其二，危险化学药品、易制爆危险化学品的储存需要关注光照、环境温度、氧气、水蒸气等环境因素，根据危险化学品的不同物理、化学性质，分别采取相应的措施分类妥善保存。其三，在使用危险化学药品之前，要求全面掌握危险化学品的物理、化学性质，以便做好事故预防和控制工作，只有熟悉危险化学品的物理、化学性质，才能做到“心中有数、大胆使用”。其四，在危险化学品使用过程中，必须采取相应的安全防护措施，进行全程实时风险监控，若识别、评估出可能存在安全隐患问题时应及时终止试验，进行风险排查、采取防控措施，确保安全后才可重启试验。其五，实验室废弃危险化学品应集中回收，交由专业处理公司妥善处理，严禁随意丢弃、堆放、焚烧、倾倒。

6.2　案例二：安徽幼儿园食品安全问题

食品安全问题历来被教育部门视为校园安全的重要内容，而幼儿园食品安全问题更是重中之重。幼儿园食品安全之所以这么重要，是因为在幼儿园时期幼儿的身体发育正处于人生的第一个加速期，合理、健康、科学的饮食是保障。因此，本节选取安徽幼儿园食品安全问题作为校园食品安全问题的典型案例，以期对预防和应急处置该类食品安全问题有所助益。

6.2.1　案例背景

民以食为天，食以安为先。食品安全是人们关注的永恒主题。近年来，多地曝出幼儿园食品安全问题，引发社会担忧。例如，2016年7月29日，哈尔滨市某幼儿园使用发霉大米遭曝光[①]；2017年9月5日，南昌市红谷滩新区和青山湖区3家幼儿园共120名儿童，因食用南昌一家蛋糕店生产的草莓蛋卷，出现疑似食物中毒情况[②]；2018年1月22日，灵寿县青同镇某民办幼儿园误用亚硝酸盐，导致该园部分幼儿出现

① 方圆. 给孩子食用发霉的大米 哈尔滨某幼儿园被查封[EB/OL]. http://society.people.com.cn/n1/2016/0729/c1008-28593380.html，2016-07-29.

② 朱超. 突发！江西省儿童医院收治120名疑似食物中毒幼儿[EB/OL]. http://jx.people.com.cn/n2/2017/0906/c190260-30697902.html，2017-09-06.

食源性疾病[1]。

2018 年 9 月 19~25 日，安徽芜湖市三家幼儿园接连被曝出食品安全问题[2]：2018 年 9 月 19 日上午，位于鸠江区湖滨馨居里的童馨幼儿园被曝鸡腿发臭、大米长满黑色小虫、白醋过期一年多；隔天上午，鸠江区市场监管局对同属童馨幼儿园法人梁某某名下的第二家得得贝幼儿园突击检查，发现备餐间存放的 6 袋真空包装香肠已出现内部胀气；2018 年 9 月 25 日，当地再次在江岸明珠幼儿园食堂查出速冻荷包蛋，过期紫菜、酱油等。这些问题引起社会强烈关注，不断掀起舆情波澜。据新浪微热点统计，2018 年 9 月 19~26 日，该事件涉及的网络信息量达到 10.3 万条，来自微博平台的信息有 8.37 万条，所占比例达 81.3%，是事件传播的主要平台。由此形成的新浪微博话题“幼儿园食堂大米生虫”阅读量达到 2 204.3 万人次。从传播数据来看，事发当日舆论就开始关注这些问题，在官方接连发布通报后舆论逐渐达到峰值。三起幼儿园食品安全事件引发的情绪主要是对涉事幼儿园负责人的愤怒，网友观点以呼吁严肃处理责任人为主，负面倾向较为明显，敏感信息所占比例高达 94.3%。由此可见，幼儿园食品安全状况不容乐观，防止幼儿园食品安全问题发生刻不容缓。

6.2.2 案例过程[2]

《北京青年报》报道，2018 年 9 月 25 日，安徽芜湖弋江区一家幼儿园被曝光存在食品过期等问题。此时，距离 2018 年 9 月 19 日、9 月 20 日有家长反映芜湖鸠江区两所幼儿园食堂存在食品安全问题还不到一周时间。

2018 年 9 月 19 日上午，有网友爆料称，位于芜湖鸠江区湖滨馨居里的童馨幼儿园，给孩子吃的大米里长满了黑色小虫，食堂存放的镇江白醋也已经过期一年多。消息一经发布很快引发大量关注，芜湖市相关部门随即介入调查。

2018 年 9 月 20 日上午，鸠江区市场监管局执法人员对童馨幼儿园法定负责人梁某某名下位于鸠兹家苑内的得得贝幼儿园开展突击检查。检查中发现，该幼儿园存在食品加工区纱门及纱窗未正常使用、食品处理区有苍蝇、食品留样不全、备餐间真空包装的香肠出现内部胀气、现场未能提供食品原辅料进货台账及相关票据等问题。执法人员对该幼儿园的大米、食用油、餐具等进行了抽样并送检。该幼儿园也因涉嫌经营不符合食品安全标准的食品被立案调查。

2018 年 9 月 22 日凌晨，公安部门以涉嫌销售不符合安全标准食品罪，依法对幼儿园股东、园长梁某某刑事拘留。根据家长要求，芜湖市政府组织幼儿园学生赴省内外知名医院进行体检。

2018 年 9 月 23 日下午，芜湖市政府召开第一次媒体通报会，对外通报了民办童馨幼儿园、得得贝幼儿园涉嫌违反《中华人民共和国食品安全法》一事。

---

① 刘琛敏. 食堂误将亚硝酸盐当食盐使用 灵寿县一幼儿园多名幼儿食物中毒[EB/OL]. http://sn.people.com.cn/n2/2018/0123/c378296-31174921.html，2018-01-23.

② 孔令晗，戴幼卿. 芜湖三家幼儿园连曝食品安全问题[EB/OL]. http://www.xinhuanet.com/yuqing/2018-09/27/c_129961442.htm，2018-09-27.

2018年9月25日，有学生家长反映，在芜湖弋江区江岸明珠幼儿园食堂发现过期紫菜、酱油等食品。接到反馈后，弋江区市场监督管理局执法人员赶往涉事幼儿园食堂开展现场检查，对现场1壶超过保质期的酱油（5升）、1包过期紫菜（0.1千克）及其他涉嫌质量问题的食品实施封存，并对该幼儿园立案调查，将涉嫌质量问题的食品抽样送检，同时将幼儿园食堂查封。

2018年9月26日，芜湖市、区两级纪监部门分别对幼儿园食品安全问题8名相关责任人启动了问责立案调查。

2018年9月27日，芜湖市政府召开第二次媒体通气会，发布幼儿体检、幼儿园复课、芜湖市食品安全专项行动、相关责任人问责等工作进展情况。

6.2.3　案例分析

1. 原因分析

过期的米醋、长虫的大米、生虫的红枣、发臭的鸡腿、过期的紫菜及速冻荷包蛋等问题食品暴露出在幼儿园食品安全管理缺失的背后，是标准失守、管理失效、监督失灵、意识缺失等一系列食品安全管理软肋。

1）标准失守

后厨从业人员的诚信缺失、道德缺位，是导致标准失守问题的重要原因。一是采购标准失守。原料是幼儿园食品安全最容易出现纰漏的地方，据调查，童馨幼儿园、得得贝幼儿园、明珠幼儿园三家幼儿园连曝食品安全问题的一个重要原因是采购原料本身存在质量问题或安全隐患。虽然《中华人民共和国教育法》第二十六条明确规定“以财政性经费、捐赠资产举办或者参与举办的学校及其他教育机构不得设立为营利性组织。”但事实上有不少幼儿园都以营利为目的，为了节省成本而购买质量不合格、临近到期日的低价原料。二是贮存标准失守。采购原料贮存过程管理不当，未对原料到期日进行登记、跟踪检查及控制，容易造成清理不及时、过期食品继续使用等情况。三是供应标准失守。将问题原料加工的食品端上幼儿餐桌，反映出食品加工人员在加工过程中，未严格按照食品安全标准操作，未及时采取相应措施防止问题食品供应。

2）管理失效

管理上的疏漏和失职，在源头上埋下了食品安全隐患。学生家长及当地有关部门对三家幼儿园食堂的现场进行检查发现，涉事幼儿园涉嫌食品安全违法行为。究其原因，管理责任人的失职是导致食品安全管理不规范、食品质量难以得到保证的根源，加之食品安全管理制度及保障体系的缺失，使得食品安全事故频发，危害到幼儿的健康，甚至生命。

3）监督失灵

涉事幼儿园内部监督失灵，主要体现在以下三个维度：一是监督机制有缺陷。面对频率并不高的外部检查，通常幼儿园为了降低成本，未设立专职监督岗位，也未建立常态化、全流程的监督机制，从而大大增加了食品安全隐患。二是监督效果不理想。安徽芜湖幼儿园三起食品安全案件，都是由幼儿家长举报、反映而被曝光的，在涉事幼儿园食品安全问题曝光之前，幼儿园的内部监督机制与功能并未发挥作用。三是监督责任未落实。幼儿园过期食品、问题调料等未被及时发现，还在被使用，与食品安全相关管理人员未有效履行监督责任、未开展监督检查工作或监督检查工作浮于表面有很大关系。

4）意识缺失

食品安全意识缺失，是幼儿园食品安全问题发生的根本原因。一是幼儿园对食品安全教育与引导重视不够。食品安全知识、职业道德及法律法规等的教育、宣传力度不够，是导致幼儿园老师及食堂从业人员食品安全意识薄弱的重要原因。二是食品安全责任人食品安全意识不强。大部分幼儿园的食品安全责任人由园长兼任，由于自身事务繁忙，通常将食品安全教育与培训工作交由食堂负责人具体落实，容易造成对食品安全工作重视不够的情况发生。三是食堂从业人员按规范操作的意识薄弱。幼儿园食堂从业人员普遍文化程度不高，在食品加工过程中，易出现不佩戴防污用具、消毒时间不够等不规范行为。

2. 应急处置分析

安徽芜湖三家幼儿园食品安全问题被曝光后，应急处置工作值得借鉴的地方主要体现在以下几个方面。

一是多部门联合通报查处情况。芜湖市政府分别于 2018 年 9 月 23 日、9 月 27 日，联合芜湖市食品药品监督管理局、市公安局、市教育局、鸠江区政府、弋江区政府、市纪委监委、市卫生和计划生育委员会等举行媒体通报会，联合通报该阶段主要查处情况及下一步工作计划，联合重拳监管并整治幼儿食品安全问题，确保调查及处理结果客观、公正。

二是多主体协同响应应急处置。9 月 19 日上午，首例童馨幼儿园食品安全问题被曝光后，芜湖市相关部门随即介入调查。次日上午，鸠江区市场监管局执法人员火速对童馨幼儿园同一法定代表人名下的得得贝幼儿园开展突击检查。9 月 22 日凌晨，公安部门依法拘留幼儿园股东、园长梁某某。9 月 23 日、9 月 27 日芜湖市政府两次召开媒体通报会，向社会公布调查情况。9 月 25 日，弋江区市场监督管理局执法人员接到明珠幼儿园食品安全问题反馈后，立即赶往涉事幼儿园食堂开展现场检查。

三是市区两级联动问责。9 月 26 日，芜湖市、区两级纪监部门分别对幼儿园食品安全问题八名相关责任人启动了问责立案调查。

四是媒体、舆论监督。一周之内，安徽省芜湖三家幼儿园被发现存在食品安全问题，与媒体、舆论的监督密不可分。各大媒体的广泛传播和公众舆论的强烈关注，将三家幼儿园食品安全问题的调查、通报、处理及问责等环节，曝光于大庭广众之下，加速了幼儿园方及当地有关部门对该食品安全问题的处置进度。

同时，应急处置工作的不足主要体现为幼儿园方应急响应速度迟缓，未在第一时间对家长及媒体关注的幼儿食品安全问题进行回应，导致舆论发酵。

6.2.4　案例启示

安徽芜湖三家幼儿园暴露出的一系列食品安全问题，凸显了构建幼儿园食品安全多维立体保障体系，切实提高幼儿园食品安全事故预防和应急处置能力的重要性。

1. 立规矩，建立健全食品安全管理制度

规范食品安全管理，制度是保障。安徽芜湖三家幼儿园食品安全采购、贮存、供应标准的失守，反映出校园食品安全制度在建设方面，还存在不健全、不完善、不规范的现象，制度安全防护的屏障作用缺失。

一是建立健全质量控制制度。幼儿园应在严格执行《中华人民共和国食品安全法》等相关法律法规、政策制度的前提下，结合园内实际情况建立健全采购、贮存、加工及供应等重要环节的管理制度，加强定期检查、不定期抽查等食品安全质量控制。

二是建立健全责任制度。一方面建立目标责任书签订制度，由园长作为食堂安全管理第一责任人与幼儿园员工签订目标责任书；另一方面健全岗位责任制度，如《食堂各岗位职责管理制度》，明确幼儿园食堂食品供应各个环节、岗位从业人员的责任，强化从业人员安全责任意识，提高安全警惕，规范安全操作。

三是建立健全应急管理制度。建立食物中毒及食源性疾病突发事件的应急处理领导小组，建立健全应急机制和应急预案、幼儿园食品安全监管信息报告制度，时刻做好突发事件应急准备。

2. 严管理，构建食品安全管理保障体系

加强食品安全管理是幼儿园管理工作的主旋律。进一步规范幼儿园食品安全管理，填补管理漏洞，严格责任追溯，构建食品安全管理保障体系。

一是规范全流程管理与控制。根据食品全生命周期，规范原料采购与验收、加工管理、贮存管理、设备管理、不合格食品管理等各环节管理工作，使幼儿园的儿童食品做到原料控制、生产关键环节控制、检验控制、运输控制、交付控制等。

二是规范从业人员管理与控制。加强食品安全负责人管理，幼儿园食堂应配备食品安全管理人员，履行内部食品安全检查、监管、改善职责；加强幼儿园食堂从业人员健康管理，建立从业人员健康管理档案，督促从业人员每年进行健康检查，并在取得健康证明后上岗工作；加强从业人员食品安全知识和技能培训管理，确保采购、加工、供应、贮存等关键环节安全可控。

三是规范设备、餐具、包装管理。幼儿园食堂应当定期维护食品加工、贮存、陈列等设施、设备，定期清洗、校验保温设施及冷藏、冷冻设施。幼儿园食堂应当按照幼儿园的相关制度和要求对餐具、饮具清洗和消毒，不得使用未经清洗和消毒的餐具、饮具。另外，幼儿园应加强对外来食品供应企业和食品包装的管理。幼儿园要对外来食品供应企业的食品生产、流通、餐饮服务等许可手续、包装标签等内容进行检查。

3. 强监督，细化流程常规监督管理

制度的落实离不开规范管理与有效监督，在制度健全、管理规范的基础上，还应设置专职岗位，强化内部监督，防止制度及管理流于形式。

一是强化对食堂环境卫生的监督。幼儿园首先应完善食品卫生条件，合理食堂布局，配备相对独立的食品原料存放间、食品加工操作间、用餐场所等。将餐具、饮具等分类摆放，使用符合卫生标准的洗涤剂与消毒剂对其进行彻底清洗与消毒。

二是强化对食品采购途径的监督。为保证食品质量，幼儿园采购人员必须从持有《食品生产许可证》等有资质的食品生产单位或食品经营单位购买食品，按国家有关规定索票、索证，并做好食品采购与验收记录。

三是强化对食品贮存期的监督。首先，应要求食堂工作人员按规定将食品、工具、容器进行分类及定位贮存。其次，应确保工作人员标注食品的保质期，并定期检查、处理变质或超过保质期的食品。再次，应要求工作人员将食品、半成品和熟食贴上标签并分柜存放。最后，应监督工作人员不得将有毒、有害等危险物品存放在幼儿园食堂。

四是强化对食品加工过程的监督。首先，确保严格按照卫生标准操作，进食品加工区之前洗手、消毒、佩戴口罩及手套。其次，确保在食品加工过程中，不违规使用食品添加剂或变质、有毒、不洁、已过保质期的食品。最后，确保使用正确的烹调方法对食品进行加工。

五是建立食品留样监督制度。为使幼儿园发生食物中毒事故时有据可查，幼儿园应建立食品留样制度。留样食品应当按品种分别盛放于清洗消毒后的密闭专用容器内，在冷藏条件下存放 48 小时以上且每个品种不少于 0.1 千克以满足检验需要，并做好记录。

4. 重治本，不断强化食品安全意识

首先，食堂管理者应带头强化食品安全意识。食堂管理者要充分认识到，食品安全是食堂的生命线，没有安全就没有一切，在工作中要牢固树立食品安全意识，带头维护食品安全。

其次，加强对食堂工作人员的职业素养培训。一是加强食堂工作人员的食品安全知识教育，提高工作人员责任心。食堂工作人员应通过业务培训、学习、讲座等形式掌握有关饮食安全知识。二是加强食堂工作人员的法律知识培训，提高食堂工作人员责任感。幼儿园管理人员应督促食堂工作人员对法律法规的学习，使食堂工作人员做到知法、懂法、守法，并提高其保障食品安全的责任心与能力。三是加强对食堂工作人员的职业道德、考评等规章制度的解读培训，增强食堂工作人员安全服务意识。通过学习、讲座、案例讲解等各种形式，定期对食堂工作人员进行制度解读培训，使其掌握有关规章制度，明确《食堂工作人员安全责任状》《食堂人员岗位责任制》《食堂人员考核评估细则》，从而进一步严把幼儿饮食质量关。

幼儿食品安全重于泰山。只有坚持标本兼治、加强监管、强化安全意识，才能确保制度执行彻底、管理收到实效，切实为幼儿的生命安全和身心健康保驾护航。

6.3　案例三：武汉在校大学生陷入“校园贷”诈骗案

随着互联网金融行业的兴起，针对大学生的校园贷款平台相继出现，一些“校园贷”因监管不力等原因出现异化，导致相关学生权益遭受侵害，引发诸多校园安全问题。大学校园安全及治理面临前所未有的挑战。本节选取武汉在校大学生陷入“校园贷”诈骗案作为校园贷安全的典型案例，希望对提高在校大学生不良“校园贷”风险识别与防控能力及整治“校园贷”乱象有所启发。

6.3.1　案例背景

2002 年，招商银行发行了第一张大学生信用卡。此后，国内在校大学生持卡比例逐年递增。同时，大学生透支信用卡、信用卡坏账率也较为严重。基于行业风险规避等因素，2009 年 7 月中国银行业监督管理委员会[①]（以下简称中国银监会）下发了《关于进一步规范信用卡业务的通知》，停办大学生信用卡业务。至此，银行信用卡信贷业务在大学校园退出，但大学生的金融需求并未由此消失，反而逆向催生的互联网金融机构的校园信贷产品和网贷平台迅猛发展，占领了大学生金融市场。欺诈、高利率、暴力催收，是校园贷不良影响的三个主要内容[②]。针对校园贷业务整治工作，中国银监会联合相关部委多次印发文件，分别于 2016 年 4 月联合教育部印发《教育部办公厅、中国银监会办公厅关于加强校园不良网络借贷风险防范和教育引导工作的通知》（教思政厅函〔2016〕15 号），2016 年 10 月联合中共中央网络安全和信息化委员会办公室、教育部等六部委印发《关于进一步加强校园网贷整治工作的通知》（银监发〔2016〕47 号），2017 年 5 月联合教育部、人力资源社会保障部印发《关于进一步加强校园贷规范管理工作的通知》（银监发〔2017〕26 号），进一步明确校园贷业务规则，加大校园贷整治力度，从源头上治理乱象，规范校园贷业务[③]。互联网金融机构在方便快捷的服务背后存在一些不规范行为，滥发高利贷、暴力催收、裸条贷款等违法违规现象的出现，引发大学生辍学、下落不明等事件，对大学生自我管理、信贷风险控制、国家有效监管提出挑战。

6.3.2　案例过程[④]

新华网 2018 年 11 月 29 日报道，2017 年 9 月，武汉某高校大一新生通过校园内张贴的“梦想分期”小广告与“校园贷”公司签订借贷合同。经“手续费”“服务费”等盘剥后，实际借款 4 000 元，却被要求分 12 期共偿还 9 500 元。

两个月后，借款大学生因超期还款被“校园贷”公司认定违约，必须归还剩余本息 7 900 元，并另付 2 000 元的“逾期费”。团伙通过哄骗、恐吓等方式强迫该大学生“转

---

① 2018 年 3 月，中国银行业监督管理委员会和中国保险监督管理委员会职责整合，组建中国银行保险监督管理委员会。

② 张末冬. 堵偏门：暂停网贷机构参与校园贷　开正门：鼓励研发合理需求产品[EB/OL]. http://www.cbrc.gov.cn/chinese/home/docView/B38ED617EDB34A9288692E39BFDAFC6F.html，2017-06-28.

③ 中国银监会. 中国银监会对政协十二届全国委员会第五次会议第 0180 号（财税金融类 010 号）提案的答复[EB/OL]. http://www.cbrc.gov.cn/govView_2DA581A5473444C88EE1BF700A8639E7.html，2017-07-24.

④ 冯国栋，李劲峰. 借款四千变五万元!武汉一“校园贷”团伙因敲诈勒索罪被判刑[EB/OL]. http://www.xinhuanet.com/legal/2018-11/29/c_1123786675.htm，2018-11-29.

贷”，最终借款变成 5 万多元。为了逼迫该大学生还钱，借贷公司使用“软暴力”手段讨债，借款大学生四处躲藏，最终选择报警求助。

经警方调查，2017 年 7 月，以龚某和何某为首的团伙在未取得任何借贷资质的情况下注册公司，面向非武汉户籍的在校大学生开展“校园贷”。其中，龚某负责放款、收款，何某负责张贴广告和催收借款。警方查明，该团伙先让学生签订贷款合同，再通过哄骗、恐吓等方式让借款大学生缴纳“手续费”“逾期费”。当借款大学生无力还款时，团伙就向其介绍其他“校园贷”公司，迫使借款大学生“转贷”还款，并收取“转贷介绍费”。

据办案民警武汉市公安局经侦局一大队负责人介绍，团伙与受害人签订的“合同”中存在诸多收费名目，且每笔贷款仅一份“合同”，签完后就被公司收回。该团伙催收债务不采用暴力方式，而是通过言语威胁、聚众造势等方式增加借款大学生的心理压力，有时甚至跑到外地借款大学生的家中催收。如果要不到钱，该团伙就用红油漆在借款大学生家门上写字，让他们“欠债还钱”。

据办案民警介绍，在受害人当中，有一名大学生刚签下贷款合同还不到 10 分钟，在钱款还没到账的情况下，5 名社会青年就来催账；还有一名大学生被讨债人拘禁在网吧 5 天，迫使其父母还款 6 万元。

该涉恶团伙事后在武汉市洪山区法院一审受审。法院审理认为，5 名被告人行为均已构成敲诈勒索罪。主要嫌疑人龚某和何某组织、领导犯罪集团进行犯罪活动，被判处有期徒刑 3 年；被告人赵某、余某和汪某被判处 11 个月到 2 年不等的有期徒刑。

6.3.3　案例分析

1. 原因分析

从上述“校园贷”诈骗案件的发生，结合相关报道，我们可以归纳出不良“校园贷”的产生原因主要有以下几方面。

1）“校园贷”市场门槛低、监管不到位

市场的准入门槛低、相关部门监管缺位、行业自律不到位，助长“校园贷”不合理信贷合约及条款乱象。一是“校园贷”市场准入门槛低，信息审查也不严格。面对缺乏社会经验、易受不良诱惑的大学生，“校园贷”无须提供任何抵押担保、仅用本人的身份证就可以成功办理贷款的入门条件非常诱人。二是中国银监会等相关部门监管不到位，滋生不合法信贷合约及条款。“校园贷”合同除利息外，还会规定各种名目的高额服务费、催款费、滞纳金等费用，约定的金额也会以各种名义扣掉一部分费用，这些合约条款都是不合理的。三是行业监管滞后，“校园贷”违法犯罪预防机制未有效建立。国家互联网信息办公室等行业主管部门的监管未能同步及时跟进，对“校园贷”行业风险控制不到位，导致行业自律意识不强，未能有效预防不良“校园贷”的发生。

2）学生缺乏正确的消费观和价值观，难以抵御诱惑

随着互联网金融迅速发展，在校学生的金融业务成为各类金融机构疯抢的一块“肥肉”。平台借贷公司采用在学校食堂、宿舍楼里随处粘贴广告的方式，迅速占领学校“校

园贷”市场。而除了线下广告渗透，大量平台贷款公司的线上广告更是以短信、微信、QQ 等形式推送。部分大学生缺乏正确的消费观和价值观，自制力不强，禁不住广告诱惑，最终进入平台借贷公司的“校园贷”圈套。

3）学生金融风险意识及法律知识匮乏

“校园贷”宣扬其具有“低门槛、低利息、无抵押”的特点，但这些都只是“糖衣炮弹”，是平台借贷公司“校园贷”的宣传套路和惯用伎俩，其合同条款充满陷阱，稍有金融知识和基本法律知识的学生都应该能辨别。但仍有很多学生没有认真辨析平台借贷公司的宣传谎言从而办理了“校园贷”，反映出借款大学生严重缺乏金融风险意识和法律知识，安全、风险意识薄弱，对“校园贷”不实信息和不良后果缺乏基本预见和认知，从而被不法分子利用和蒙骗，使自身背负巨额贷款债务。

4）学校教育和宣传力度不够

学校没有充分意识到不良“校园贷”对大学生的潜在威胁，缺乏对大学生消费的风险教育和正面引导。一是对“校园贷”涉嫌经济犯罪、金融诈骗等的特征、常见形式及其背后危害的教育普及力度不够，致使部分大学生对不良“校园贷”产生的危害认识不足。二是对大学生以正规途径获取“校园贷”、保护自身权益不受侵害的教育引导不够，突出表现为大学生被随处可见的“无门槛、零首付、零利息”等不良“校园贷”宣传信息诱导，从而背负巨额贷款债务和产生不良征信记录。三是对金融基本知识、法律法规常识、网络安全知识的教育宣讲力度不够，导致部分学生缺乏必要的安全防范意识，使不法分子有机可乘。

2. 危害分析

从以上案件我们可以分析出，不良“校园贷”对贷款大学生及学校安全存在以下危害。

1）导致大学生面临财务危机

一般情况下，大学生是消费者的身份，决定了其难以承担“校园贷”的高额利率，无法按时还款、导致信贷违约，从而产生巨额违约费及债务。例如，该案例中，大学生借的一笔 4 000 元的“校园贷”，经过层层盘剥和“转贷”后，短短两个月竟变成 5 万元的负债，给借款大学生及其家庭带来巨大经济负担。

2）影响大学生正常的学业甚至人身安全

该案例中，借贷公司为了逼迫大学生还钱，使用“软暴力”手段讨债，用言语威胁、聚众造势等方式，给借款学生造成巨大的心理压力，损害学生身心健康，甚至破坏借款大学生家庭和谐与安宁。另外，迫于巨额“校园贷”还款压力，大学生容易铤而走险，走向犯罪深渊，影响社会稳定。

3）助长大学生群体的不良消费观和价值观

虽然该案例中并未提及借款大学生的借款用途，但现实中不乏存在购买高端手机、名贵化妆品、名牌包等奢侈品的行为。由于大学生消费自控力较差，周围同学很容易被同化，不良“校园贷”容易诱发学生之间的攀比和炫富心理，从而养成“校园贷”的消费习惯和不健康的消费观念，不利于大学生群体健康价值观的形成。

6.3.4 案例启示

值得庆幸的是，该案例中的借款大学生在犯罪团伙的威胁和强迫下最终选择了报警求救，以维护自身合法权益，使得该案件最终被破获，依法惩治了犯罪嫌疑人，帮借款大学生挽回了巨额经济损失。从该“校园贷”诈骗案例暴露出来的问题及借款大学生的有效应对方式，我们可以归纳出以下预防和应对不良“校园贷”的重要举措。

1. 形成联合监管合力，强化政府监管

不良网络借贷平台是不良“校园贷”的源头，对网络借贷平台准入门槛的界定和监管是治理不良“校园贷”的根本。目前，网络借贷金融市场是开放的，网络借贷金融主体资格相关立法欠缺，政府应加快借贷市场主体准入资格审核的立法，完善借贷平台的资金监管、资质审核、信息共享、监管主体等，填补法律空白。同时，政府应联合工业和信息化部门、银监部门、市场管理部门及金融监管部门等，加大对消费金融类公司的监管，联合监管“校园贷”违规、违法行为，形成监管合力。

2. 引导当代大学生树立正确的消费观和价值观

针对部分大学生缺乏正确的消费观和价值观的问题，学校应通过开设相关理论课程、专题讲座、第二课堂活动等多种形式，加强对大学生消费观和价值观的培养；在大学生群体中树立正面典型，通过朋辈效应，正面激励大学生、传达正能量，引导大学生树立正确的消费观和价值观，增强风险意识，远离违法犯罪。提醒大学生如确需贷款，应到银行等正规金融机构办理，切勿通过私人介绍，向不明背景的网络平台贷款。

3. 普及法律知识，增强大学生法律意识

针对大学生法律知识欠缺、自我保护意识不强的问题，学校可以通过开展各种活动，普及与“校园贷”相关的法律知识，增强学生的法律意识；通过开展丰富的第二课堂活动，如话剧、辩论赛、主题班会等，提高学生主动学习“校园贷”相关法律知识的积极性；可以设立法律援助咨询中心，为学生提供法律咨询服务；邀请公安人员、律师、法官等来校分享实践经验，以提高教学效果。学校应通过普及法律知识，增强大学生的法律意识，增强大学生的风险防范意识和自我保护观念。

4. 加强宣传教育，防范非法“校园贷”

一是宣传防范经济犯罪侵害知识，警惕非法“校园贷”。学校应宣传防范经济犯罪侵害知识及“校园贷”的危害，提醒广大学生认清“校园贷”骗局。二是保持自警自醒意识，从源头上降低“校园贷”风险。大学生要致力于自身全面素养的提升，实现自我健康发展，自觉远离非法“校园贷”。三是加强学习，强化风险意识。大学生应通过多途径加强金融知识和法律知识的学习，对金融诈骗、金融陷阱保持清醒的头脑，强化对非法“校园贷”风险的认识，树立风险防范意识。

6.4 案例四：江西宁都县某学校校园欺凌案件

6.4.1 案例背景

校园不仅是青少年学习和日常交流的场所，更是青少年成长的主要场所，校园的环境安全对青少年的成长起着极其重要的作用，学校有义务为青少年创造良好的校园环境，为青少年的成长保驾护航。近年来，校园欺凌案件不断被曝光。欺凌行为包括给受害者起侮辱性绰号，对受害者进行重复性的物理攻击，或通过某些物体嘲笑受害者，传播有关受害者的谣言和闲话，恐吓、威迫受害者做他们不想做的事情，中伤、讥讽、贬低受害者的体貌、宗教信仰、种族、家人或敲诈、画侮辱画、写侮辱性文字等。这一系列的欺凌手段对受害者造成的不仅是身体上的伤害，更是心灵上的摧残，后果严重的甚至会引起受害者的自杀行为。校园欺凌事件不仅牵动着家长和教师的心，更引起了全社会的关注。

6.4.2 案例过程①

2018年1月6日17时许，江西省宁都县内有QQ群、微信群中流传着一段视频，视频中一初中女学生正被同学殴打欺凌。由于视频中事件的恶劣性，宁都县公安、教育等部门高度重视，并介入调查。

据调查，2018年1月3日晚9时许，江西省宁都县某学校的七名初中女生对同班同学在寝室进行欺凌行为。这七名学生分别为郭某红、温某红、何某露、何某婷、温某玉、郭某、黄某。在流传的视频中，被欺凌女生曾某被同学郭某红抓住头发掌掴数下，其他女生亦对她辱骂、踩踏、踢打，使其在地上打滚。曾某被多人围攻无力还手，只能任人欺凌，最后脸部被打致红肿，嘴角也轻微受伤。该事件发生的原因是这七名女生怀疑曾某向老师举报其吸烟行为。该事件被围观学生用手机录下并上传到学校的QQ群，随后被流传到各个微信群。该视频在网上迅速传播，引起公愤，也引起家长、教师及社会各界的关注。

据报道，2018年1月4日上午，有学生向班主任反映曾某被打一事，班主任立即将此事向学校做了报告。学校对这几名学生进行了相应的处分和批评教育，并联系家长协商处理。随后校方积极开展安抚工作，被打学生及其家属情绪稳定。宁都县公安、教育等有关部门对此高度重视，立即组织介入调查。1月7日，宁都县教育局针对“网传宁都县某学校女生被打视频”一事进行了相应的情况通报，对该事件中带头打人的学生给予留校察看的处分，对其他打人者进行了批评教育，学校行政人员和班主任将被打的学生送至县人

① 沈澈清. 宁都一初中女生遭殴打被拍视频 当地教育局发布情况通报[EB/OL]. http://news.youth.cn/sh/201801/t20180108_11253804.htm，2018-01-08.

民医院接受治疗，并全程陪护和心理疏导。

6.4.3 案例分析

事件中欺凌者都不过十二三岁，正是花一般美好的年龄。她们理应认真坐在教室里面读书，为何却变得如此乖张不羁、一身戾气，为一点小事就大打出手呢?

校园欺凌事件发生的原因主要有以下几点。

1. 制度原因

当前的少年司法制度较为宽宥，14 周岁以下青少年属于完全无刑事责任能力人，部分青少年未能看清社会和法律对他们的要求和期待，只看到对自己的保护和宽宥，对法律的强制性和惩罚性视而不见。该案例中的学生法律意识淡薄，未能认识到录制他人视频上网传播及殴打他人都已经触碰法律红线。

2. 学校原因

学校在校园欺凌事件的预防和处理工作上没有做到位，忽视了学生的情绪波动和心理健康的日常管理。从被打女生日记中可以看出，早在 2017 年 5 月左右该女生便受到欺凌，但学校未能及时发现并采取相应措施。

3. 家庭原因

家长对孩子的影响举足轻重，倘若家长自身存在不正风气，那孩子也会受到影响。家长对孩子的忽视或不重视对孩子也是一大伤害。家庭教育不到位在一定程度上导致视频中的女生对同学实施暴力言行，甚至还有抽烟的恶习。

4. 社会原因

未成年人的心理、生理都处于发育阶段，还未完全成熟，未形成正确的人生观和价值观，没有独立思考能力，因而很容易模仿他人的行为。社会上的不良行为和负面行为的出现会对未成年人造成不良的影响[①]。

6.4.4 案例启示

根据这几方面的原因，我们可以得出以下解决方案和启示。

第一，加强学校校园安全过程监管。根据经验，校园欺凌多发生在宿舍、卫生间等不宜安装监控摄像头的地方，在这些地方应适当加派巡查人员。在校园内及学校周边等一些较为偏僻的地方则应适当安装监控摄像头以确保能及时发现暴力事件。

第二，转变学校和教师的传统教育观念。在学生的培养方面，成绩优秀是一个方面，德、智、体、美、劳均衡发展更为重要。学校应有计划地组织行政人员和教师进行与学生心理健康相关知识的学习，动员全体教育人员关注学生心理健康状况，做到防微

① 贾宇帆. 校园安全事件的成因与防范机制[J]. 法制博览，2019，(4)：27-29.

杜渐，重视学生的情绪变化，避免其产生错误的认识和思想麻痹。

第三，强化学校与家长的日常沟通。在学校组织家长会时，校方和教师往往只注重学生成绩和升学方面的事情，不重视学生的其他问题。学校应当建好家校沟通平台，充分利用这些平台向家长传输校园欺凌相关知识，提醒家长时刻关注孩子的状态。对于已出现施暴现象的学生和被欺凌学生的家长应进行单独谈话或者家访，还可组织三方面谈，校方和教师可在其中进行必要的疏导和调解。

第四，重视家长对孩子的正面言传身教。家长经常会错误地认为学校应当承担教育孩子的一切责任，殊不知他们自身对孩子的教导往往比学校的教育更为重要。家长在管教孩子过程中不可缺乏耐心，不可动辄打骂，这样培养出来的孩子容易缺乏安全感，攻击性强；也不可过于溺爱孩子，对孩子犯的错误不加以纠正，导致孩子形成错误的观念。家庭是孩子性格养成的第一教学点，家长千万不可忽视家庭教育的重要性。

第五，强化校园欺凌法制建设与宣传。学生、家长、学校、教师、相关机构和社会对于校园欺凌的法律责任的认识，总体上呈现不受重视的特点。一方面，有关校园欺凌的法律责任内容只零散地存在于其他法律法规中，并没有关于校园欺凌的专门法律规章，不利于系统地分析校园欺凌事件的法律责任，致使校园欺凌行为得不到应有的惩戒①。另一方面，立法机构对于校园欺凌相关的法律法规知识的传播不到位，各主体对于法律知识关注度不够，导致法律法规的存在没有起到应有的约束和惩戒作用。

第六，明晰社会各方在校园欺凌治理中的责任。大众媒体应当严格审核宣传内容，减少暴力和不健康内容的传播，并充分利用电视、广播等媒体的宣传力量，传播校园欺凌的危害和相关法律知识。心理咨询机构可为未成年人提供心理咨询和治疗服务，协助学校和家长对施暴者和受欺凌者进行心理干预，从源头解决问题。

校园欺凌的治理仅由一方发力是远远不够的，要集结学校、家长、立法机构和社会各方面的支持和帮助，由各方共同努力防范校园欺凌事件发生。

6.5　案例五：某幼儿园虐童事件

6.5.1　案例背景

习近平总书记指出，“中国特色社会主义进入新时代，我国社会主要矛盾已经转化为人民日益增长的美好生活需要和不平衡不充分的发展之间的矛盾”，“深化供给侧结构性改革”“坚持去产能、去库存、去杠杆、降成本、补短板，优化存量资源配置，扩大优质增量供给，实现供需动态平衡”②。2017 年 3 月，教育部部长陈宝生指出，全国公办幼儿园只有 86 000 多所，民办幼儿园有 15 万多所。入园的儿童近 2/3 皆在民办幼儿园。

① 张依婷. 校园欺凌法律责任研究[D]. 沈阳师范大学硕士学位论文，2018.

② 习近平. 决胜全面建成小康社会 夺取新时代中国特色社会主义伟大胜利——在中国共产党第十九次全国代表大会上的报告[N]. 人民日报，2017-10-28（1-5）.

有的民办幼儿园存在收费不合理、质量良莠不齐的问题①。由于底子薄、欠账多，学前教育是整个教育体系的短板，发展不平衡、不充分问题十分突出，存在“入园难”“入园贵”现象。其主要表现为：学前教育资源尤其是普惠性资源不足，政策保障体系不完善，教师队伍建设滞后，监管体制机制不健全，保教质量有待提高，存在“小学化”倾向。部分民办幼儿园发展过快，过度逐利，导致幼儿安全问题时有发生②。

当前我国超大城市人口形势严峻，人口不断向超大城市集中。自 20 世纪 80 年代以来，北京、上海、深圳等大城市成了外地务工人员主要的流入地，流动人口前所未有地快速大幅度增长。根据上海市人力资源和社会保障局就业促进中心发布的《上海市来沪人员就业状况报告（2018）》，截至 2018 年 3 月底，在上海各类用人单位办理就业登记的全国各省（自治区、直辖市）来沪人员共 463.3 万人，与 2017 年同期相比增加 15.8 万人，同比增幅为 3.5%③。近年来，随着外来务工人员的增多及全面“二孩”政策实施，学前教育资源结构性紧缺，地方政府公共服务供给不足等问题日益凸显，造成较大的入园压力。上海积极建设和完善学前教育公共服务体系，先后落实两轮《上海市学前教育三年行动计划》等一系列举措，加大资源建设，积极应对入园矛盾，已基本实现常住 3~6 岁幼儿学前教育服务全覆盖。但部分区域仍然存在入园难问题，尤其是入优质公办园难。

6.5.2 案例过程

2018 年 5 月 16 日傍晚，有家长报警称某幼儿园工作人员持圆珠笔划伤 4 名幼儿④。家长提供的幼儿园监控视频显示，视频中幼儿躺在各自床上，一名短发中年妇女，疑似拿着 1 支圆珠笔在午休教室中数次对几名幼儿头、脚等身体部位有戳、划等动作。经查，该妇女王某系幼儿园保育员，她与班主任全某一样，虽然在参加教育培训，但尚未取得幼教资格证。

警方初步认定王某涉嫌虐待被看护人罪，已将王某刑事拘留。警方核查该班 15 天内所有录像资料后未发现其他类似行为，并封存了该园 15 天内所有录像资料备查。事发后，浦东新区教育局立即成立事件处置工作组，组织专业人员对 4 名幼儿进行后续治疗和心理安抚，并安排优质公办幼儿园托管事发幼儿园。同时，浦东新区教育局责令该幼儿园立即免去园长职务，清退无资质人员。浦东新区教育局依据调查结果对该幼儿园依法进行了处置。

2018 年 5 月 17 日，上海市教育委员会召开各区教育局长专题会议，对该事件的调查进行了通报，要求各区教育部门举一反三、全面摸排，进一步依据有关规范加强对上海

---

① 孙竞．教育部部长陈宝生：用洪荒之力来解决“入园难”问题[EB/OL]. http://edu.people.com.cn/n1/2017/0307/c367001-29129676.html，2017-03-07.

② 中共中央 国务院关于学前教育深化改革规范发展的若干意见[EB/OL]. http://www.xinhuanet.com/politics/2018-11/15/c_1123720031.htm，2018-11-15.

③ 上海市人力资源和社会保障局．本市发布来沪人员就业状况报告（2018）[EB/OL]. http://www.shanghai.gov.cn/nw2/nw2314/nw2315/nw31406/u21aw1315017.html，2018-05-30.

④ 王蔚．民办大风车幼儿园虐童嫌疑人被刑拘[EB/OL]. https://xmwb.xinmin.cn/html/2018-05/18/content_6_5.htm，2018-05-18.

市幼儿园的严格监管，并增加专项督查的频次，依法保护幼儿的合法权益和身心健康。

6.5.3　案例分析

幼儿在身体和心理两方面均没有发育成熟，是需要给予特殊照顾和保护的特殊群体。幼儿园安全问题一直以来受到政府和民众的关注。教育部发文指出，“幼儿园必须把保护幼儿的生命和促进幼儿的健康放在工作的首位。树立正确的健康观念，在重视幼儿身体健康的同时，要高度重视幼儿的心理健康”[①]。2018 年 1 月 23 日，在全国教育工作会议上，教育部部长陈宝生表示，要坚决防止幼儿园伤害幼儿事件发生，一经发现必须严肃查处。

幼儿园伤害事件发生的原因可以归纳为以下几点。

第一，幼儿年龄小，身心正处于生长发育迅速时期，幼儿园阶段的幼儿缺乏必要的生活经验和生活常识，对“危险”“伤害”等概念没有分辨能力，在活动中对危险事物不能做出正确判断，很容易遭受意外伤害。

第二，幼儿园安全管理意识薄弱，安全制度流于形式。该案例中的幼儿园甚至聘用没有资质的工作人员，安全管理无章可依，为各类安全埋下隐患。

第三，家庭安全教育意识和方法不足，导致幼儿生活自理能力差，独立性差，自我保护意识和能力缺乏。

第四，政府有关部门的职能缺失。政府有关部门应该对幼儿园的办园条件、设备、设施、人员资格等进行严格审核，确保幼儿园具有保护幼儿身心安全和健康成长的基本条件。

6.5.4　案例启示

2018 年 11 月 7 日发布的《中共中央 国务院关于学前教育深化改革规范发展的若干意见》对幼儿园强化安全监管做出了具体指导，要求落实相关部门对幼儿园安全保卫和监管责任，提升人防、物防、技防能力，建立全覆盖的幼儿园安全风险防控体系[②]。幼儿园所在街道（乡镇）、城乡社区居民委员会（村民委员会）要共同做好幼儿园安全监管工作。幼儿园必须把保护幼儿生命安全和健康放在首位，落实园长安全主体责任，健全各项安全管理制度和安全责任制，强化法治教育和安全教育，增强家长安全防范意识和能力，并通过符合幼儿身心特点的方式提高幼儿感知、体悟、躲避危险和伤害的能力。该文件还对民办幼儿园的规范发展提出建议，包括稳妥实施分类管理、遏制过度逐利行为、分类治理无证办园等[②]。幼儿园安全问题的解决路径可以从以下三个方面着手。

---

① 教育部关于印发《幼儿园教育指导纲要（试行）》的通知[EB/OL]. http://old.moe.gov.cn/publicfiles/business/htmlfiles/moe/s3327/201001/81984.html，2015-06.

② 中共中央 国务院关于学前教育深化改革规范发展的若干意见[EB/OL]. http://www.xinhuanet.com/politics/2018-11/15/c_1123720031.htm，2018-11-15.

一是法律层面，应当针对虐待儿童的行为加快立法，加大处罚力度。虽然我国制定了《中华人民共和国未成年人保护法》，并在《中华人民共和国治安管理处罚法》《中华人民共和国婚姻法》《中华人民共和国反家庭暴力法》中对虐待儿童明确了相关规定，但虐待儿童行为在我国法治领域还是一条虚线。虽然形式上禁止，但具体定性模糊、处罚疲软。对于幼儿伤害案中的行凶者，多数处罚形式是将行凶者开除或者调离岗位，缺少诸如刑事处罚等更为严厉的约束手段。

二是行业准入层面，应认真落实教师资格准入制度与定期注册制度，严格执行幼儿园园长、教师专业标准，坚持公开招聘制度，全面落实幼儿园教师持证上岗制度，切实把好幼儿园园长、教师入口关。非学前教育专业毕业生到幼儿园从教必须经过专业培训并取得相应教师资格。强化师德师风建设，通过加强师德教育、完善考评制度、加强监察监督、建立信用记录、完善诚信承诺和惩戒失信机制等措施，提高教师职业素养，培养其热爱幼儿教育、热爱幼儿的职业情怀。对违反职业行为规范、影响恶劣的教师实行“一票否决”，终身不得从教。

三是防微杜渐层面，在幼儿伤害案例中，除了个别情节严重、有致伤致残、涉嫌刑事犯罪的极端案例之外，绝大多数都是掌扇脚踹、叱骂恐吓之类达不到法定惩戒标准的日常暴力伤害行为。实际上，除了这些容易被视频监测到的行为外，更多诸如嘲讽、冷遇、歧视等不易被家长觉察的冷暴力、软伤害行为也在频繁发生，这些伤害对幼儿的人格发育同样不容忽视。防范日常软性虐待伤害行为的根本在于消除教师实施虐待的动机。为从根本上防范虐待伤害行为的发生，应切实提升幼儿教师的待遇及其职业满意度。

6.6 案例六：网络安全教育走入校园

随着社会经济发展和科技的进步，网络已成为人类生活不可或缺的一部分，其以丰富的信息储藏量和更新速度，为教师和学生提供了越来越多的便利。“水能载舟，亦能覆舟”，随着网络的深入使用，学生的学习行为方式、现实生活方式、思维方式、社会化方式、心理健康状态、人格信仰也悄然发生变化，在安全、管理、道德等方面向我们提出了严峻的挑战。本节将校园网络安全问题作为典型分析案例，以教育和引导广大师生自觉维护网络健康、正确利用网络资源、有效提高防范和应对网络安全问题的能力，具有一定的现实意义。

6.6.1 案例背景

在信息全球化、经济全球化的今天，网络已经成为文化传播、人与人沟通交流和获取各种信息资源的重要渠道和平台，渗透到社会生活的各个方面。计算机技术、网络通信技术的迅速发展，使计算机多媒体技术和网络建设在教育领域中显示出强大的生命力。多媒体技术与网络技术的结合从根本上改变了教学信息的传播方式，对教学方法、教学手段、教学观念与形式的改革产生了巨大影响。特别是大数据时代的到来，以互联网为代表的数字技术越来越成为促进教育发展的重要推动力，使学校教育管理面临许多机遇与挑战。

学生是使用互联网的排头兵和主力军，网络在教育领域的充分普及和使用，正改变着学生的学习、思维和生活模式，学生的生活、学习已经离不开网络。然而，互联网作为一把"双刃剑"，在给教师教学、学生学习带来巨大便利的同时，也带来许多消极影响和安全问题。

虚拟的网络空间伴随着虚假广告和不良信息，隐藏着网络诈骗、网络犯罪、网络色情与网络暴力等各种安全隐患，影响着学生的政治态度、思想认识、价值取向及实际行动，对学生的身心健康造成威胁甚至伤害。近年来，网络安全风险事件，尤其是学生遭遇网络诈骗事件频现媒体，日渐成为社会高度关注的话题，网络安全教育已成为当前各学校面临的重大课题。

6.6.2　案例过程

2018年9月18日，2018年国家网络安全宣传周"校园日"活动启动仪式在西华大学举行。"维护网络安全，做文明网民，从我做起！不去营业性网吧，不沉迷网络游戏；不约会陌生网友，不传播虚假信息；不点击非法链接，不泄露国家秘密。时刻敲响安全上网警钟，把维护网络安全化为细小的实际行动。"启动仪式上，四位学生代表宣读了网络文明倡议书，倡议同学们从小事做起，依法上网、文明用网，加强自律，做新时代文明网民[①]。当天，全国各地也开展了丰富多彩的"校园日"活动。

网络空间纷繁芜杂，提升网络防范意识和掌握基本的防护技能尤为重要。2018年4月，教育部印发《教育部关于加强大中小学国家安全教育的实施意见》[②]，指导各地各校深入开展包括网络安全教育在内的国家安全教育工作，构建中国特色国家安全教育体系，把国家安全教育覆盖国民教育各学段，融入教育教学活动各层面，贯穿人才培养全过程。要持续宣传教育，着力提升学生网络素养；持续建强队伍，发挥校园好网民示范带头作用；持续创新成果，激发校园网络文化建设的内生动力；持续正面引导，推动全社会网络空间更加清朗。

各地各校积极开展网络安全进校园活动，广泛宣讲、大力普及网络安全知识，倡导学生当好国家信息安全的守护者。网络育人平台建设全面推进，建设形成以学校思想政治工作网、易班网和中国大学生在线"三驾马车"为引领的校园网络新媒体传播矩阵。

截至2018年9月，学校思政网已覆盖我国31个省（自治区、直辖市）和新疆生产建设兵团；易班网实现各省（自治区、直辖市）全覆盖，共建学校942所；大学生在线拥有538所校园网络通信站，覆盖我国2 105所学校[③]。

---

① 刘沁娟. 校园日|网络安全教育从娃娃抓起[EB/OL]. http://www.cac.gov.cn/2018-12/29/c_1123924724.htm，2018-12-29.

② 教育部. 教育部关于加强大中小学国家安全教育的实施意见[EB/OL]. http://www.moe.gov.cn/srcsite/A12/s7060/201804/t20180412_332965.html，2018-04-09.

③ 江芸涵. 2018年国家网络安全宣传周"校园日"活动启动啦[EB/OL]. https://cbgc.scol.com.cn/home/94712，2018-09-18.

6.6.3　案例分析

通过对上述网络安全走进校园活动的开展背景的解读，结合大数据及新媒体的时代背景，我们归纳出当前学校网络安全教育工作状况及学生面临的主要网络安全隐患。

1. 学校网络安全教育工作存在的问题与不足

1）网络安全教育认识滞后

学校网络安全教育认识跟不上网络的快速发展。网络的快速发展打破了传统的校园生活模式，网络的普及给学校的管理带来很多困难，学校对网络安全知识和法律法规的宣传教育没有跟上网络教学普及的步伐，导致部分师生网络安全意识淡薄。

2）网络安全教育投入不足

我国大多数学校网络安全相关经费严重不足，突出体现为网络安全教育预算占比极低、网络安全治理人力安排不足、安全防控设施配备不足、软硬件更新不及时等。校园网络安全建设、维护、治理及教育等工作得不到资源上的保障，使得校园网络安全容易受到外部不法分子的攻击，造成信息泄露或资源丢失。

3）网络安全教育未落到实处

学校没有正确处理网络安全教育与人才培养的关系，没有尽力把网络与培养人才联系在一起，没有认识到做好网络安全教育不仅能够有效避免学生进行网络犯罪，还是学校培养人才的最基本保证。

4）网络安全教育监管缺漏

学校虽然指定网络建设技术与管理等相关人员对校园网络安全进行监管，但未将网络安全教育及其效果纳入校园安全强制监管范围，加之监管人员的综合素质参差不齐，校园网络的覆盖面广、监管难度大，致使部分校园网络安全问题没有得到及时解决。

2. 学生面临的主要网络安全隐患

学生面临的主要网络安全隐患来自虚拟的网络空间或上网不当导致的安全威胁与伤害，集中体现为学生用户缺乏自律和约束，具体包括网络成瘾、网络社交、网络信息、网络犯罪四方面的隐患。

1）网络成瘾

网络成瘾已经成为学生学习和生活的一个毒瘤，危害大，受害人数多，学生沉迷于网上交友或网络游戏不能自拔，最后导致成绩下降、退学甚至犯罪事件发生。

2）网络社交

学生作为网络社交群体的主力军，网络社交安全也常伴其左右。大部分学生都会通过网络聊天满足心理需求，久而久之对网友产生信任，甚至是依赖。由于学生心理不够成熟、缺乏社会经验，通过网络社交进行交友会产生被网友、陌生人欺骗及诈骗的社会安全风险。

3）网络信息

随着大数据时代的到来，世界成了地球村，人们的日常生活充斥的各种信息使人目不暇接，但是网络传播的信息良莠不齐，各种暴力信息、谣言层出不穷。学生正处于价值观塑造时期，阅历尚浅，思想尚不成熟，很难完全分辨是非曲直，在上网的过程中容易受网络不良信息引诱、欺诈，甚至威胁。

4）网络犯罪

学生精力旺盛、好奇心强、乐于学习和接受新鲜事物，同时自控能力较差、法律意识淡薄，一旦受到不良因素的诱惑，极易导致网络犯罪，甚至在无意中成为助力他人犯罪的跳板，以致触犯法律。网络犯罪已经成为危害在校学生的隐形恶魔，构成校园安全新威胁。

6.6.4 案例启示

解决学校网络安全问题，仅凭学校一己之力远远不够，应多策并举，共筑学校清朗网络空间、合力守护学校网络安全。

1. 学校层面

1）加强网络安全宣传教育，提倡网络文明

一是加强学生网络安全道德教育。道德教育工作者需要积极引导学生认清现实，使学生能够在虚拟网络中辨别是非，提高自身道德修养。二是利用网络平台改进学生思想政治教育。运用技术、法律、行政手段，加强校园网的管理，主动占领网络思想政治教育新阵地，严防各种有害信息在网上传播，牢牢把握网络思想政治教育主动权。三是强化对学生网络安全相关法律法规的教育。教育工作者应将关于网络安全的法律法规加入教学内容，并扩大网络法律法规的学习渠道，引导学生依法上网，远离网络犯罪。

2）保障校园网络安全教育投入，建立网络安全防护保障体系

一是加强费用预算管理，确保校园网络安全教育宣传活动经费；二是加强网络安全人才队伍建设，确保校园网络安全教育人才具有专业胜任能力，符合职业道德要求；三是加大网络安全防护设施的投入力度，确保网络安全防控设备配备充足；四是及时更新校园网络安全软硬件设施及其他网络基础设施，建立异地数据备份中心，从而稳固校园网络安全建设、维护、治理及教育各环节资源上的保证。

3）构建校园安全教育体系，贯穿人才培养始末

学校应该正确处理学校网络安全教育与人才培养的关系，有意识地在校园网络平台上宣传网络育人，构建国家安全教育体系，学会利用网络资源来培养国家社会需要的高精尖人才和全面发展的人才。

4）增强网络监管，营造良好的网络安全环境

网络环境的安全离不开多方的共同监管。首先，网络使用的监管力度应该加强，网络安全问题应该被相关部门高度重视。各学校应与政府及教育主管部门等联合，建立校园网络安全监控系统。其次，学校校园网络中心要恪尽职守，做好校园网络的监管工作。最后，社会各界应以安全的网络环境为导向，呼吁学生兼顾网络教育。

2. 学生层面

1）自觉树立校园网络安全防范意识

当前，学生普遍缺乏网络安全防范意识，在使用网络过程中经常将安全意识抛诸脑后，存在不加甄选和辨别就随意打开链接等行为，使不法分子有机可乘。学生应主动拓宽有关校园网络安全知识、网络犯罪、网络诈骗、法律法规等的学习渠道，筑牢思想防线，确保网络行为的安全性。

2）自觉提升校园网络安全防护技能

学生应抓住学校举办的新生入学教育、网络安全技能培训等宝贵的学习机会，有意识地培养和提升自身网络安全防护技能，熟练掌握查毒和杀毒、病毒库升级、程序安装、操作系统更新、网络漏洞弥补等基本防护技能，及时减少或排除网络安全隐患。

3）自觉树立国家安全意识

学生应自觉树立国家安全意识，自觉将个人信息安全与国家安全相联系，切实做好国家信息安全的守护者。当下社会已经全面进入移动互联网时代，没有网络安全就没有国家安全。要建设网络强国，我国需要构筑起虚拟世界的铜墙铁壁。面对未来可能更加复杂多变的网络安全形势，面对也许没有终点的网络暗战，每个人都需要提高警惕并充实自身的安全知识，自觉参与到维护国家安全中。

6.7　案例七：校园杜绝“问题跑道”

学校设备、设施安全与否，关系到在校师生的人身安全能否得到保障。教学设施年久失修，设备未达安全标准，安全设备不定期检查、维修、更换等安全隐患，随时可能对学生造成伤害，引发群体性校园安全事故。本节选取“问题跑道”事件，作为学校设备、设施安全管理的典型案例，以期为校园设备、设施安全管理问题提供可行的防治措施与应对策略。

6.7.1　案例背景

“问题跑道”是指在校园操场改造中出现的塑胶跑道中含有毒成分的现象。从 2014 年开始，北京、苏州、无锡、南京、常州、深圳、上海、河北等多地学校被曝出学生出现流鼻血、过敏、头晕、恶心等症状①。家长怀疑这些症状与塑胶跑道有关，纷纷要求铲除塑胶跑道，“问题跑道”事件一时引发舆论热潮，社会各界反应强烈。2015 年 12 月，深圳市计量质量检测研究院和广东省标准化研究院对广东省佛山、深圳、中山、惠州 4 个城市 20 个塑胶场地和跑道进行了有害气体释放风险监测抽样调查，调查发现，聚氨

① 马力. 中小学塑胶跑道国标拟修订 国家标准委公开征求意见[EB/OL]. http://www.xinhuanet.com//politics/2016-11/16/c_1119926256.htm，2016-11-16.

酯塑胶场地存在不合理风险的比例高达 25%[①]。“问题跑道”事件在 2016 年成为热点事件，受到社会各界的广泛关注，引发了社会大众对公共健康的持续关注。为解决“问题跑道”、保护学生身体健康，国家市场监督管理总局和国家标准化管理委员会联合印发《中小学合成材料面层运动场地》（GB 36246—2018）（以下简称新国标），并于 2018 年 11 月 1 日正式实施，被业界俗称为“塑胶跑道新国标”，该新国标把原来的推荐性标准改成强制性标准，同时又参照多种国内外相关检测标准，大幅增加对有毒物质的控制，堪称“史上最严”标准。

6.7.2　案例过程[②]

2015~2016 年，“问题跑道”事件在全国大范围爆发。据不完全统计，2015 年“问题跑道”至少涉及江苏、广东、上海、浙江、江西、河南、深圳、成都、北京、沈阳等省（自治区、直辖市），涉及具体城市高达 25 个。

2016 年 6 月 24 日，教育部印发通知要求各地部署开展塑胶跑道专项整治工作，对校园塑胶跑道进行登记造册、全面排查，要求将环保、质检不合格的塑胶跑道立即铲除，对玩忽职守、索贿受贿等违规、违纪问题予以问责和严肃查处。

2016 年 9 月 1 日，教育部网站公布了校园塑胶跑道综合治理工作推进情况，称截至 2016 年 8 月，我国中小学共有塑胶跑道 68 792 块，在建的有 4 799 块，其中停建的有 2 191 块，而已经铲除的“问题跑道”有 93 块。教育部还表示，正与国家标准化管理委员会对接，推动相关标准修订。同时，教育部也要求各地在国家强制标准出台之前，可结合当地实际加快研制塑胶跑道的有关强制标准。

2016 年 11 月 16 日，教育部教育装备研究与发展中心起草的《中小学合成材料面层运动场地》标准建议稿在国家标准化管理委员会官网上进行立项公示，并公开征求意见。

2017 年 1~4 月，国家教育部调研组在我国近 10 个省（自治区、直辖市）进行适用调研。内容包括意见和建议征求研讨、学校场地现场取样抽查。

2017 年 10 月 26 日，教育部教育装备研究与发展中心网站发布《关于对国家标准〈中小学合成材料面层运动场地〉（征求意见稿）征求意见的通知》。

2018 年 5 月 14 日，《中小学合成材料面层运动场地》（GB 36246—2018）正式在全国标准信息公共服务平台发布，代替国家标准《中小学体育器材和场地第 11 部分：合成材料面层运动场地》（GB/T 19851.11—2005）。

2018 年 10 月 22 日，教育部办公厅发布《教育部办公厅关于加强中小学合成材料面层运动场地建设管理的通知》，要求 2018 年 11 月 1 日以后交付使用的中小学合成材料面层运动场地必须执行新国标[③]。据了解，该新国标是由教育部组织，历经两年多时间的

---

① 李丽，周凯，公兵，等. 违规施工监管不力 低价“毒跑道”这般入校园[EB/OL]. http://edu.people.com.cn/n1/2016/0614/c1053-28443364.html，2016-06-14.

② 塑胶跑道新国标今日起全面实施！[EB/OL]. http://www.sohu.com/a/272746644_719429，2018-11-01.

③ 教育部办公厅. 教育部办公厅关于加强中小学合成材料面层运动场地建设管理的通知[EB/OL]. http://www.moe.gov.cn/srcsite/A17/moe_938/s3273/201811/t20181101_353337.html，2018-10-22.

修订，组织了超过 100 次的专家会议论证，以及在全国范围内的实地考察并抽样检验，收集了市场上数百家企业产品不计其数的验证实验。新国标以其专业性、科学性和全面性，可以促进我国体育地材行业的技术水平和产品质量水平再上新台阶，为全国中小学生的健康运动保驾护航。

6.7.3　案例分析

1. 原因分析

学校设备、设施存在安全隐患，一直是影响学生身体健康的重要原因之一。“问题跑道”事件涉事时间长、涉及范围广的主要原因是相关安全标准缺失或陈旧引发设备、设施的安全问题，具体原因分析如下。

1）标准缺失或陈旧

相关标准缺失或陈旧，无法完全保证校园塑胶操场、跑道质量。尽管很多家长认为孩子的发病与塑胶跑道有关，但第三方检测机构出具的检测报告显示这些散发着异味的塑胶跑道合乎规定，这是由于旧国家标准《中小学体育器材和场地第 11 部分：合成材料面层运动场地》（GB/T 19851.11—2005）陈旧落后，部分内容已不适用：其一，对相关有毒有害物质的规定欠缺，如毒性较高的 TDI（甲苯二异氰酸酯）成分、氯化物、TVOC（总挥发性有机物）等不在检测标准之列；其二，对合成材料运动场地铺设面层的设计、施工和验收等规定欠缺，旧国家标准仅规定了合成材料运动场地铺设面层的技术要求、质量标准及检测方法；其三，旧国家标准没有安全环保方面的强制标准。

2）招投标制度安排有漏洞

其一，采用不考虑质量要求的低价中标评标方式。在学校塑胶场地建设招标环节，中标标准往往就是“低价”，招标唯低价是从，而不是按标准来办，这严重影响校园操场的工程质量。其二，取消了对投标人的专业资质要求。2001 年，建设部（现住房和城乡建设部）制定发布体育场地设施工程三种级别承包资质，要求塑胶场地工程需由具备体育场馆施工专业资质的企业承包建设，这项规定于 2014 年被取消，导致承包企业质量良莠不齐，部分企业并不一定具备专业资质，施工过程存在不少瑕疵。其三，倾向于向大型建筑工程企业设置招投标条件。现实中往往存在大型企业中标后，转包给中间人或制造商，形成层层转包，原本利润空间就不大的项目经费实际上落到施工方手中更是所剩无几，导致在施工过程中施工方往往通过偷工减料或使用劣质原料来保证利润。

3）采购方质量及安全意识不强

一方面，学校为改善校园体育设施滞后局面，近年来纷纷加大校园操场的改扩建力度。为降低采购成本、缓解资金压力，学校往往在招标过程中极力压低采购价格，而放松对工程商、原材料厂商的资质要求，在施工过程中亦缺少对产品质量的有效把控；另一方面，学校缺乏专业知识，也没有向专业机构深入咨询，对塑胶跑道的成分、是否含有害物质等了解不够，产品安全意识不强。即使接到很多学生家长反映孩子出现流鼻血、嗓子疼、身体瘙痒等多种不良症状可能与校园塑胶跑道刺鼻异味有关，但依据第三方检测机构出具的检测报告，学校也认为其属于正常现象，与塑胶跑道无关；同时，学校教师对国家标准要求不了解、不清楚，未意识到塑胶跑道质量有问题，更没有意识到“问题跑道”会对学生的健康产生不良影响。

4）政府机构监管不到位

近年来，国内学校体育事业蓬勃发展，政府、学校投入增加，合成材料面层运动场地的市场需求加大，政府机构依靠旧国家标准的较低准入门槛进行监管，导致很多不良企业进入市场。国际田径联合会认证的聚氨酯厂商在全国有十几家，中国田径协会审定的也有十几家，但实际在做的厂商有数千家，2014 年就新增了近 3 000 家[①]。这些没有资质和技术，没有质量保障体系和安全生产管理措施，也没有产品检验检测手段的施工企业负责铺设的塑胶跑道，质量难以保障。另外，部门之间职责不明，是“问题操场”监管形同虚设的主因。一位厂商表示：“塑胶跑道的监管确实有点三不管，教育部门说我不懂，属于体育部门；体育部门说学校的事情怎么会跟我有关；质监那边说你们这属于基建，走的是基建招标，不是货物采购，不归我管；住建部门又说，你这又不是房子，跟我们没什么关系。”[②]

2. 应急处置分析

“问题跑道”事件也折射出政府公共安全管理及应急处置存在问题。回顾“问题跑道”事件产生、发展的全过程，相关政府部门在整个事件处理过程中主导性不强，反而是网络媒体起到了推波助澜的作用，提高了“问题跑道”事件的社会关注度。这个过程暴露出政府部门的一些问题。一是公共危机处置意识淡薄，使“问题跑道”事件最终发展成为全国性公共安全事件。二是对公共危机事件的辨别不够，在“问题跑道”事件发生伊始，没能仔细地观察和思索并对可能产生的危害进行辨别、挖掘，导致“问题跑道”事件从预警达到顶峰的历程长达 13 年。三是公共危机预警工作未做好，当家长刚开始质疑孩子“生病”与塑胶跑道有关时，未对“问题跑道”危机进行分析预警，以第三方检测机构出具合乎规定的检测报告为根据，回应家长质疑。四是与媒体、社会大众的互动沟通渠道不畅通。在“问题跑道”事件中，相关政府部门对于与媒体的互动沟通始终处于被动状态；事件持续期间，政府部门并没有就该事件召开新闻发布会，并未利用媒体主动通告整个事件的协商处理进展。

6.7.4　案例启示

1. 公共安全事件防范措施

校园安全无小事，责任重于泰山，学校设备、设施的安全隐患与引发的伤害不仅仅是学校自身的问题，也需要其他相关部门的重视。为有效防范“问题跑道”危机，多主

① 李丽，周凯，公兵，等. 违规施工监管不力 低价“毒跑道”这般入校园[EB/OL]. http://edu.people.com.cn/n1/2016/0614/c1053-28443364.html，2016-06-14.

② 李丽，周凯，公兵，等. 痛定思痛！新华社五问校园“毒跑道”[EB/OL]. http://www.xinhuanet.com/sports/xty/20160614c.htm，2016-06-14.

体应通力合作，构建更严密、更安全的预防机制。

1）制定严格标准

标准不立，秩序难安。“问题跑道”事件屡禁不止的一个重要原因是从招投标采购，到生产工艺、建设施工，直至质检验收等各个环节全链条的失守。要从根源上扼杀“问题跑道”的生存土壤，应在强制执行新国标的框架下，做好过程控制，制定采购、生产、建设、监管等各个环节细化明确的标准体系，使标准覆盖全流程，防止“问题跑道”再现，也为科学监管提供依据。

2）改良招投标制度安排

“唯低价论”的招投标机制，带来了大量劣质产品和劣质施工，使得“问题跑道”盛行，亟须对塑胶跑道的招投标模式进行改良。一方面，学校或地方教育主管部门应在塑胶跑道等在内的教育用设施、设备的招投标过程中，以安全为底线，明确质量标准，质价兼顾，货比三家，对被曝出过问题的企业，应建立“黑名单”制度，实行一票否决。另一方面，住房和城乡建设部等监管部门应加快推进投标企业“建筑业企业资质标准”及建筑工程总包商转包、分包等相关制度的修订。

3）督促增强质量与安全意识

新国标 2018 年 11 月就已正式实施，且用强制性标准替代了原来的推荐性标准，具有强制执行的法律属性。各地教育主管部门、学校，以及塑胶跑道的生产、施工等单位应树立和增强质量与安全意识，强化新国标的落地与普及，以新国标督建校园“良心跑道”，杜绝“不清楚”“不知道”类似事件再发生。特别要避免有人仍以旧国家标准为不合格的跑道进行辩护，滋生、纵容违法违规行为出现。

4）强化监管责任

建立多方联动、各司其职的监管体系，进一步明确教育、体育、住房和城乡建设、环保、卫生和计划生育、工商、质检等部门的责任分工。通过联合设立权威检测机构，建立长效、综合、全流程监管机制，加大监督检查力度，实现监管工作的常态化。同时，加快推进、完善国家相关法律制度，并加大法律追责、行政处罚问责力度，使安全标准真正落到实处。

2. 应急处置管理措施

针对“问题跑道”事件中暴露的政府公共安全管理及应急处置不力等问题，政府部门应采取如下应急及安全管理措施。

1）增强公共危机意识和提高处置响应速度

政府部门应增强公共危机意识和提高处置响应速度，高度重视突发公共危机事件，第一时间成立工作小组等组织机构，做好救援、安抚及善后工作，以最快的速度将危情扼杀在萌芽状态，避免其进一步发展和扩散成为大范围的公共危机事件。

2）提高公共危机事件的辨别和管理应对能力

政府部门应提高公共危机事件的辨别和管理应对能力，在公共危机事件发生伊始，仔细辨别和挖掘危情因子，衡量和评估可能产生的破坏力、影响力及持续时长，形成应对及处置预案。

3）加强公共危机事件的预测和预警工作

政府部门应认真回应各方关切及质疑，采取切实有效措施，加强突发公共危机事件的预测和预警工作，尽可能降低危情影响：一是完善公共危机管理预警机制；二是加强公共危机预警组织建设；三是创建公共危机预警信息系统并确保资源投入；四是做好网络舆情监控工作。

4）疏通与媒体、社会大众的互动沟通渠道

政府部门应疏通与媒体、社会大众的互动沟通渠道，建立协商对话机制，健全危情信息公开制度，利用政府门户网站、官方微信和微博、媒体等主动通报危情事件的处置动态，保障公众的知情权、参与权、监督权和表达权，提高危情的处置速度。

6.8　案例八：校园安全的“互联网+”之路

6.8.1　案例背景

2018 年 8 月 20 日，CNNIC（China Internet Network Information Center，中国互联网信息中心）发布了第 42 次《中国互联网络发展状况统计报告》。报告显示，截至 2018 年 6 月 30 日，我国网民规模已达到 8.02 亿人，互联网的普及率达到 57.7%[①]。智能手机的迅猛发展使得手机用户的上网体验得到大大提升，手机上网逐渐成为 PC 上网的延伸和替代，中国互联网产业正处于快速增长的规模化发展阶段。

智能手机的快速普及，使得手机成为学校管理应用系统客户端的运行平台，手机逐渐参与到学校的安全管理中，大大提高了管理效率，丰富了校园事务管理的途径方法，让校园管理变得更智能化、便捷化、人性化。网络技术的发展日新月异，学校教育的信息化建设俨然成为新的趋势，教育网络在校园事务管理中发挥了越来越重要的作用。

2018 年 4 月，习近平总书记在全国网络安全和信息化工作会议中发表了题为《加速推动信息领域核心技术突破》的讲话，系统阐释了网络强国重要思想。习近平强调，信息化为中华民族带来了千载难逢的机遇。我们必须敏锐抓住信息化发展的历史机遇，加强网上正面宣传，维护网络安全，推动信息领域核心技术突破，发挥信息化对经济社会发展的引领作用，加强网信领域军民融合，主动参与网络空间国际治理进程，自主创新推进网络强国建设，为决胜全面建成小康社会、夺取新时代中国特色社会主义伟大胜利、实现中华民族伟大复兴的中国梦作出新的贡献[②]。学校的责任是培养学生，为国家之富强培育新鲜的血液，校园安全问题已逐渐与互联网的发展密不可分，以下将以南山外国语高级中学采用腾讯智慧校园系统为例，对校园安全的“互联网+”之路进行阐述。

---

① 邓植尹. CNNIC 发布第 42 次《中国互联网络发展状况统计报告》[EB/OL]. http://www.wenming.cn/bwzx/dt/201808/t20180821_4801026.shtml，2018-08-21.

② 张晓松，朱基钗. 习近平：加速推动信息领域核心技术突破[EB/OL]. http://news.ifeng.com/a/20180421/57769722_0.shtml，2018-04-21.

6.8.2 案例过程

2018 年 8 月 30 日，“腾讯智慧校园标杆示范校”落地仪式在南山外国语高级中学举行。南山外国语高级中学的第一套“刷脸入校”闸机正式上岗试运行①。在现场，学生站在闸机前，摄像头捕捉到学生脸部表情并拍下照片，与数据库保存信息进行对比，不到一秒钟即可完成身份验证。若系统识别该通行人员的身份为学生时，还会同时推送入校信息到家长微信。除校门口安排有入校闸机外，教室门口还设置了充满科技感的电子班牌。这些电子班牌的功能十分丰富，除了能显示学生的考勤情况、班级课表、消息通知等实时信息外，还具有班级信箱功能，可以充当家校互通的媒介，让家长得以实时了解学生在学校的表现情况和状态。这样的电子班牌比传统的家校沟通平台更为便捷，时效性更强、更新颖。

“点阵笔互动课堂”是智慧校园的另一大特色。“点阵笔互动课堂”只需一支智能手写笔和一本用极细小纹路的纸做成的本子,学生通过纸笔对自己的思考过程进行记录，最终形成分析报告，这可作为教师教学的参考。另外，尺寸达 86 英寸②的教学触控一体机能同时实现黑板和多媒体教学的功能，还能连接安卓或苹果系统手机的接口，运用手机进行操控和展示，操作方便又实用。

智慧校园为学校、家长和教师带来许多便利。系统的大数据能为学校在教学效果的分析、教学计划的制订、日常运营数据的掌握各方面提供支持，协助校方行政人员实现统筹管理；教师可以通过系统实现无纸化办公、在线排课和考勤，将精力更多地投入教学上；家长则能通过系统实时掌握孩子动态，了解孩子的学习和成长过程。

校长冯大学介绍了南山外国语高级中学智慧校园建设，描绘了未来智慧校园的场景：新生入学将告别传统的纸质填表、递交的复杂流程，扫二维码即可匹配信息；校园将建设若干个场景式的智能学习区，学生通过人机互动可随时身临其境地学习各种文化知识，记录下自己的学习轨迹，形成个人“成长画像”。随着南山外国语高级中学智慧校园建设不断走向深入，学校将逐步构建以人为中心的、智慧化的、一体化的教育新模式。

6.8.3 案例分析

校园安全与学校的正常教学秩序直接挂钩，同时也牵动着万千家庭的幸福和社会的安定。当前，校园安全问题仍是一个很大的挑战，学生的人身安全保障工作不容忽视。维护校园安全不仅要考虑校园内部的安定和谐，也要排除来自校园外部的安全威胁。传统的校园安全管理采用的是人员操控，需要安保人员、教师和学校行政人员在校门口进行监督和把控，但学生人数巨大且流动时间相对统一，安保人员和校方人员无法一一排查。这样的把关方式耗时、耗力、低效，潜在的威胁巨大，很容易将校园内的师生置于

---

① 刷脸入校 扫描签到，南山外国语高中智慧校园落地[EB/OL]. http://biz.ifeng.com/a/20180831/45147037_0.shtml，2018-8-30.

② 1 英寸=2.54 厘米。

危险中。刷卡进出校园的方式虽然一定程度上缓解了这个问题，但仍存在诸多风险。该案例中的智慧校园在解决这些风险的同时还为教学和校园事务管理带来诸多便利。

第一，智慧校园采用人脸识别，比起人工监控或是刷卡入校更具有精确性，可以有效避免外来人员和闲杂人等进入校园，对校内师生的人身和财产安全造成威胁。除精准性外，高效性也是一大助力，一方面人力可以得到解放，另一方面入校过程也能变得更有秩序。学生入校时系统给家长发信息也能让家长实时了解到孩子的踪迹和动态，让家长更加放心。

第二，智慧校园的点阵笔、触控一体机、电子班牌等将信息技术与教学教育融为一体的教学工具，将教学活动和学生动态变得更实时化，为一线教师减轻了不少压力，教师有了更多时间进行思考和创新，有更多的精力去关注学生、调动学生的积极性、开发学生的潜能。

虽然腾讯智慧校园给校园安全和管理教学各方面带来了便利，但也要有效地规避互联网使用中的潜在问题，否则将使校园安全处于巨大的威胁中。

首先，系统后台储存着全校师生的重要信息，这些数据的安全性需要保障。其次，校园互联网的安全问题等相关法律法规必须建立健全并对公众普及。最后，系统应该和公安部门数据相连，并且将学校周边环境的安全问题考虑进去。另外，除防御校外威胁外，系统的设计也必须考虑到校内存在的潜在威胁。

校园安全问题任重道远，需要考虑的因素诸多，互联网的加持能让校园防护加固，但互联网也并不能解决一切问题。因此，学校、家长、教师、安保人员、公安机关和社会各界绝不能放松，要警钟长鸣，牢记预防大于一切的原则，为学生的成长和学习保驾护航。

6.8.4 案例启示

仔细分析南山外国语高级中学采用腾讯智慧校园系统这一案例，其仍存在一些需要加强和完善的问题。“互联网+校园安全”的更好契合，不应只是两者的简单叠加，而应深度融合、探索出更安全和高效的安全体系，为学生服务。以下是几点对于“互联网+校园安全”模式的建议。

1. 数据信息要及时维护、储存和更新

“互联网+校园安全”模式的实现和运转以全面而精准的大数据为基础，学校人员数目巨大，由学校延伸出去的家庭和机构数量庞大，因而数据也是实时变化的，这就需要学校对系统数据及时维护和更新，并与公安部门共享，以确保在需要时能以最快的速度与各方取得联系。

2. 完善立法，让“互联网+”校园安全的各个项目有法可依、有规可依

关于校园安全及责任制度还没有一套独立专门的法例条规，“互联网+校园安全”方面的法律法规更是一片空白。法律法规的作用不仅能对犯规者进行惩戒，更能起到督促警告和提供参考的作用。一套完整独立的校园安全法规应当明确规定政府教育主管机构、

公安机关、学校、教师和互联网技术提供者在学校安全保卫工作中的责任和义务，并清晰规定发生校园安全事件时各方如何各负其责。根据法律实际，切实解决问题。

3. 各方应加强联系，定期沟通交流，实现多模式并驾齐驱保卫校园安全

校园安全涉及的问题诸多，并非单一模式就能保障绝对安全。“完整的公共安全管理是全过程式的，包括安全事件发生前的准备、预防，到事件发生时的应对，以及事件过后的恢复。”①在校园安全事件的预防和处置过程中，需要家长、学校、公安机关、政府教育机构，乃至社会各界联合协调，以家校沟通、警校合作等方式及时有效地应对校园安全威胁。

4. 培养一批具有“互联网+校园安全”意识的教职工队伍②

教师是与学生直接接触最多的群体，学生的安全教育很大程度上依赖教职工队伍，因此，教师的角色和地位举足轻重，教职工的安全意识和对学生的关注程度直接影响安全教育工作的开展和取得的成效。要培养学生的安全意识，就要让教职工具有这些意识并将其传播给学生，在日常学习生活中时时提醒学生。教师的作用还在于上传下达，是连通学校、学生和家长的纽带。教师首先要对“互联网+校园安全”有深入的了解，并时时关注其动态变化，其次要懂得运用互联网掌握学生的生活、学习状态，并要善于运用互联网起到连通各方的纽带作用，借助互联网达到事半功倍的效果，适应新时代对教师工作的新要求，顺应时代的潮流。

5. 加大投入，不断更新互联网技术，确保跟得上时代的变化和要求

一成不变的模式会逐渐让各方放松警惕，从而对校园安全造成潜在威胁。只有不断加固安全防线，不断更新升级互联网技术，才能防止麻痹状态产生的严重后果。

综上，应加快建设“互联网+校园安全防控体系”，在出现安全问题时可借助互联网加快反应速度，第一时间保护学生的安全，实现区域安全部门集中管控、实时监督、即时管理，让校园安全防控工作标准化、专业化、信息化、制度化，让学校安全防护工作简单化、可量化，让决策更加迅捷、科学，让学生健康、快乐成长。

6.9 案例九：南京设立校园重大意外伤害救助基金

6.9.1 案例背景

校园意外伤害通常是指在学校辖区内发生的非人为因素导致的人体伤害事件，或者虽有人为因素但并非故意导致的人体伤害事件。校园意外伤害有两个基本要素：其一是在学校辖区范围内，脱离学校辖区范围的不属于校园意外伤害；其二是在人的意料之外

① 徐志勇. 英国校园安全管理的特点及对其我国的启示[J]. 外国中小学教育，2012,（4）：48-52.

② 覃红，杨帆，龚炜. “互联网+”背景下校园安全防控体系建设探微[J]. 学校党建与思想教育，2016,（21）：92-93.

的人体伤害，在人可以控制的意料之内的人体伤害不属于意外伤害。

校园意外伤害事件大体上包括以下类别：一是拥堵引起的意外伤害。例如，楼道、厕所、校门等校园区域可能成为发生踩踏事件的危险区域。二是体育活动中及学生之间互相玩耍造成的意外伤害，如体育活动中，学生跑步不慎摔伤。三是在学校食堂内学生食物中毒造成的校园意外伤害。食物中毒原因多为扁豆未炒熟、空心菜等易发虫害蔬菜的农药残留超标、外购食品变质、无证摊贩出售的问题米粉等，还有食堂卫生条件差、不按有关要求操作等，以及个别投毒事件。四是学校的教学、生活设施质量不合格造成的意外事件，如校舍垮塌事件造成伤亡。五是不可抗的自然因素造成的意外伤害，如地震、雷击、洪水、泥石流、山体塌方、台风、海啸、冰雹等。

学生在校园内受到意外伤害后，学校通常是家长追究的第一责任人，易引发“校闹”事件。如何对这些受伤害学生进行适当的救助，让受伤害学生和家庭在灾难当中得以慰藉，避免“校闹”事件发生成了一大难题。南京市推出“南京市中小学生校园重大意外伤害救助基金”以解决这一困难，以下对此进行详细描述。

6.9.2　案例过程

南京市教育局联合南京市财政局从 2018 年起设立“南京市中小学生校园重大意外伤害救助基金”并制定管理办法，基金规模为 1 000 万元，对发生意外伤害事故的中小学校、幼儿园和家庭给予帮助。这是南京市探索建立校园多元化事故风险分担机制的一项新举措①。

救助基金的适用范围包括：南京管辖的公办及民办非营利中小学、公办中等职业学校、公办及民办惠民幼儿园，在实施的教育教学活动或者组织的校外活动中及在学校负有管理责任的校舍、场地、其他教育教学设施、生活设施内发生的，造成在校学生人身损害后果的重大意外伤害事故等。

纳入市级救助的重大意外伤害事故，包括形成十级以上伤残或单次事故由学校直接支付的赔偿金、救助金和抚慰金等合计达到 10 万元以上的事故。救助内容包括由学校支付的死亡、残疾等伤害赔偿和支出的医疗费、救助金、抚慰金等。需要关注的是，江苏省学生人身伤害责任保险（校方责任险）的赔偿金、学校应向其他责任人的追偿及其他社会来源筹措的赔偿金、救助资金等应予以扣除。

对于救助标准，该管理办法做了详细规定：纳入市级财政预算管理的公办学校，责任赔偿由市级救助基金全额补助，救助金和抚慰金根据学校自筹能力按不低于 30%的比例给予补助。

其他学校重大意外伤害事故按以下比例安排补助：对学校组织的文体活动、社会实践活动及报备相关部门的活动中形成的意外伤害按责任赔偿的 60%补助，其余按责任赔偿的 50% 补助，对责任赔偿以外的补助一事一议；单次事故的赔偿金、救助金和抚慰金

① 郑生竹. 南京设立中小学生校园重大意外伤害救助基金单次救助最高 60 万元[EB/OL]. http://csj.xinhuanet.com/2018-11/02/c_1123653842.htm，2018-11-02.

等补助合计最高不超过 60 万元。救助基金实行专户管理，滚动使用。当年发生的支出，在次年预算中予以补足，当年不足支付的，由市财政、教育部门另行追加①。

6.9.3 案例分析

校园意外伤害事故的风险分担目前主要以学校、家庭和保险为主，南京市设立中小学生校园重大意外伤害救助基金的新举措存在以下必要性。

第一，缓解意外伤害事故带来的经济负担。学生受到伤害后，随之而来的医疗费用成为学生家庭的负担。救助基金的支持可以缓解家庭和学校的压力，同时也是对保险赔偿的补充。

第二，有助于减少“校闹”行为。重大校园意外伤害事件中，学校因为设施问题、监管不到位、组织不合理等需负一定责任。家属为了获得赔偿，或为了寻求宣泄情绪的出口，秉着一切找学校的原则去学校讨说法。这样的做法严重影响了学校的正常教学秩序，扰乱了师生的正常情绪，同时也给学校名誉带来很大的负面影响。校园重大意外伤害救助基金为家属调整情绪、寻觅希望找到一个着力点，可有效减少“校闹”行为，维护学校名誉，稳定师生情绪，减轻学校负担。

6.9.4 案例启示

南京市设立中小学生校园重大意外伤害救助基金这一举措体现了相关部门对中小学生的重视，表明当地政府对受伤害学生的重视及对其家属的关爱和体恤。虽然校园重大意外伤害救助基金的设立对受伤害学生及其家属和学校都具有积极意义，但也要做好政策的具体实施工作。

第一，对于救助对象、救助办法、救助标准、救助等级和金额等一系列问题要有明文规定和详细的说明，形成并不断完善系统完整的救助体系，让具体操作有据可依，确保后续工作有序开展。

第二，严格审核救助申请，按照基金管理办法的相关规定，充分考虑和体谅受伤害者及家属的焦急情绪，合理设置审批程序，避免手续烦琐。

第三，校园意外伤害事故的法律责任、经济责任等仍需进一步厘清。校园重大意外伤害救助基金并不能包揽一切责任，学校、家庭、政府等相关者在校园重大安全事故中需要承担的责任必须明确。

校园重大意外伤害救助基金的设立是属于事故发生后的处理措施，事后的处理方案即使再完美，伤害也在所难免。总之，要注重加强校园意外伤害事件的事前预警防范，做到防患于未然。

---

① 南京投千万首设中小学校园重大意外伤害救助基金[EB/OL]. http://js.ifeng.com/a/20181101/6992288_0.shtml，2018-11-01.

第7章　校园安全与应急处置发展概况——以重庆市为例

校园安全事件极易导致学校的正常秩序受到袭扰，影响学校教职员工和学生的生命和财产安全，甚至处置失当会演化成社会安全事件，造成较严重的社会危害和影响。因此，只有加强对校园安全事件的风险感知、风险防控和应急处置，通过经验性案例吸取经验，才能降低校园安全事件的发生概率。本章在对高校学生进行问卷调查的基础上，分析重庆市高校校园安全的基本情况，并按照自然灾害、事故灾难、公共卫生事件、社会安全事件的分类方式，对中小学校园安全事件应急处置的典型案例进行汇编。

7.1　校园安全事件的特点及成因概述

校园安全事件处置工作中存在的种种问题，主要与我们对校园安全事件认识不足有关。校园是人员密集的地方，有大量学生聚集，他们思维活跃、易冲动，使得校园安全事件类型和表现形式多样。限于研究能力和条件，本章按照《中华人民共和国突发事件应对法》将校园安全事件分为：公共卫生类安全事件——主要包括传染病疫情、群体性不明原因疾病、食品安全和职业危害、动物疫情，以及其他严重影响师生健康和生命安全的事件，如 SARS、禽流感；社会安全类安全事件——主要包括重大校园治安、刑事案件，师生非正常死亡、失踪等可能会引发影响校园和社会稳定的事件，等等；事故灾难类安全事件——主要包括交通事故、火灾事故、爆炸事故、溺水事故、拥挤踩踏事故、建筑物倒塌事故、天然气中毒事故、大型群体活动事故、教学设施安全事故、校园周边安全事故、集体外出活动安全事故等；自然灾害类安全事件——主要包括暴雨、高温、浓雾、洪水、地震、地质灾害等及由此引发的各种次生灾害；其他类安全事件——主要由学校内部管理存在的问题和社会因素共同叠加引发的风险事件。近年来，重庆校园安全事件具有突然性、破坏性、扩散性、潜在性、紧迫性的共性特点，但各类事件也有各自的个性特点和不同的成因。

7.1.1　公共卫生类安全事件的特点及成因

公共卫生类安全事件往往是指某种传染性疾病引起的安全事件，这种传染性疾病初期容易被忽视，一旦扩散后，则呈现传播速度快、传播范围广、延续时间长、危害性大的特点。这就需要我们正确理解公共卫生类风险事件及传染性疾病危害性的概念，强化公共卫生类安全事件的防范意识。形成公共卫生类安全事件的因素很多，直接原因是某些已知或未知的传染性疾病对校园的侵袭，而信息不畅通、透明度不高及对公共卫生事件缺乏正确的概念或对公共卫生事件茫然无知，是造成公共卫生类安全事件的重要原因，对公共卫生类安全事件缺乏有效的预防和处置措施是导致该类安全事件由人身健康危害向校园秩序危害发展的深层原因。

7.1.2　社会安全类安全事件的特点及成因

社会安全类安全事件也成为众多校园常见、多发的一类事件，其特点是内容广泛、形式多样、危害性大小不一、预防和处置难易程度不同。社会安全类安全事件的成因广泛，表现形式多样，主要归结为两个方面：一是学校教育管理不力，学生违反校规校纪、不法分子侵害、交通或其他意外事件等，是校园社会安全类安全事件发生的直接原因；二是学校安全责任意识淡薄，相关人员责任感不强，学生心理失衡引致违法犯罪，是造成重大、恶性社会安全类安全事件的重要原因。

7.1.3　自然灾害类安全事件的特点及成因

自然灾害类安全事件的特点是预测难、控制难、范围广、破坏大，具有不可抗力性，即不能预见、不可克服、不能避免，具有较强的危险性和破坏性，学校难以开展相应的处置工作，难以组织有效的救助，极易引起恐慌和混乱。校园所处地域发生地震、泥石流、台风、暴风雪等自然灾害是该类安全事件发生的直接原因；对自然灾害缺乏科学认识和应对措施，是该类安全事件危害扩大的重要原因。

7.1.4　事故灾难类安全事件的特点及成因

事故灾难类安全事件主要呈现出因果性、偶然性、必然性和规律性，以及潜在性、再现性和预测性等特点。其成因主要有以下几个方面：学校对校园安全工作的重要性认识不足，对安全工作重视程度不够，导致学校安全工作相关制度不够完善，甚至权责不清，并导致某些工作人员玩忽职守，酿成事故。学校对学生的安全防范意识与自我防护技能培训力度不够，安全教育在课程体系中变得可有可无。社会第三方服务机构参与学校的部分工作，给学校埋下了一些安全隐患。

7.1.5　其他类安全事件的特点及成因

其他类安全事件的特点是原因单一、有明显的潜伏期、通常可以预见、防控较容易。学生反映的学校膳食质量、价格，教学质量、学籍处理，学生违纪、违规处理，学生宿舍管理和服务等方面存在的问题未得到及时、有效地解决，涉及学生利益的某项管理措施的出台与实施未进行充分宣传和有效沟通，是导致该类安全事件发生的直接原因。学校决策失误、程序不当、管理疏漏，教职工在管理服务工作中意识陈旧、管理不善及工作不到位，学生向学校反映意见的渠道不畅通或反映的意见得不到及时反馈，是导致学校管理类安全事件发生的重要原因。

7.2　重庆市高校校园安全状况及总体态势分析

7.2.1　高校校园安全的基本态势

2015~2017 年重庆校园安全事件总体情况是校园安全事故频发、学生安全事故占校园安全事件比重大。

我们于 2019 年 3 月以重庆市高校学生为调研对象，选择“985”高校、部市共建高校及市属普通高校等 3 类高校作为样本展开问卷调查，共计发送调查问卷 300 份，回收有效问卷 280 份。

从测量结果来看，被访者对当前所在学校整体公共安全态势判断趋好，对于未来高校公共安全态势表示乐观。

被访者中认为学校 2017 年前整体公共安全态势非常好的占被访者总数的 4.7%，认为公共安全态势比较好的占 45.3%，认为公共安全态势不太好的仅占 5.0%，其余被访者持不确定态度。被访者中认为当前高校整体公共安全态势非常好的占被访者总数的 1.8%，认为公共安全态势比较好的占 56.5%，认为公共安全态势一般的占 38.8%，认为公共安全态势不太好的占 2.9%。

对于未来高校公共安全态势，有 7.2%的被访者认为会好很多，有 60.3%的被访者认为会好一些，只有 3.2%的被访者认为将来高校公共安全态势差一些，其余被访者持不确定态度。

7.2.2　高校校园危险集中在意外事件类和治安类危险

本次调查将危险类型划分为政治类危险、治安类危险、公共卫生类危险、自然灾害类危险、学校管理类危险、意外事件类危险、其他危险七种。抽样调查数据分析显示，26.9%的学生表示自己或熟人在校园经历过危险事件。其中，意外事件类危险出现的频率最高，达到 13.2%，治安类（12.1%）、自然灾害类（8.2%）、公共卫生类（5.0%）次之。可见，当前校园的危险主要集中在意外事件类危险和治安类危险中。对危险的预期是风险感知的重要部分，数据分析显示，学生认为学校未来可能发生的危险为意外事件类危险（52.5%）、治安类危险（47.9%）、公共卫生类危险（46.8%）。我们需要考虑的是，对过去和未来都极可能发生的危险，学校是否制定程序性应对体系，对概率不大却可能发生的危险是否制定非程序性应对体系。

7.2.3 高校校园安全风险集中于宿舍和食堂

调查数据显示，被访者认为校园存在风险的区域主要包括实验室、图书馆、宿舍、教学楼、食堂、体育场等。其中有 58.1% 的被访者认为宿舍存在风险，有 56% 的被访者认为食堂存在风险隐患，有 51.1% 的被访者认为体育场存在风险。

7.2.4 高校校园安全事件对学生的身心健康和学习影响最大

绝大多数被访者认为，风险事件对学生的身心健康及学习产生的影响最大。安全事件发生后，考察可能给学生带来的影响有利于风险管理者细化管理的着力点。调查数据显示，安全事件发生对学生学习（76.0%）和身心健康（75.6%）影响最大，对生活经济（37.6%）和就业（15.1%）影响次之。结合学生当前比较担忧的问题能够对安全风险进行更加精确的定位。例如，学生当前最担忧就业问题，而发生危险事件对就业问题的影响仅为 15.1%，二者重合部分较少，叠加作用稍弱。而学生同样担忧的学习问题，担忧率达到 65.1%，发生危险后对学习的影响为 76.0%，产生较大叠加作用。

7.3 重庆市中小学校园安全事件应急处置案例

7.3.1 自然灾害事件

案例 1　地面塌陷应急处置案例

1. 案例背景

重庆市涪陵区马武镇中心小学校地处山区，建校历史近百年。截至 2018 年，学校占地 24 558 余平方米，其中校舍面积 7 705 平方米，活动场地面积 7 969 平方米。有学生公寓 2 幢、标准化学生食堂 1 幢、运动场两块。学校为一所寄宿制小学，有小学教学班 24 个，学生 1 066 人，其中在校住宿学生 368 人；留守儿童占学校学生绝大多数。

2. 案例解析

该学校所处地区常年空气湿润，阴雨、大雾天较多，学校堡坎长时间受到雨水和厕所用水浸泡。2018 年 7 月 6 日，位于学校跑道边上的堡坎发生坍塌，学校立即启动应急预案进行现场处置，并向教育管理中心汇报情况，同时向区教育委员会汇报事件说明情况。

由于事前该学校通过常规排查，发现该处隐患并及时启动安全应急预案，将该出事区域在事前进行隔离，设置警示标志、安全网，拉起警戒线，不让学生和其他人员等进入该区域，故这次风险事件未造成人员和重大财产损失。

这是一起典型的校园安全风险事件。雨季是滑坡、泥石流等高发季节。学校是人员比较密集且人员相对比较集中的地方，一旦发生滑坡、泥石流等自然灾害更是比较容易伤害到人，会对广大师生的工作学习带来较大的影响，如果出现伤害学生事件就会对很多家庭造成影响。

其实滑坡、堡坎坍塌一般都有前期表象，在坍塌前地面或墙面一般会有不同程度的变形、裂缝等现象，这就需要管理人员及时排查，出现变形、裂缝现象时一定要对危害程度进行评估，并及时采取相应措施进行应对和处理。

3. 解决方案

在该案例中，学校安稳办公室常规巡查后发现该区域异常情况后，及时将该情况向学校领导汇报，并及时启动安全应急预案，学校安稳办公室主要做了以下几个方面工作。一是立即向教育管理中心进行报告，并在第一时间对该区域拉起警戒线让学生和教师等不能进入该风险区域，报告内容如下。

某镇教育管理中心：

根据学校安稳办的排查结果，针对学校厕所外堡坎异常的情况报告如下：学校男生厕所外堡坎异常，堡坎上方建筑有裂缝。

我校现处理办法：下课时间值周教师值守楼道，防止学生上厕所拥挤，集会后学生分年级上厕所避免拥挤。针对堡坎异常学校要求有关管理人员制作警示标志，禁止堆放重物，教育并严禁学生到此处逗留玩耍。但这是我校一个很大的安全隐患，望及时批复整改。

二是及时告知全校师生该地段有危险，不能在这片区域逗留玩耍。三是设立警示标志，由保安人员加强巡逻。四是向上级部门申请资金支持，以便立即动工修建学校堡坎。五是当上级还没批示具体方案时，学校堡坎就已坍塌，这时候学校选择立即上报。六是当事件发生后主动说明情况。这次事件发生后有人就开始质疑堡坎坍塌后会不会影响教学楼，是不是教学楼也会垮塌。当有这样的舆情时，学校立即邀请专业部门进行评估，并做出书面报告公示，不让猜测的言论成为不良舆情，从而避免造成学生和教师的恐慌。

在该案例的处理过程中，有以下几个环节需要重点把握。

1）如何判别隐患

很多学生和教师对墙壁或者围墙有裂缝不以为然，认为只是干裂现象，殊不知形成裂缝是有一定原因的，需要进行分析和评估。因此，学校安稳办公室工作人员一定要学习相关知识，在自己不清楚的情况下要邀请专业人士进行评估，切不可向学生和学校教师传递非科学、无依据的信息，这样有可能引起更大的恐慌。

2）如何让部分不以为然的教师和学生对隐患引起重视

有学生对滑坡、堡坎坍塌有一定的恐慌心理，也有一些学生对此不以为然，认为自己不可能受到伤害。当堡坎坍塌后首先要消除学生的恐慌心理，为了安全起见，仍然需要对所有学生进行安全教育，加强安全演练，辅导员一定要说明利害关系，从个人安全、学校安全的角度，务必让所有学生对该事件保持平静，但又要让学生引起重视。学校要在正确认识的基础上采取科学手段进行抢险修建。

3）以该事件为警示，加强学生安全教育，增强全体师生安全意识

该事件是一次真实的校园安全风险事件，虽然学校对学生进行了多次的安全教育，但学生大多时候都不以为然，认为伤害不可能发生在自己身上。该事件发生前学校做了很多预防工作，通过设立安全标志、拉警戒线、升旗仪式讲话、通过校园广播、要求学校保安定时巡逻等，让学生和教师增强安全意识，强调安全隐患和可能产生的后果。

4. 经验与启示

通过该案例，我们可以获得如下启示。

一是校园安全预防教育应该作为辅导员安全教育的一项重要内容，由辅导员不断地向学生灌输。一方面要求辅导员自身要对常见安全隐患有一定了解，对发现隐患如何预防、遇到危险如何自救等方式有所了解，这样才能正确教育学生；另一方面则是通过正确的方式，强化学生的校园安全知识，督促学生以健康的方式生活、学习，加强体育锻炼，提高自身素质，远离危险源。

二是在采取有效措施争取有利局面的同时，一定要与上级有关部门保持联系，做好抢险修建工作。在逐步推进修建工作的同时，一定要保证学生安全。

（作者：重庆市涪陵区马武镇中心小学校　万伟）

案例 2　幼儿园地震安全疏散响应演练

1. 案例故事

1）案例（1）

2008 年 5 月 12 日下午 2 时 28 分，正午睡的我突然发现孩子们的小床在震动，我潜意识感觉事情不妙，是地震了？可是害怕引起的恐慌使我不敢声张，细细观察发现真的是地震了，那时班上的孩子们都在熟睡中，孩子们大部分只有两岁多一点，包括我自己的宝宝也在班上就读，到底先救谁呢？时间紧迫不允许我想这么多，正在这千钧一发之际，我就近一只手夹着一位宝宝，一边喊一边跑：“宝贝们，快来跟着老师到户外去玩游戏喽！看谁跑得最快，我们来比赛吧！”宝宝们睡眼迷蒙，有的还睡在小床上，有的大喊着“老师，我的鞋子还没穿好”“老师，我的衣服还在床上”“老师，我的书包还没拿呢！”

“老师、老师”……我强压着自己的情绪，微笑着说：“宝宝们，我们这个游戏不用拿衣服、鞋子、书包的，老师会变魔术，帮宝宝们把这些物品全部都变到外面去，我们快去看看吧！鞋子、衣服、书包都在外面等你们呢！”顾不得想其他的，我抱起身边的宝宝就跑，当我经过我家宝宝身边时，我的眼泪流了下来，心里默默地喊着：“宝宝你一定要勇敢，快来跟着妈妈跑呀！宝宝请原谅妈妈不能先救你，这么多的小伙伴都在等着妈妈去保护他们、救他们，他们也是我的孩子，宝宝千万不要怪妈妈！”

就在这争分夺秒的两分钟里，我来来回回好几趟，拼命地把孩子们从室内撤离到安全地点，万幸的是我们班上的三十几名宝宝，都安然无恙地撤离出活动室，总算松了一口气，我也不知道自己当时是从哪里来的勇气，心里就只有一个念头：“一定要让班上所有的宝宝都脱离危险，不能让一个孩子出事！”。

当时室外温度非常高，地面被火红的太阳烤得就像着火了一样，宝宝们根本没办法赤着脚站在地板上。怎么办呢？肯定要冒着房屋垮塌的危险，再次冲进室内去“抢救”宝宝们的生活物品，并把它们都“变”出去。

虽然事后知道了是四川的汶川发生了8.0级大地震，我们这里感受到的只是震后的余震，但只要经历过这一场大地震的人，都久久不能释怀。许多人失去亲朋好友，甚至失去了宝贵的生命。虽然伤痛慢慢平复，但记忆深入骨髓。时间一天一天地过去，那段记忆却让人刻骨铭心！

2）案例（2）

扔砖时轻一点，我妈妈在这里……

总是记起在“5·12”地震中舍己救人的幼儿园张红梅园长。

张红梅当年只有 27 岁，她的脸上总是挂着甜甜的微笑。她毕业后在家乡办起了一家幼儿园，即当园长又当教师，通过耐心、细心和努力获得了村民的信任，村民都愿意把孩子送到她的幼儿园来。

5月12日中午，与往常一样，孩子们正在安静的午休，张红梅和另外一名教师黄老师分别守护着熟睡中的孩子。

灾难突如其来！地下发出巨大的吼声，随后房屋不停地晃动起来，张红梅立即意识到，可能是地震了！

“救孩子要紧！”她立即一边大声喊着在另一个班看护孩子的黄老师，一边冲进教室里去抱孩子：“地震了！快带孩子出来！”几十个幼儿在尘土飞扬的教室里惊慌失措地哭着喊“妈妈”“妈妈”！

张红梅冲进教室，见到孩子就往外抱，她恨不得能多长几十、几百双手，能一下子把所有孩子都救出去。

“妈妈、妈妈，我在这里，抱我！妈妈、妈妈抱我！”张红梅的孩子看着自己的妈妈来来回回，一直都没看见自己，便使劲哭喊着。

其实张红梅来回几十趟，她当然看到自己的孩子在呼喊她，可是她嘴里不停地说：“宝贝马上，妈妈马上就来！”

在短短几分钟里，眼看几十个小生命即将全部被救出去了，室内只剩下三个孩子，张红梅的孩子也是其中一个。只要最后再去一趟了！两位老师毫不犹豫地再次冲进了教室！黄老师抱起其余两名孩子往外走，张红梅抱起自己的孩子走在最后面。

此时，不幸的事发生了。随着一声巨响，当黄老师回头看时，教室已经坍塌了，四处弥漫着尘土，而张红梅母子的身影却不见了……

此时，村里的家长们也纷纷赶来了，大家都哭着冲向废墟，用手刨、用手挖，终于看到了张红梅的衣服，然而一切都晚了，房屋倒塌下来的钢筋、砖块无情地重重压在了张红梅和她怀里孩子的身上，两颗鲜活的心脏就此停止了跳动……

张红梅园长负责任地完成了她的工作，以最崇高的精神诠释了一个幼教人的使命，她用自己和孩子的生命换来了更多人的生命。

2. 案例经验介绍

教师应通过多种形式引导幼儿了解地震的可怕性，告诉幼儿地震会给我们的家园带来怎样的伤害，培养幼儿掌握一定的逃生自救技能，努力确保幼儿生命安全。

如果发生强烈地震，一般伴有隆隆的地声、地光及地面振动，从地震发生到房屋倒塌有几秒到十几秒的时间，因此一定要保持头脑清醒，沉着冷静、镇定自若，不要恐惧慌乱，更不要无目的地慌乱奔跑，先分析是远震还是近震，近震常以上下颠簸开始，然后才左右摇摆。远震很少有上下颠簸感觉，以左右摇摆为主，而且地声脆、震动小。一般远震不必外逃，因为这种地震比较轻，对人身安全不会造成威胁。

（1）地震发生时如果在楼房内，可暂躲在牢固的床、桌子等坚固家具下，或躲在卫生间等小空间内。

（2）地震时要用随手物品护住头和捂住口，以免被砸伤或被泥沙、烟尘呛住。

（3）地震发生时，正在用电、用火时必须立即灭火和断电，防止被烫伤或触电发生火情。

（4）身处高层楼房的，不能使用电梯，不要向阳台跑，更不能跳楼。

（5）正在进行集中教育活动的幼儿园的小朋友，应躲在桌子和小床下，听从老师安排，不乱跑和擅自离开幼儿园。

（6）地震时在电影院、剧院、游乐场时，应就地蹲下，保护头部，一定不可向出口拥挤。

（7）不要躲避在变压器、烟囱及高大建筑物附近。

（8）在过桥时要紧紧扒住桥栏杆，主震后立即向可靠近的岸边转移。

（9）应远离石油化工、化学煤气等易爆、有毒的工厂或设施，遇火情时不可处于下风侧，宜躲避在上风侧及有水处。

（10）居住在山区的居民，地震时要密切注意滑坡和泥石流；若出现滑坡和泥石流时，应立即沿斜坡横向水平方向撤离。

（11）演练后教师要积极做好班级学生的思想教育工作，消除恐慌心理、稳定人心，迅速恢复正常秩序，全力维护校园安全。

（12）在防震避震应急行动中，全体教职工要密切配合，服从领导指挥，积极行动，确保各项工作落到实处。

3. 避震应急演练方案

为确保校园在发生地震时，各项应急工作能高效、有序进行，最大限度地减少人员伤亡和财产损失，应定期组织幼儿园教师和幼儿进行防震应急疏散演练活动。开展演练活动是为了提高幼儿园师生应对和处置风险事件的应变能力，进一步增强师生防震减灾意识，让幼儿真正掌握在危险中迅速逃生、自救、互救的基本方法。

（1）如果班级幼儿比较多，容易造成拥堵，教师要提前带领幼儿熟悉撤离路线及安全通道、出口，避免在撤离时再次发生拥堵事件。

（2）班级部分幼儿注意力不集中，要及时对这部分幼儿加强训练。

（3）演练中，让幼儿明白不要尖声哭叫以免听不到老师的统一指挥。

（4）如果幼儿正在室内进行集中教育活动，当警报声响起时，要求幼儿停止一切活动，立即放下手上的所有学习用具。

（5）要迅速寻找安全角落躲藏，要求幼儿有秩序地就近到桌子、墙边、橱子周边、厕所水管周围，并迅速躲藏在建筑物可以构成“救命三角区”的位置，用自己的随身衣物保护好口鼻、头部，蜷缩起身体，等地震晃动轻微后行动迅速、有序前进，不争先恐后，不慌乱奔跑。

（6）从就近楼梯下楼，下楼时要走楼梯靠右行，不准在楼梯或走廊内互相拥挤，避免跌倒引发拥挤踩踏事件。

（7）教师应在每层楼的楼梯口认真疏导，指挥孩子安全、有序疏散。

（8）疏散途中尽可能不要穿越建筑物，尽量避开高层建筑物和电线。

（9）各班幼儿到达指定位置后，班级教师要立即清点人数，并向防灾减灾部门负责领导报告班级应到和实到人数。

应急疏散演练应作为幼儿园日常开展安全教育的活动定期进行，加强对幼儿安全自救方式、方法的引导，让幼儿在最短的时间内全部撤离到操场或安全区域，并需要在幼儿活动的各个时间段、各个活动区域重复进行演练，不断提高幼儿的自救方法及自救速度，并对自救方式、方法，以及安全通道的合理安排进行不断排查和优化，这是保障幼儿园师生在地震发生时安全疏散的有效途径。

（作者：娇子幼儿园教师　余莉）

7.3.2　事故灾害事件

案例1　溺水事件应急处置案例

1. 典型事故回顾

1）废弃的砖厂坑溺水事件

2015年5月19日，某小学四年级学生王某林（化名）和一个小朋友相约到空旷的某砖厂废弃的场地做游戏，该砖厂废弃的土坑里由于连续降水积满了雨水，平时大约

40~50 厘米深，王某林脱鞋后下去玩水，走着走着就越陷越深，并被水淹没，另一个小朋友见势不妙就跑走了，但并没有呼救，直到晚上，家长发现王某林不在家才四处寻找。附近的居民告诉我们："这一些地段有水坑，平时看起来不深，泡久了，下面的泥就软了、深了，大约有 1~2 米。这里容易发生溺水事故，但并未引起这些家长和孩子的注意。""溺水的孩子是父母在外打工，无暇看管的；爷爷和奶奶又忙农活，水深容易发生溺水。"另一位家长说。派出所民警指出："不管居住在哪里，如果居住地附近有水库、土坑等水域，家长就要注意不要让孩子靠近，更加不要轻易下水游泳。"

2）水库边一起溺水事故①

2016 年 6 月 14 日 14 时左右，垫江县周嘉镇某水库发生一起溺水事故，4 名中学生顶着烈日结伴下河游泳，其中 1 人不幸溺水身亡。当天 16 时左右，记者来到事发现场看到，岸边围满了群众，消防官兵正在现场进行搜救。据悉，事发前 4 名中学生相约来到水库边玩耍，因为天气闷热，几名男生下河乘凉，其中 1 名男生不慎滑入深水区。发现出了问题后，其他 3 名同伴赶紧跑到附近村子求救，由于没有救援工具，搜救的村民一无所获，无奈之下大家只好向消防官兵求援。溺水男生 15 岁，是当地一所中学的初二学生，当天下午返回学校上课，没想到发生了意外（中考过后准备回学校上课）。在这个水库旁边，记者看到一个"禁止在水库边玩耍和下水游泳"的警示牌。附近群众说，当地镇政府也经常派人在这里巡查，但这并不能阻止悲剧的发生。这个水库平均水深在 6 米左右，前几天下了大雨，导致水库水位上涨，最深处已超过 8 米，给救援带来很大难度。消防官兵表示，河流水库等地方，水下环境非常复杂，水草、乱石、暗流较多，水温较低，浅水区与深水区温差较大，容易造成溺水事故，建议大家到游泳池内游泳，以便保障自身安全。

2. 案例分析

1）安全设施不全，儿童防溺水安全意识不强

一些废旧的砖厂等水域场所未设立安全警示牌，水库没有浅水区与深水区区分标牌。农村留守儿童没有条件去游泳池游泳，小河、小溪、山塘、水库等成了他们清凉解暑的好去处，更是"野泳"的好场所。一些池塘的承包者对池塘疏于管理，池塘、水库不仅没有护栏，甚至连安全警示牌也没有，疏于管教、安全意识淡薄的农村留守儿童很容易下水玩耍时发生不幸。

2）安全教育未落实，没有培训学生游泳及自救技能

上学时或在校期间，学校均会开展防溺水誓师大会、签字仪式、告学生家长书等活动，大部分学生能遵守安全规定。暑假长假，学生离开了校园，离开了教师的视野，留守儿童的父母大多不在身边，爷爷奶奶等其他监护人又疏于监管，他们自身的安全意识也较为淡薄，不少学生开始变得散漫，甚至成群结队"野泳"，导致存在很大的安全隐患。另外，学校及家长有时过多地注重书本知识，注重学习成绩，对于学生游泳及自救技能等方面教育不够，出现意外情况时学生往往变得不知所措。

3）在校学习生活或假期乏味，监护人监管不力

城市里有体育馆、动物园、公园等活动设施，城市儿童假期可能会参加各种各样的

---

① 重庆 4 名初中生结伴河中游泳 一人不幸溺水身亡[EB/OL]. https://cq.qq.com/a/20160616/023218.htm，2016-06-16.

培训班、旅游等活动，外出游泳大部分都能做到家长陪护，而农村留守儿童大多没有什么游玩场所，在学校也只是读书学习，活动非常单调。不少农村儿童的父母在外打工，都是年迈的爷爷、奶奶或外公、外婆在照顾留守儿童，他们对孩子进行教育的意识相对也较为淡薄。农村的大部分留守儿童假期生活较为单调，看电视、玩游戏、“野泳”成了他们主要的娱乐方式。

3. 经验介绍与推广

1）家校联合，训练技能

儿童是祖国的未来，对于儿童的教育，学校、家庭、社会都有不可推卸的责任，学校应当逐步开设游泳课，训练儿童游泳技能，家长也要创造条件尽可能多地陪伴孩子，家校联合开展经常性的防溺水教育，加强儿童的防范意识，提高儿童生存及紧急情况出现时的自救能力。

2）多方联合，明确监护人的监护责任

从在池塘的溺水事件中可以看出，许多家长不履行自己监护人的责任，反而把责任推卸给学校、社区、池塘承包人。这是不懂法律、无理取闹的表现，因此，要加强派出所、司法所、检察院等部门与学校联合，强化培训，多开展案件公开审理，增强家长的法律意识和明确监护人的监护责任。

3）加强防范，强化责任

学校应充分利用升旗仪式讲话、校园广播、安全专题讲座、主题班会、宣传栏等加强宣传，营造安全教育氛围，经常性开展防溺水、火灾、地震、泥石流逃生与报警等应急性安全知识教育，使学生掌握必要的安全常识，养成良好的安全防范意识，增强遇险时的自救逃生能力。家庭也要对子女的养育负主要责任，要发挥父母的教育职能，与子女经常保持联系，除生活、身体、学习外，还要注重与子女的情感交流和心理沟通。

4）监护人创造条件让孩子过快乐暑假

暑假时，农村孩子的父母可以带孩子走进农田、亲近自然、体验劳动，利用这一时间多和孩子交流，让孩子掌握一定的劳动技能，体验劳动和收获的快乐。如果有时间、有条件，家长还可以带孩子到城市中逛书店或公园，参观动物园、博物馆，使孩子开阔眼界、增长见识。

对于父母在外务工的留守儿童，父母要尽可能地创造条件让孩子与自己相聚，和父母在一起，孩子才能过快乐暑假。对于孩子来说，到父母务工地与父母相聚，哪怕整天面对大片未建成的工地，住在杂乱简易的工棚，哪怕父母白天上班，相聚在一起的时间只有晚上的几个小时，只要一家人能团聚在一起，他们就很满足。有些父母因为长时间没有见到子女，有时因为愧疚心理想对孩子进行补偿，往往对其溺爱娇宠、放任自流，事实上，父母对孩子任何时候都应当做到严与爱结合。

5）当地政府、社区监管到位

留守儿童悲剧频频发生的背后，既有父母的责任，也有政府和社会的责任，政府、社区不能代替家庭直接承担这一责任，但政府可以通过立法、执法对家庭养育缺失、缺位或失范行为进行约束。有条件的地方可以成立专门的关爱留守儿童组织，条件暂缺的地方也应当成立村委会或社区假期监管队，监护留守儿童假期安全各项问题。政府部门应适当加大农村体育、文化设施的建设力度，多开办一些农村文化室或农家书屋，为农村孩子和留守儿童增加活动和学习场所，避免孩子沉溺游戏、电视或者四处玩耍发生意外。政府及社会各界应给予农村孩子及留守儿童更多关注，可以组织社会力量开展文艺、科技、娱乐等下乡活动，有条件时还可以组织城乡儿童开展“手拉手”换位活动，让城市孩子体验农村生活，让农村孩子进城开阔视野。

（作者：重庆市垫江县大石小学校　官小菊　谢宗礼）

案例 2　幼儿园校内意外伤害应急处置

1. 案例背景

近年来，幼儿园意外伤害事故日益成为人们关注的焦点。幼儿园的孩子均是未成年人，没有民事行为能力，他们在幼儿园受到伤害或是伤害了他人，责任应该由谁来承担呢？是幼儿园、幼儿家长，抑或是其他人？这是长期困扰幼儿园及幼儿家长的一个难题。本书试图从实际发生的一个典型案例出发，对幼儿园意外伤害事故的一些相关问题谈谈看法。

2. 案例介绍

某幼儿园中班小朋友正在操场上开展户外体育活动，鑫鑫小朋友趁老师不注意，溜到活动场地旁边的滑梯玩，不慎从未固定好的滑梯上摔下，并被倾倒的滑梯压住，造成伤残。该滑梯是幼儿园该学期新购的设施，幼儿园已于事发的上周发现滑道和滑梯平台间出现断裂，园方也已在滑梯周围围上护栏，并在旁边和滑梯出口设立“禁止攀爬”的警示牌，并通知各班教师不能让幼儿玩滑梯。同时，幼儿园已与玩具生产商和销售商取得联系，要求其及时维修或更换滑梯，玩具生产商和销售商均答应在一周内上门维修。但悲剧还是在此期间发生了。

事后鑫鑫的家长向幼儿园索赔。幼儿园认为，滑梯购置不到半年就出现了问题，尚在保修期内，园方报修后，生产商和销售商均没有上门维修，生产商和销售商提供不合格的产品和不及时、不到位的服务是造成这起事故的主要原因，家长应向生产商和销售商索赔，园方发现滑梯有问题后已经采取了防范措施，不应当承担相应的责任。

到底是谁的责任？

3. 解析及处置结果

该起事故涉及幼儿在幼儿园玩滑梯发生伤害事故法律责任的认定问题。

（1）购置的滑梯不到半年就出现了断裂问题，且尚在保修期内，园方报修后，生产商和销售商没有及时上门维修，生产商和销售商提供不合格的产品和不及时、不到位的服务是造成这次事故的直接原因，因此，生产商和销售商在该起事故中应承担主要责任。

（2）幼儿园是否要对该起伤害事故承担法律责任，应根据幼儿园在该起伤害事故中有无过错进行分析。事故中，幼儿园虽然及时发现滑梯出现了问题，但采取的安全措施仍存在如下过失：第一，护栏摆放未能有效阻止幼儿进入危险区域；第二，警示牌用文字书写，不符合幼儿的认知能力，对幼儿根本起不到警示作用；第三，在户外活动时，教师疏于全面管理和照料，没有及时发现幼儿离开了安全的活动范围。因此，幼儿园在该起事故中应承担次要责任。

（3）根据教育部颁布的行政规章和《学生伤害事故处理办法》及上级有关部门的要求，幼儿发生伤害事故后，班主任在第一时间向分管保健老师和应急领导小组组长或副组长报告了情况，分管保健老师也在第一时间到达事故现场，及时采取紧急救援措施。应急领导小组成员各司其职，幼儿园应急小组根据教育和儿保部门对该起事故的认定办法进行了调查、取证和认定，并以书面形式上报有关部门备案。同时，幼儿园根据幼儿入园报名表上提供的紧急联络人信息与联络人联络，在取得联络人同意后与配班老师一起陪同幼儿前往联络人首肯的医院诊治。最终由有关部门、幼儿园应急小组及生产商和销售商出面（九人）与家长商量善后事宜。相关部门根据法律法规的相关精神，集体审议家长的诉求，形成善后处理意见，生产商和销售商承担了主要责任，妥善处理了该起事故的后续事宜。

（4）由于幼儿园在该起事故中处置及时、规范，将安全事故的损失控制到最低，很快消除了社会影响。

（作者：重庆市江津区石门新街幼儿园）

7.3.3　公共卫生事件

案例 1　传染性疾病的应急处置案例

1. 案例简介

丰都县社坛镇中心小学校一女生在上课时感觉身体不舒服，身上出现许多红色的疹子。班主任发现情况后，立即把该女生送到医院就诊，接诊医生初步诊断是长水痘，后经过医生会诊，确定为传染性水痘，并立刻进行治疗。班主任立即通知该生家长，让学生回家隔离治疗，防止传染性疫情扩散。

2. 案例解析

这是一起典型的校园传染病风险事件。初春时节为传染病的高发季节，很多细菌飞速滋生。像学校这种人数比较多又相对比较集中的场所，更是传染病易发之地。特别是中低年级抵抗力比较差的学生，一旦出现传染病更是比较容易被传染，会给广大师生的工作学习带来较大的影响。虽然传染性水痘易发、易传染，但在我国传染病的治疗和防治工作中，其治愈成功率是百分之百。

1）水痘的症状

水痘是一种常见的传染病，是由水痘——带状疱疹病毒引起的，主要通过呼吸道进行传播，发病前两天及发病后的五天内，病人的鼻腔、口腔、咽部都有大量的病毒，这些病毒可以通过飞沫进入空气进行传播。

2）水痘流行的季节

水痘主要发生在幼儿园和小学阶段的孩子身上。幼儿园和小学阶段的孩子都属于易感人群，水痘的传染性又比较强，这些小患者大多是被周围孩子传染的。而成年人得水痘的很少，因为人得过一次水痘后，身体中就会产生抗体，以后一般就不会再感染水痘。但成年人一旦感染水痘，症状一般比较重。

另外，出水痘的同时会伴有低烧。刚开始发病的一两天里，可能会伴随感冒的症状，如打喷嚏、流鼻涕等，体温会升高，但并不明显，也就是略高于 37 摄氏度，此时可能很多患儿和家长没有意识到发烧。随着病情的发展，患者体温也会进一步升高，但一般情况下都是低烧，这时患者就会有比较明显的发烧不适感。

3）水痘潜伏期

水痘病毒的传染性很强，通过空气或接触病人及病人用过的衣褥、用具等都可以被传染。任何年龄段的人都会得水痘，但主要以小孩为主，一般 70%的人体内都有抗水痘病毒的抗体，18%的 1~3 岁孩子的体内有抗体，50%的 4~6 岁孩子的体内有抗体，20 岁以上的人中 93%体内有抗体。

水痘的潜伏期为 12~21 天，大多为 14~15 天，以发热、周身性红色斑丘疹、疱疹和痂疹为特征，水痘常成批出现，开始是一个小红点，后变成水疱，塌陷后最终结痂，故看到的形状不同。水痘呈向心性地长出，多见于头部、脸部、胸部、四肢近端等部位，另外，病人的口腔、鼻腔、外阴等部位也会出现溃疡。

4）水痘传染期

水痘由水痘—疱疹病毒感染诱发，水痘—疱疹病毒通过飞沫，如打喷嚏及与被感染病人近距离接触进行传播。一般来说，0~6 个月以内宝宝具有母体带来的抗体，发病率较低，2~6 岁学龄前儿童为发病高峰群体。而且，水痘极其容易传染，宝宝出水痘时一定要注意护理，避免传染给其他小伙伴或者家人。

正常情况下，水痘结痂后病毒才消失，因此，水痘传染期是从出疹前 24 小时至病损结痂，大约 7~8 天。当然，传染期的长短也与个体差异有关，要看个人体质，最多 2 周时间。在传染期，水痘患者要尽量减少和别人接触，更不要自己去抠水痘，水痘被抠破后会留疤。水痘皮疹全部结痂、干燥前均具有传染性，因此，家长或患者也不要在结痂但是还未干燥的情况下放松警惕。如果是宝宝出水痘，家长必须早期隔离患儿卧床休息，给予患儿高热量、易消化的饮食和充足的水分。另外，家长还要注意修剪患儿指甲，防止患儿抓破水痘，要勤换衣服，保持皮肤清洁卫生，直到水痘消退。

因此，在遇到这类风险性传染疾病时，教师不仅要带学生及时就医，确诊后还要将学生进行隔离治疗。

3. 解决方案

1）学校开展预防传染疾病专题讲座

为了让学生全面正确地了解传染性疾病，丰都县社坛镇中心小学校特地邀请社坛镇中心卫生医院的医生进行春季传染病暨结核病防治知识讲座。医生就春季常见传染病的特点、传播途径和预防知识进行了生动、详细的讲解。具体讲解的预防措施包括以下几个方面。

（1）学生养成良好的卫生习惯，努力做到“四勤”“两不”。“四勤”指勤洗手、勤剪指甲、勤洗澡、勤打扫卫生；“两不”指不随地吐痰、不乱扔垃圾等。

（2）接种疫苗。及时接种相应的疫苗，这是最有效的预防措施。

（3）强身健体。加强身体锻炼，积极参加各种课外活动，提高自身的耐寒能力，增强体质。

（4）饮食调养。每天多喝白开水，多吃水果和蔬菜，提高自身的免疫力。

（5）及时就医。若有咽痛、头痛、发热等上呼吸道感染症状，要及早就医，及时控制。

校领导结合学校的实际情况，进行了预防疾病工作总结，他强调必须做到“三关”：家长做好家庭检查关；值周教师把好入校检查关；班主任严把教室晨午检查关。力争及时发现、及时治疗，确保学生的身体健康，促进学生健康成长。

2）各班班主任在班集体举行以“传染病预防”为主题的安全教育班会

通过“老师讲”“学生说”“小组讨论”“师生交流”等多种形式让学生明白传染病预防的重要性，掌握传染病预防的相关知识，使学生掌握自我保护的方法。

3）个案解决之法

在该案例中黄老师在发现学生异常情况后，及时将该生送往医院进行检查治疗，在确诊为传染性水痘疾病后，主要做了以下几方面工作。

（1）陪伴治疗。立即把该生送往学校最近的社坛镇卫生医院进行就医，确诊后陪伴该生治疗。

（2）汇报情况。向学校领导汇报情况，在第一时间对该生进行紧急隔离。

（3）告知家长。及时告知该生家长，要求家长在最短时间内赶到医院照顾学生，陪伴治疗。

（4）以该事件为警示，加强学生传染病防治教育。该事件是一次校园传染病风险事件，虽然学校对学生进行了很多次的传染病防治安全教育，但大多数学生都不以为然，认为不可能发生在自己身上。学生对传染性水痘不了解，只有少数学生听家长说过这种疾病，但从未见过，而该事件就发生在他们同学身上，使他们不免有些恐慌。经过调查了解，后来发病的两位学生是被他们的同桌邱某某传染的。为此，黄老师再次对学生进行传染病预防安全教育，强调在传染病多发季节务必注意饮食安全，尽量不要跟有疑似病情的人亲密接触。学校应提醒学生，在身体出现不良反应时一定要到医疗机构检查治疗，不要对病情盲目轻视。

（5）消除部分学生的恐慌心理。很多学生对传染性疾病一知半解，认为只要是传染性疾病就具有传染性，殊不知传染病本身就分传染性和不传染性，同时传染性在一定的传播途径下才可传染。为此，黄老师与社坛镇卫生医院的医生进行联系，对学生进行春季传染病暨水痘防治知识讲座。

（6）要求学生对传染病引起重视。由于该次传染性水痘疾病发生突然，学生一听说是传染病就感到恐慌，而也有一些学生对此不以为然。在消除了部分学生的恐慌心理后，学校仍然要对学生时刻关注，以便做到早发现、早治疗。对有一定抵触心理的学生，老师一定要向其说明利害关系，务必让所有学生对该事不恐慌、不轻视。

（7）时刻关注学生，关心学生的身体健康。特别要关注其他与该生关系比较密切、接触较多的同学，以防有类似病情出现，如果发现疑似病情，要及时治疗，及时隔离。而患病学生也要隔离住院治疗或在家治疗，直至医生开具康复证明方可返校学习。

4. 经验与启示

1）时刻进行安全教育，强化对传染病的认识

校园传染性疾病预防教育应该作为教师安全教育的一项重要内容，由教师向学生不断进行讲解。一方面要求教师自身要对常见传染病有一定了解，让学生通过观看相关视频和图片来了解传染源、传染方式、发病症状等，这样才能正确直观地教育学生；另一方面则是通过身边的实例，强化学生对传染病的认识，督促学生以健康的方式生活和学习，加强体育锻炼，提高自身免疫力，远离传染源。

2）及时控制局面，寻求最佳解决方案

在风险事件处理上，果断、及时采取简单有效的应对措施，并且及时上报相关主管领导。这样既能在最大限度上控制风险事件，避免事件向更坏的方向发展，又能及时争取最广泛的力量，寻求最佳解决方案，促使事件向有利方向发展。切忌瞒报、误报，犹豫拖延，避免事态进一步恶化发展。

3）善于把控局面，正确引导舆论导向

在风险性传染病面前，任何流言蜚语都有可能导致事态进一步恶化，会对疫情的处理和防治造成极大困扰。为此，教师要有极高的警觉敏锐度，能够认识到事件的严重性，对事件可能的发展走向要有所考虑，从而全面妥善地处理问题，正确引导学生的思想和言论，特别是事件发生后，要高度注意自己在学生面前的讲话，既让学生知道事件的进展情况，同时也避免引起不必要的恐慌。

4）力争做好家校工作

在采取有效措施争取有利局面的同时，学校一定要与家长（监护人）取得联系，做好学生家长工作。在逐步推进工作的同时，学校一定要保证与家长的沟通，在某些重要事项上，要取得家长同意和授权后方可代为处理，切忌越俎代庖，盲目履行监护职责。

学校通过一系列的安全教育活动，以及传染病案例的讲解，既增长了学生的传染病预防知识，又增强了学生安全卫生防范意识，更有效地保障了学生的身体健康和生命安全，推进了学校安全教育工作。

（作者：丰都县社坛镇中心小学校　江小容）

案例 2　食品安全风险应急处置案例

1. 案例简介

一天，某小学接到校家委会负责对接学校食品安全管理的家长的几张微信截图，第一张截图上赫然是一张照片，照片上有一个饭盒、里面有一块黑乎乎的东西。一位家长在图下写道："孩子一直在学校就餐，今天中午'芙蓉蛋'里竟然有一块黑乎乎的东西，让孩子作呕，害得孩子连其他菜都不想吃了，饿了一下午。"该信息迅速在微信群中引发学生家长热议。

学校一方面在家长的微信群中做好解释工作，承诺会将调查结果第一时间向家长告知。另一方面，学校通过调查，排查事件发生的源头，以查清楚事件真相。学校通过调查和验证发现，蒸鸡蛋的餐具是不锈钢制品，接触到鸡蛋后产生氧化反应，导致鸡蛋变黑。学校将验证全过程进行视频保存，并通过对接负责学校食品安全管理的家长在家长群中说明情况：①学校第一时间对家长反映的"黑鸡蛋"问题进行了调查，其原因是蒸蛋使用的不锈钢器皿在蒸蛋的过程中时间较长，与鸡蛋发生了氧化反应；②通过查阅资料，不锈钢器皿蒸蛋不会对身体造成危害，现已责令食堂工作人员减少蒸蛋时间，尽量不再出现鸡蛋变黑的情况；③学校的食材由专业食品公司进行配送，每种食材都有检验证明，食材新鲜，当天使用，没有存留；④感谢各位家长对食堂管理提出的合理建议或意见，如果还有问题请一对一地发给班主任或者学校、家委会的食品安全管理人员。

同时，学校主动联系发出照片的那位家长，向其致歉，表示因为蒸蛋的时间和器皿让她产生了误会，又把调查的过程向她做了详细的介绍，并欢迎她加入学校伙委会，一起为孩子们的食品安全保驾护航。学校还专门找到那个学生，把试验视频播放给该学生和小伙伴看，让他们放心食用午餐。

随着事件调查结果被家长们认可和接受，以及在事件过程中学校的有效沟通，该事件引发的不良后果被成功化解。

2. 经验与启示

1）完善制度、精细管理

学校在已有的十几种食品安全管理制度上不断修改、完善，除了让食堂操作更加规范，还要求厨师对各种食材加工的时间、方法要摸索出经验，争取每一道菜肴都做到色、香、味俱全。此外，学校还增加了《学生就餐安全管理细则》，从教师的陪餐管理到学生取餐、分餐、用餐、倾倒剩菜、归还餐桶，都有详细、明确的要求，并由值周行政、值周教师做好指导和检查工作。

2）加强学习、增强意识

每个人都应该学习食品安全知识，共同筑起食品安全"防火墙"。学校充分利用升旗仪式讲话、校园广播、黑板报等广泛宣传食品安全知识，并要求各班班主任每学期至少上一节食品安全的主题班会课，在形式多样的活动中让学生辨别食物的好坏，养成饭前洗手、爱惜粮食等好习惯。学校还充分挖掘"家长资源"，邀请在食品药品监督管理局工作的家长、当营养师的家长到校上课，从校内食品安全延伸到校外食品安全，以此丰富学生对食品的认知，增强食品安全意识，保障自身健康。

3）透明厨房、增强信任

学校食品安全工作不仅需要分工明确、责任感强的管理团队，也需要及时和家长交流沟通，让家长清楚地知道学校做了什么、是怎么做的，食堂的管理越透明，家长就越放心。

在学校的主动邀请下，校家委会在全校非家委会家长中招募了伙委会成员，伙委会的家长代表每周不定时到学校食堂检查食品加工、查看分餐情况、品尝食堂饭菜、提出合理建议、做好检查记录。在这种全透明的参与过程中，学校看到了家长对食堂的满意、对食品的放心、对学校的信任，家长也在无形之中成了学校食品卫生有效管理最好的宣传员。

食品、人品、大家品，品食、品人、品和谐。坚实走好食品安全管理的每一步，切实营造和谐良好的家校共育氛围，愿校园再无“风波”，愿大家都健康平安！

（作者：重庆两江新区金山小学校　邓熊英）

7.3.4　社会安全事件

案例 1　依法治理“校闹”，营造教育发展良好环境

1. 处置“校闹”典型案例

1）事件概况

2018 年 11 月 24 日（星期六）17 时 29 分许，某中学初 2017 级 X 班学生但某、李某在某小区 15 号楼跳楼自杀，事发时间为周末放假时间，事发地点为校外。

事发后，县教委、学校相关人员迅速赶赴现场，协助公安机关开展调查。经公安机关走访死者的同学、现场勘查和技术研判，判定二人为高坠自杀。

2）处置流程

2018 年 11 月 24 日（星期六）19 时许，该县教育主管部门接到某中学学生跳楼自杀报告后，立即启动应急预案，迅速指派县教委安全稳定科负责人赶赴事发现场，并要求学校全力协助公安机关开展调查工作。整个调查工作持续到 11 月 25 日凌晨 2 时结束。

11 月 25 日（星期日）9 时，县教委安稳科负责人到学校调查了解事故原因，并组织召开学校领导班子会议，要求学校做好应急防范工作，做好班级学生的情绪稳控及教育工作。当日上午 10 时许，死亡学生但某、李某亲属共 20 余人到学校，要求学校给出说法，并对两名学生原寝室、学习用品等进行翻查，均未找到其在校有异常表现的证据。

11 月 26 日（星期一）9 时，县教委主要领导召集相关分管领导、有关科室负责人研究善后处置事宜。16 时许，其亲属近 30 余人再次到学校采取静坐方式滞留学校，要求学校给出说法。县公安局、县教委、有关乡镇（街道）相关人员立即赶到学校，通过政策解读、沟通交流等方式开展调解工作，但效果不佳。经过反复劝说，其亲属一行人于

11 月 27 日凌晨 1 时许离开学校。

11 月 27 日（星期二）10 时许，其亲属近 20 余人到县教委要求县教委给出说明，但未提出具体要求，只强调学校应负责任。由事发地街道办事处牵头，县教委、县公安局及有关乡镇相关人员在县教委信访接待室开展调解工作。县公安局刑警大队对死者死亡原因再次进行通报和分析：排除他杀，系自杀，自杀原因可能是存在家庭压力、学习无提升，没有风险事件导致二人死亡；经调查，没有发现学校教师有不正当行为，没有发现学生之间有欺凌行为，学校和学生在两名学生自杀事件中没有过错。为了不影响正常办公，当日 14 时，由忠州街道办事处组织，通知其家属到租用的会场开展调解工作，但 15 时 30 分，只有两名死者的父亲到达会场，其余亲属仍滞留在县教委，称不解决不回去。调解中，李某父亲提出“人走了，要给个合理的解释，给个说法”，但另一死者的父亲提出“要把这件事（学生跳楼自杀）通过媒体报道出去”。学校法律顾问及学校负责人解释，学校在该次事件中无法律责任。调解过程中，家长情绪非常激烈，侮辱、谩骂参加调解的所有人员，调解人员耐心劝解，并找中间人劝说，调解到 11 月 28 日凌晨 1 时，仍未达成一致意见。27 日晚上，县政府主要领导专门召集有关分管县领导、相关负责部门召开专题研判会，提出了工作要求和化解措施。

11 月 28 日，由事发地街道办事处再次牵头，县教委、县公安局及有关乡镇相关人员协调配合与两名死者家属进行调解。经过调解，两位死者家属与当事学校达成一致协议，并签订《人民调解协议书》。学校在两名学生自杀事件中没有过错，不承担任何责任；鉴于两名死者系该校在校学生，学校以慰问的方式分别给予两名死者家属慰问金 20 000 元。

经过 3 天的调解协商，该“校闹”事件结束。在整个调解过程中，相关部门通力协作，学校主动介入、坚守底线、表明态度，公安机关澄清事实、正面引导，为维护教育正义奠定了强有力的基础。

2. 深刻剖析发生“校闹”原因

2017 年，教育部政策法规司“学校安全风险防控机制研究”课题组公布了一组数字：通过对 29 个县区的 1 596 位校长、76 811 位家长的问卷调查结果显示，校园安全事故一旦发生，94.2%的校长选择需要家长的理解，远高于其他选项。而在家长方面，41.4%的家长认为学校一定有责任，其中，家长即使能得到全额赔偿，也只有 23.6%的家长觉得满意。

家长觉得通过司法程序解决问题耗时较长，加之情绪不稳定，诸多家长在校园安全事故发生后首先会找学校解决，从而引发“校闹”。

1）法制缺陷助力“校闹”

一是教育部虽然已出台《学生伤害事故处理办法》，但这只是教育部门的规章，现实处理中这些规章对“校闹”行为缺乏足够的约束力和强制性，经常无法落到实处。实际处理中多以《中华人民共和国侵权责任法》作为法律依据，当前，亟须出台可操作的法律来进一步指导和规范家校矛盾调处。二是家校矛盾纠纷化解机制不够完善，学生意外伤亡保险赔付额度低，学生意外死亡后保险赔付款较少，家长无法接受。三是部分学生家长法律意识淡薄或存在法律认识偏差，认为只要孩子是在学校发生矛盾就是学校的错、老师的错、同学的错，忽视了自己孩子的过错及家长配合学校教育孩子的责任。

2）社会舆论引发“校闹”

随着网络的迅速发展，微信群、自媒体平台建设成本低，信息推送快，有选择性地发布信息致使网友对信息的正误无法甄别，一些自媒体或西方敌对势力借机炒作；当事家长利用微博、朋友圈等载体或者花钱请一些所谓的“网络大 V”（very important person，VIP，贵宾客户）肆意滥发消息，诋毁学校，打着维权的名义为自己“维钱”，在一定程度上误导群众，引发网络舆情，推动“校闹”事件的升级，对学校和政府施压，以达到目的。

3）金钱诱惑促使“校闹”

部分家长因孩子伤亡，奉行“不闹没有、越闹越有”的极端异化观念，并采取“自行闹、请人闹、现场闹、上访闹”等手段，以此要挟学校，以得到赔款的方式来安慰自己。部分家长认为，不能人财两空，既然失去了孩子，学校就应该对孩子的身价进行赔偿，因此，家长往往漫天要价。有的意外事件在不同地区、不同学校出现不同的处理结果，有的有赔偿，有的没有赔偿；有的赔得较多，有的赔得较少。因此，这就会给家长不同的认识和期望值，导致部分家长参照其他地区学生伤亡事故赔偿标准，要求学校进行赔偿。

4）“和谐化解”助力“校闹”

过去一段时期，地方政府及相关部门在出现学生意外伤害或伤亡事件后，往往出于息事宁人的考虑，要求学校赶紧赔钱化解矛盾，部分学校采取大事化小、小事化了的态度，想尽快将“校闹”“摆平”，一定程度上助长了“校闹”的不良风气。

5）救济缺失助力“校闹”

孩子是祖国的未来，更是家庭的希望。孩子的伤亡带给父母的是无尽的伤痛，甚至是家庭的覆灭，尤其是独生子女家庭。我国目前的社会保障与救济体系尚不完善，救济机制还不成熟，孩子发生意外伤害后，由于没有合理的救济渠道，家长往往找学校兴师问罪，以致发生“校闹”。

3. 多措并举，解决“校闹”事件

1）政策宣传，法律援助

一是充分发挥学校法律顾问作用，对“校闹”家长进行法律常识宣传，使其理性看待问题，合法维权。二是为家长免费提供法律援助，鼓励家长拿起法律武器，利用司法程序解决问题。

2）高度克制，缓冲矛盾

学生家长痛失爱子，往往情绪比较激动，会将许多亲戚聚集到学校，学校在接待家长方时必须比往日更有礼貌、更有耐心。一是细心聆听家长诉求，耐心开导家长，及时解答家长的困惑，随时疏导家长的不满情绪，让家长互相理解，互相支持。二是积极与家长方有威望、明事理的亲戚沟通和交流，让其明白其中道理，以其威信去带动整个家庭，去开导受伤害学生的家长，会对矛盾的早日解决起到一定作用。

3）有效利用校方责任保险

学生在校内发生意外伤亡事故，且学校承担管理或过错责任的，学校可以申请校方责任保险进行赔付。

4. 对策及建议

1）健全相关法律法规

学校是教育教学圣地，而不是处理伤害事故“专区”，只有依法处置“校闹”，给学校“松绑”，才能让学校集中精力做教育，提高教学质量。在2019年全国两会上，全国人民代表大会代表、哈尔滨市花园小学校长曹永鸣呼吁，在依法治国的大背景下，对《学生伤害事故处理办法》的修改需纳入议事日程，修订完善“妥善”解决该类问题的具体规定显得非常必要，为处理学生校园意外伤害事故和根治“校闹”提供法律依据，维护健康和谐的育人环境，还学校一方净土。因此，政府要尽快立法，明确家校纠纷处理依据，研究制定家校纠纷预防与处理条例，以法律明晰学校安全管理职责，预防和处理学校安全事故，建立家校安全管理长效机制。

2）建立学生安全事故处理第三方协调机制

针对不同目的的家长，学校在积极沟通的同时，可以借助政府、社区、村民委员会、企业主等社会力量，协助学校进行沟通。地方政府应从顶层入手，建立相关体制机制，厘清学校、教师、家长三方在学生教育中的职责界限，成立由政法、教育、公安、司法等部门为成员单位并吸收人民代表大会代表、政协委员、律师参加的“家校纠纷调解中心”，探索建立学生伤害纠纷第三方处置体系，统筹协调解决“家校纠纷”问题。对各类“校闹”事件坚持零容忍，依法加大打击力度，维护健康和谐的育人环境。

3）提高学生意外伤亡保险赔付额度

目前，学生购买的意外伤害保险理赔额度较低，建议市级有关部门提高校方责任险赔付额度，提高学校的风险防控能力，增加校园安全事故发生后学生住院治疗、残疾保障等方面的保障，让一般家庭均能够得到相对合理的经济补偿，较大程度地满足当事家长的期望。同时，还可以对困难家庭学生购买人身保险提供补助，实现学生人身保险全覆盖，提高学生意外伤亡赔付额度。

（作者：忠县太集小学校　汪荣华）

案例2　重庆市巴南区某幼儿园事故案例分析

1. 案例背景

2018年10月，一女子在重庆市巴南区某幼儿园门口持刀行凶，致使做完早操准备回教室的14名学生受伤，其中7人轻伤、6人重伤、1人危重。学校保安和工作人员奋力将其制服。巴南警方接到报警后迅速赶到现场，将受伤孩子送医救治。副市长、市公安局长迅速赶到现场指挥案件侦办，要求卫生部门全力救治受伤孩子。

2. 案例过程

2018 年 10 月 26 日早 9 时 30 分，在重庆市巴南区某幼儿园发生恐怖袭击幼童案件。据巴南区教育委员会通报，幼儿园学生事发时刚在教室外做完早操，返回教室途中，被一名突然冲出的中年妇女持菜刀袭击。根据当时散步路过幼儿园门口的目击者余国模（55 岁，退休人士）介绍，自己听到幼儿园传出叫声，之后看到一名中年妇女手持菜刀跑出来，他本能地从一旁抓起一把不锈钢叉子，用叉子绊倒该妇女，再把她手中的菜刀夺走。之后数名警员赶到现场将该妇女制服。受伤孩童陆续被带出学校，伤势触目惊心，其中一孩童耳朵几乎被剁下，有孩童脸颊皮肤剥落，另一孩童额头皮肤掀开，惨不忍睹。网上流传的视频显示，逞凶妇女被警员带离现场时，被大批民众围打。受伤孩童事后被送往重庆数家医院救治。据报道，14 名受伤孩童中，共 7 人轻伤、6 人重伤、1 人伤势危重，暂时没有生命危险。面对 14 个被砍伤的孩子，家长的痛苦与愤怒可以想象。

3. 案例分析

根据网络流传的信息，该妇女出现这种情况的原因，有以下几个版本。

（1）该妇女伤害儿童是为了表达对政府的不满，报复社会，因为“政府对她不公”。

（2）该妇女冲进幼儿园砍杀，是为了报复幼儿园，因为自己的孩子在幼儿园受到欺凌。

（3）妇女由于长期与丈夫吵架造成心理问题，患有精神病。

（4）除了该妇女的以上原因外，幼儿园的安保措施没有做好，当时在幼儿园外做活动也是一方面原因。

在谴责凶手的同时，还有一个问题也不容忽视。

怎样消除民办幼儿园的安全隐患，给孩子一个健康成长的环境？从新闻的报道中可以得知，孩子是在幼儿园外面做早操，才给了犯罪分子可乘之机。

可是孩子为什么要在幼儿园外面做早操呢？

因为以这个民办幼儿园的财力不足以支撑起他们建设一个孩子单独的活动区域，所以孩子不得不去外面做早操。这样就为孩子的安全埋下了隐患。

有人会问，既然这么不安全，为什么还有家长把孩子送去这样的幼儿园？

这些幼儿园的价格普遍较低，有很多家庭因为承担不起幼儿园的高额学费只能选择该类幼儿园。这是该起事故发生的部分原因，但幼儿园安全事故发生的原因远不止这些。

近年来，幼儿园安全事故频发，除了以上原因，还有外来侵害造成幼儿被冒领接走、被绑架、被伤害事故；幼儿自身原因所致走失，游戏、顽皮打闹等造成的事故；教工恶意行为和过失行为造成的绑架、砍伤、火灾、食物中毒、烫伤等事故；设施不良造成的事故；幼儿园组织外出活动事故。

从现实意义来说，近几年来，幼儿园安全事故日益成为人们关注的焦点。一方面，人们的法制意识提高，自我保护意识增强；另一方面，相关的立法也在不断地建立和完善。面对越来越复杂的社会和现实，幼儿园再也不能忽视安全管理，否则，一旦事故发生，不但会打乱良好的教学秩序，更严重的会给幼儿和幼儿园带来难以估量的后果与损失。防范胜于补救，如何预防各种事故的发生已成为当前刻不容缓的重大研究课题。

国际、国内相关法律法规包括：1989年11月20日第44届联合国大会通过的《儿童权利公约》第三条所示缔约国应确保负责照料或保护儿童的结构、服务部门及设施符合主管当局规定的标准，尤其是安全、卫生、工作人员数目和资格及有效监督方面的标准；1959年11月20日联合国大会通过的《儿童权利宣言》指出，“儿童因身心尚未成熟，在其出生以前和以后均需要特殊的保护和照料，包括法律上的适当保护”；我国的《幼儿园教育指导纲要》指出，“幼儿园必须把保护幼儿的生命和促进幼儿的健康放在工作的首位”；国家教育委员会发布的《幼儿园管理条例》规定，“幼儿园应当保障幼儿身体健康，应该建立安全防护制度，幼儿园的园舍和设施有可能发生危险时，举办幼儿园的单位或个人应该采取相应措施排除险情，防止事故发生”；2002年6月教育部颁布了《学生伤害事故处理办法》；教育部将每年3月最后一周的周一定为“安全教育日”……国际、国内有关安全的法律法规相继出台，表现了全世界对儿童生命安全的极大关注和重视。

4. 案例引发的深思

在案例的教训中，我们不难看出，当前幼儿园的安全管理实际上还存在很大的安全隐患，幼儿在这样的幼儿园中受到伤害的案例也很多。幼儿园的安全隐患主要表现为以下几点。

1）幼儿园选址不当带来的安全隐患问题

现在很多幼儿园，特别是农村或民办幼儿园，在建园或办园选址时，没有充分考虑到校舍及周边环境的安全问题，如道路交通状况如何？是否有活动操场？是否有开放的水池塘？是否有消防通道？校舍是否有防雷设施？校舍安全等级是否合格？这些存在安全隐患的问题，时刻影响着孩子的生命安全。例如，该案例中，如果这所幼儿园的创办者在选择幼儿园地址时能对校舍进行操场活动场地规划，或选择有活动操场的地方，也许就不会发生这样的惨案。

2）幼儿园组织园外活动存在的安全隐患

幼儿园组织幼儿集体外出活动时，幼儿到了新的场所，接触的环境、人和活动内容都是新鲜的，其情绪容易兴奋，如果再加上组织不够严谨、管理人员配备不足、教师麻痹大意，就很可能发生安全事故。

《中华人民共和国未成年人保护法》明确规定：“学校和幼儿园安排未成年学生和儿童参加集会、文化娱乐、社会实践等集体活动，应当有利于未成年人的健康成长，防止发生人身安全事故。”

首先，幼儿园必须考虑园外活动是否符合幼儿安全和卫生的要求，严禁参加可能危及幼儿人身安全的劳动、体育运动、商业宣传等活动。

其次，幼儿园一定要事先做好实地考察，并与合作单位取得联系，互相沟通活动方案，甚至进行细节推敲，尽可能在可预见范围内采取必要的安全措施，制订《外出活动意外事故预案》，按相关规定租乘交通工具，将职责分解落实到每位管理人员，履行相应的安全保护职责。

3）因外来侵害、伤害发生事故

该类事故在幼儿园中发生率最高，且往往伤害面大、程度严重、影响恶劣。

因此，幼儿园门卫应是 50 岁以下的强健男性，要经过安全保卫技能培训，并严格执行门卫制度，家长接送孩子时必须站在门口把关，拒绝无接送卡的人进园，对陌生人要严加查问，严防可疑人员进入。必要时门卫还可预备一些防卫器械，如电警棍、木棍等。

4）间接原因：幼儿缺乏自我保护意识和技能

有很多事故与幼儿缺乏自我保护意识和技能有关，说明对幼儿进行切实有效的安全教育和技能训练是不可忽视的重要环节。

初生牛犊不怕虎，由于缺乏生活经验，幼儿对周围环境中潜在的不安全因素认识不足、判断能力差，又缺少自我保护技能。因此，出现紧急情况时，幼儿容易慌张、不知所措。

幼儿期是身心成长的奠基期，是教会幼儿安全知识和技能的理想时期，若幼儿能在幼儿期建立正确的态度，养成良好的习惯，就会避免许多安全事故的发生。家园合力，经常教育幼儿对可能存在的危险提高警觉，增强安全意识；教师要破除“少活动，少出事”的观念，让幼儿通过实践锻炼提高自我保护能力，可将安全意识和自我保护技能的学习渗透到教学和日常活动中，通过创设一些情境（如模拟、演习等），让幼儿在相应的情境中去感受和体验，从而学会保护自己的简单技能。例如，教师应教会幼儿遇到下列情形的应对方法。

（1）遇到砍杀袭击怎么办?

听到周边有异常声音后（如大声地哭喊和呼救），应迅速逃离危险区域，不围观、不停留。跑不掉就选择就近的安全地方躲起来。告诉幼儿，大到商店、宾馆、饭店、民居，小到树木、花坛、课桌都可藏身。跑不了、躲不了的情况下，要大声呼救、奋力反击。

（2）遇到开车冲撞袭击怎么办?

遇到横冲直撞的车辆要迅速从车的两侧躲避；安全后及时报警，检查是否受伤，对伤口简单处理；寻找坚固物体藏身，如花坛、建筑物转角等，并向周围呼喊示警。

（3）遇到纵火袭击怎么办?

若发现小火，及时用灭火器灭火；若遭遇大火，迅速撤离，走安全的楼梯，千万别走电梯，平时多留意宿舍和教学楼的安全出口。若身上起火，赶紧把外套脱掉，在地上打滚或让舍友泼水来消灭身上的火。此时，勿乱跑，跑得越快，火势越大。若困于浓烟，用口罩或毛巾捂鼻，俯身低于浓烟尽快撤离。

（4）遇到爆炸威胁和袭击怎么办?

不要上前试探，应跑离现场，奔走相告；到达安全地带后，及时汇报、报警。报警时不要恐慌，准确表达信息，讲清时间、地点、歹徒的人数和武器、事件过程。

若已经发生爆炸，应迅速趴下，用湿纸巾捂住口鼻，有秩序地撤离爆炸地点。不要惊慌，以免引起踩踏事故；不要用打火机照明，以免引起二次爆炸。撤离时通过楼梯有序、快速撤离，远离玻璃、窗户等危险品。

（5）遇到开枪袭击怎么办？

立即找遮蔽物躲避伤害。身处教室内的同学，应堵住门窗，阻止歹徒闯入，同时迅速低头蹲下，躲在讲台、课桌等遮蔽物后面并及时报警。

（6）被恐怖分子劫持怎么办？

沉着冷静最重要。服从命令，趴在地上，不与歹徒对视或对话，以免发生语言和行为冲突。尽量保住自己的手机，适时发出求救信息。要随机应变，如果特警进行突袭，要尽量趴在地上，配合解救。

（7）紧急情况下如何自救和互救？

止血。若轻微出血，可用手指按压伤口；若情况严重，可用领带、腰带、丝巾等捆扎伤口。

烧伤。若伤口不深，可用清水清洗，不能直接冰敷。洗净后用干净的、没有黏性的布加以覆盖，起水泡后不要刺破。

心脏复苏。让伤员仰卧，如果按压没有反应，应交叉双手，十指相扣，按压伤员肋骨的中下方，深度5厘米左右，必要时配合人工呼吸。

《学生伤害事故处理办法》规定，“学生在校期间突发疾病或者受到伤害，学校发现但未根据实际情况及时采取相应措施，导致不良后果加重的”，学校应当依法承担相应的责任。幼儿园的教职工都应当认真学习基本的急救知识和技能，如果发生事故，不论是否为幼儿园方的过错，都应积极救助，最大限度地抢救幼儿的生命。

5. 小结

幼儿园安全事故发生的原因各种各样、错综复杂，其预防对策也应因事而异、因时而异、因人而异。以上仅限于对收集案例做出的粗浅的归类分析，并列举了相应的对策，希望通过以上分析，能对幼儿园安全工作起到一定的警示和参考作用。

（作者：大足区特殊教育学校　江铃）

7.3.5　其他影响校园安全的事件

案例1　学生心理安全案例分析

1. 案例背景

教育部《普通高等学校辅导员队伍建设规定》（第43号令）对于辅导员日常工作职责的九大要求，其中很重要的一项就是“组织开展基本安全教育。参与学校、院（系）危机事件工作预案制定和执行”。

在高等院校，学生发生安全事件是时常发生的事情，也很难避免。作为一名辅导员，怎样冷静地去面对这些风险状况、有效地安抚学生情绪，并在最短时间内及时处理风险事件，是辅导员需要思考和研究的问题。高等职业教育（以下简称高职）是高等教育中不可或缺的一个环节，随着高职院校学生人数的增加，学生成分日益复杂，高职院校学生的心理健康问题日益突出，已成为影响高职院校学生管理的突出问题。而且高职专科院校的生源结构复杂，部分学生来源于中专院校、中职院校，没有接受过正规的高中阶段教育，部分学生尽管是应届高中毕业生，但和普通招生的学生相比在学习习惯、行为方式和心理特点方面体现出差异。其在心理特点上主要包括以下几个方面。

第一，性格外向，个性张扬。大多数高职院校学生在某些方面有天赋和特长，如唱歌、跳舞、表演等，喜欢张扬个性，表现欲望强烈，热衷参加各种文体活动，但在集体活动中，又喜欢以自我为中心，集体荣誉感不强，部分高职院校学生社会风气较重，有逆反心理，不能严格遵守校规、校纪。

第二，自信不足，意志薄弱。由于高职院校学生本身的知识基础较差，没有良好的学习习惯，自制力较差。入校之后，高职院校又没有对其进行单独培养和分层教学，而是将其和统招生混编在一起学习，致使很多高职院校学生学习比较吃力，听课效果出现差异，再加上没有明确的学习目标，缺乏职业生涯规划，很多高职院校学生逐渐对学习丧失信心，陷入学习的“恶性循环”，部分学生出现“混日子、等毕业”的现象。

第三，思维活跃，接受力强。高职院校学生思维敏捷，尽管基础知识薄弱，但实践动手能力很强，处理问题反应迅速。高职院校学生对新鲜事物接受能力强，喜欢探索，兴趣比较广泛，能随时关注社会的热点问题，与时俱进。

第四，情感丰富，善于沟通。大多数高职院校学生情感细腻丰富，能够和教师进行情感交流，但又自尊敏感，部分学生有自卑心理。

随着社会的飞速发展，大学生之间的竞争越来越激烈，人际关系也变得越发复杂，大学生出现心理问题的概率明显高于其他同龄群体。

综上所述，这就要求我们要高度重视学生的心理健康，尤其是心理危机引发的安全问题，根据学生的心理特点，探索大学生心理安全问题的应对举措，这对提升大学生的心理安全水平具有一定的现实意义。

2. 案例过程

新学期开学以来，2016 级学生小王一直在积极准备专升本课程复习。2018 年 10 月 17 日，同寝室室友向辅导员私下反馈近几天小王突然不与人交流，疑似心理精神有些异常。

接到消息后，辅导员立即深入寝室与小王谈心了解详细情况。辅导员到宿舍后发现小王在寝室内上身赤裸，一会坐立，一会站立，拒不回答问题，目光凝视天花板。辅导员初步判断小王出现严重异常情况，第一时间汇报系领导后，随即联系该学生家长让家长必须到校，并及时将小王转至学生处心理咨询中心，并委派两名男同学随其一同前往，寸步不离。在学生处心理咨询中心，结合辅导员描述所见现象及该学生实际表现情况，工作人员认为，小王目光呆滞，眼神无交流，长时间凝视天花板，不回答任何问题，伴有妄想和胡言乱语，初步评估其为疑似精神分裂症，建议立即启动心理危机事件应急机制，24 小时监护。

随后，辅导员安排两名学生将小王送到办公室，两名学生、辅导员一直寸步不离，等待其家长到来。当日下午 5 时 20 分左右该学生家长到校，辅导员向其父亲详细描述了整个过程和细节，并将小王给辅导员发的“必须死亡”的 QQ 消息截图发给其父亲，告知其病情的严重性和紧迫性，督促家长立即带小王到专业医院进行诊断治疗，并向其推荐重庆医科大学附属第一医院。小王父母于当天下午 6 时左右带其离开学校。

小王离校后，其家长于 2018 年 10 月 18 日凌晨 3 时多与辅导员进行了联系。10 月 18 日 13 时左右，辅导员主动与其父亲进行联系，了解其检查状况，但据其家长反馈，小王未到医院进行检查，而是在家休养。15 时左右，其母亲再次与辅导员进行联系，并表示当天 16 时 30 分左右到校取小王医保卡、身份证等物品。

后期，经过重庆医科大学附属第一医院治疗，小王已治愈回家休养。辅导员持续与其家长保持联系。该学生于 2019 年 3 月已开具康复证明并返校上课，辅导员持续密切关注中，发现其皆为正常表现。

3. 经验介绍与推广

该案例中辅导员沉着冷静、处置果断，及时通知该学生家长，并随时与领导进行汇报，积极做好学生的思想引导工作，协调学校心理辅导部门给予支持，同时与学生进行谈心，引导学生及其家长正确对待病情。

大学生的一系列心理问题对大学生身心素质的发展及其社会化过程都有着极其重要的影响，也直接关系到学校对大学生班集体的管理和建设。因此，在解决该类事件的过程中带给我们一些工作上的启示。

1）学校层面

加大心理健康教育在大学生安全教育中的比重，增加体验内容，以减少心理问题的发生。良好的心理素质是保障学生安全的内在因素，健康的心理在很大程度上能够杜绝心理性安全事故的发生。学校应该在大一新生入学后普及心理健康教育，并丰富教育的内容和方式，对一些容易引发心理问题的因素有针对性地进行辅导，如人际关系教育、新生环境适应教育、健康人格教育、挫折应对教育、心理卫生知识教育及心理疾病防治教育等。这对优化大学生的心理素质、提高心理健康水平、预防心理疾病、促进人格全面发展有着十分重要的作用。

把安全教育与心理咨询相结合，有目的、有针对性地做好安全防范教育。学校要通过开设心理门诊、心理信箱、心理热线电话、网上心理咨询等形式，积极开展心理咨询活动，帮助咨询对象减轻内心的痛苦和压抑。针对一些存在严重心理问题或心理疾病的学生，及时转介并治疗，从而减少心理安全事故的发生。

2）辅导员层面

辅导员要经常走访学生宿舍，加强与学生近距离的沟通交流，了解各宿舍的情况及学生的状态。学生面对不断发展的社会环境，会产生许多不安、烦恼的情绪，同时也会有很多困惑、不解。在这种情况下，辅导员就需要用敏锐的眼光去了解学生的内心，细心地观察学生。同宿舍的学生来自五湖四海，每个人的生活习惯大不相同，加上年龄关系，许多学生很难与其他人交流自己的内心，这时，辅导员就要通过多种渠道，深入学生中去，与学生多接触，进而了解学生。辅导员要深入宿舍去了解学生，帮助学生解答心理疑难问题，要充分利用学生宿舍这块重地，做好学生心理排查和心理疏导工作。

建立学生心理信息员队伍。由于时间、精力、角色等的各项限制，要全面把握学生状况，就需要充分发挥学生骨干队伍的重要作用，使之做好信号员和预报员的工作。因此，加强学生队伍建设、指导学生进行同辈心理辅导就显得尤为必要。在队伍建设方面，除了每个班级设立一名心理委员外，还可以在每个宿舍增设一名宿舍信息员（也可由宿舍长兼任），及时、全面关注学生心理健康状况。另外，辅导员应定期召开班级心理信息员会议，对性格孤僻、学业困难、家庭经济困难、行为异常、就业困难等特殊群体学生给予特别关注，在班级中构建以教育为基础、以预警为重点、以干预促转化、以跟踪固疗效的学生心理危机干预体系。

出现问题要全面了解情况，不能听信一面之词，从而给出不当的建议。

给予学生适当的引导，尽量让学生自行解决问题，而不是强行干涉。尊重学生在学习、生活和人际交往中的真情实感，使他们在人际交往过程中能更好地体会到融洽关系的有利方面。

通过主题班会或课外拓展训练，加强班级人际交往。通过网络让学生学习了解相关大学生心理案例，从中发现问题、避免问题，并学会解决问题。

建立与家庭沟通的桥梁。新生入校报到时，辅导员应及时获取学生家长的联系方式等信息，建立学生家庭信息数据库。在校期间，学生因家庭变故、成绩下降、感情受挫等出现情绪波动时，辅导员应及时与其家长取得联系。但辅导员在向学生家长“报喜”或者“报忧”时，最好先与学生本人沟通，给予学生适当的尊重；在与学生家长讨论学生存在的问题时，要先让家长看到子女的优点，再指出其存在的问题，既要照顾家长的自尊心，也要让家长看到教育子女的艰巨性，并增强家长对教育孩子的信心。与家长的沟通，不但是要将学生的表现告知家长，更重要的是要引导家长共同开展教育工作，实现学校和家长对学生教育工作的密切配合。

3）家长层面

家长应积极关注子女的成长，经常了解其生理和心理状况，及时掌握其情绪状态。

不要过分保护和溺爱子女，特别是一些独生子女家庭，不要一味以子女为中心，造成子女以自我为中心的心理特点。

假期尽可能让子女参与到一些社会活动中来，让他们了解人情往来，在实践中学会人际沟通和交流。

4）学生层面

平时在心理健康方面认真学习相关的理论知识，特别要掌握一些特殊问题的应对措施，提高自身对人际关系的认知水平。

多参加各种有益的活动，在活动中多与学生、教师交往，在实践中摸索和学习。

遇到问题和矛盾要及时解决，不能选择逃避。选择合适有效的沟通方式，不要恶言相对，避免造成不必要的伤害和误解。

遇到棘手的问题要寻求辅导员或专业心理教师的帮助，以免事情恶化造成不可挽回的后果。实践证明，大学生的心理特点复杂，高校大学生的心理安全教育不可忽视。让学生学会自己解决一些压力和挫折，努力保持良好的心态，同时还要学会在困难中向身边的人寻求帮助，得到安慰和支持。

总而言之，当前大学生心理安全工作任重道远，高校需要不断提升心理安全工作的专业化水平，形成适应自身高校的学生心理健康管理系统，从而培养出心理健康、人格健全、知识全面的有用之才。

（作者：重庆财经职业学院商贸旅游系　程小耀）

案例2　学生“逃学”案例分析

1. 案例背景

逃学是丰都县三建乡某小学校遇到的一个新问题，这个问题在小学、中学，甚至大学都是普遍存在的，也呈现出年级越高逃学率越高的趋势。逃学、旷课是学校教育中的一种“病理现象”，其结果往往导致学生辍学，并常常同违法犯罪行为紧密相连。多次逃学的学生可能会养成习惯性逃学，从而与集体相隔疏远，对教师和同学抵触。逃学也为学生产生不良行为提供了机会，因为这种学生正是坏人教唆犯罪的对象。学校绝大部分学生都能遵守学习时间，但是有少数几名学生逃学次数很多。

2. 案例过程

向某的父母长期在外地打工，向某对于父母来说属于老来得子，父母对其特别宠爱。向某从小与父母待在一起，其在外地读小学时就不爱上学，不管父母用什么手段都没有用，最终只得辍学在家。2018年初，向某父母回老家修理房子，也把他带回老家，老家学校知晓后劝其返校读书。向某已经15岁了，去读初中怕跟不上学习进度，要住校其家长又不放心，只得来到丰都县三建乡某小学校读六年级。向某报名时一语不发，连自己的名字都不会写。

到了班级后老师发现他仍然不说话，每天独来独往，上课也不听讲只是自己坐着发呆，作业从来没写过，鉴于他失学已久对校园生活陌生，老师决定再观察一下。过了一周，向某有了一个朋友熊某，他们放学会一起回家，不会做的作业熊某也会耐心辅导，大课间活动向某也会与同学一起玩。老师刚放下心来，转折就到了。

从第四周开始，向某早上开始迟到，有时候朝会到，有时候第一节课到，问其迟到原因也不说。老师便联系了他的家长，家长反映他爱玩手机，每天玩到凌晨，早上经常不能按时起床。老师建议其家长控制他玩手机的时间。但其家长忙于修理房子，疏于管理，只是口头答应，情况仍然没有好转。

3月25日晨检老师发现向某没有到，鉴于他日常都有迟到的习惯，一直等到第一节课上课还没有到，于是老师便联系其家长。其家长告知因为向某早上起床晚了，所以刚出门不久，应该还在路上。等到第一节课下课，向某还是没有到教室，老师又打电话通知其家长到路上找找。老师也去校门口等，保安告诉老师，他第二节课上课后已经进了校门，老师就到教室、功能室、厕所去找，都没有找到，保安也跟着一起找，最后在教学楼顶楼的楼道里找到了向某。向某一个人坐在地上发呆，老师让他先进教室上课，因为他比较内向，所以没有批评他。第二节课下课后，向某的父亲也到了学校，老师向其父亲反映了其近期迟到的情况，并希望向某能够遵守作息时间，按时到校、及时回家，向某点头答应能做到。

3 月 26 日晨检时，老师发现向某又没有到校，询问他的朋友熊某，熊某称没有看到向某；老师又问了与向某家临近的人都说没有看到向某。老师遂打电话问向某母亲，向某母亲说孩子昨晚就跑出家门，一夜未归，家人找到半夜也没有找到。老师继续了解出走的详细经过：25 日下午放学，向某按时回家，回家后一直玩手机，对家人的劝阻置之不理。吃过晚饭后，其父亲越发生气，就把手机夺过来砸坏，向某一向娇生惯养，受不得这委屈便跑出家门。天黑后家长到处寻找，一直没有找到向某。了解情况后，老师立即询问全校与向某同路的学生，学生都说没有看到向某，老师及时将该情况报告学校安全员、校长，随时到教室看向某有否到校，并随时与家长保持联系，了解情况。期间，向某家长说有人在双鹰六组、二组疑似看到向某，老师都打电话询问该方向的学生家长。到了 3 月 26 日下午，向某已经失联一整天，老师建议家长报警，并到学校保安室调看监控，确认向某 3 月 25 日的离校时间，观察向某后来有没有到学校，并再次在全校范围内向包括其他各条路线的学生问 3 月 25 日晚、3 月 26 日早晨有没有见过向某，最终都无功而返。警察那边也没有进展，家长在微信群发布寻人启事，老师也在家长群确认事件属实，请求其他家长帮助寻找并转发微信。

3 月 26 日晚上 9 点多，微信群某家长传来照片，确认向某已经在场镇找到，老师再次打电话给向某家长，其家长确认已经找到向某，至此老师悬着的心终于放下。

除向某外，张某和罗某也是逃学的学生之一。张某家庭比较贫困，母亲患有精神病，父亲务农，家里有 8 个孩子。张某自身不太爱干净，学习也不好，很多学生都比较排斥她，她也没有朋友。张某会因为各种原因偶尔不来学校，但之后仍会按时来校。

罗某会早上离开家假装上学，但是其实并未到校，而是在路上玩耍，或者躲在家里看电视。老师曾多次到家劝说都没有明显效果，罗某还是凭着自己的性子，想来就来，想不来就不来，老师对此深感头痛。

3. 逃学原因分析

学生逃学的原因多种多样，我们要做到让学生不逃学、喜欢来学校就要认真分析其中的原因，并以此确定对策，做到对症下药。

1）家庭教育缺位

因为家庭原因，家长自身素质不高等，家长只管生活，不管教育，学生没有养成良好的生活和学习习惯。

（1）留守儿童。由于丰都县三建乡某小学校处于国家级贫困乡镇，多数家长都会外出打工，把孩子留在家里与爷爷、奶奶或外公、外婆一起生活。他们年纪都比较大，平常只管孩子的吃、穿，孩子在家中地位高，家长根本管不住孩子。而孩子父母长期在外地，仅靠打电话沟通，家长也缺少与孩子心与心的沟通交流，仅是嘘寒问暖和叮嘱。这使孩子的心灵长期处于放养状态，久而久之就会封闭起来，家长了解不到他们的真实想法，他们对事物的认知也仅凭自己判断，不会考虑其他人的感受。

例如，上述案例中的罗某是典型的留守儿童，父母会对他的要求一一满足，而爷爷、奶奶又特别心疼孙子，根本不会打骂孩子，还会因为与同学的一点点小摩擦到校找老师、同学，并提出无理要求。在这样的家庭教育下，孩子根据自己的心性逃学并不奇怪。

（2）问题家庭。问题家庭包括贫困家庭、单亲家庭、特殊家庭。在学校的案例中，张某属于贫困家庭、特殊家庭，其母亲患有精神病，家里孩子特别多，父母只管孩子的生存，洗衣、做饭、卫生都没人管理，张某的成绩自然也比较差。到学校后，同学也比较排斥张某，张某更得不到应有的童年快乐，对通过学习改变命运也没有奢望，因此她对学校本来就没有好的期望。张某害怕别人的嘲笑，害怕别人的同情，有特别的自尊心，会过度理解身边的事情与言论。这样很容易就会造成其厌学情绪，稍有借口就会逃学。

（3）溺爱。上述案例中的向某就是如此，一般老来得子的家庭都会特别宠溺孩子，对孩子各种迁就，稍有不顺心，孩子就会以不去上学、离家出走来威胁家长，把逃学当成筹码与家长进行谈判，家长往往便会妥协。但一旦孩子的需求没有得到满足，就会产生不稳定因素。

2）社会言论诱导

农村居民的文化水平普遍不高，近年来随着经济发展，人们选择进城务工，农村居民通过辛勤劳动也能获得丰厚报酬。由此流传着一些“读书无用论”，导致孩子们也不同程度地认同了读书无用，却忘了辛勤劳动，养成了好逸恶劳的恶习。罗某就会经常骄傲地说父母在外赚了很多钱，不读书也可以。

3）学校因素

教师关爱不够。教师忙于日常工作，忽略了对学生的心理建设，缺乏对学生的关心和照顾，有时会对学生的一些行为产生误解，或者在没有了解前因后果时对学生加以批评，就会使学生不喜欢老师，从而不喜欢学校，不喜欢学习。

心理健康教育不实。农村学校没有专门的心理健康教师，学生在遇到问题时不知道如何处理，特别是性格内向的孩子，没有情感的发泄口，日积月累就会产生很多问题，影响学习的稳定。这样的案例比比皆是，因为教师的批评逃学、因为没做作业逃学，甚至伤人犯罪的学生都有。

缺乏有效的惩罚手段。教师不能有效地对逃学行为进行惩罚，只能晓之以理、动之以情，但学生已经摸清了教师的套路，阳奉阴违，表面答应老师的要求，背地里仍然逃学。其他学生看到逃学后没有什么实质性的惩罚时就会跟着模仿，认为老师也不能把学生怎么样。罗某经多次教育仍然不改，其家长反而会到学校求情，更加重了他逃学的行为，并且导致其班上另一同学廖某经常跟其一起逃学。

课堂缺乏吸引力。学生学习压力比较大，而且一整天的学习比较枯燥，如果教师上课缺乏新意，对学生没有什么吸引力，长此以往学生就会出现逃课的可能。

4）学生个人因素

文化基础较差，失去学习的信心，自暴自弃。

没有正确的人生观、价值观，没有理想，对未来没有规划，荣辱观淡薄。

自控能力差，在教师的教育下有时候会有愧疚感，但坚持不了多久就会泄气，不能持之以恒。

4. 对策研究

1）学校突出教育、强化监管

理想信念的教育。让学生树立正确的人生观、价值观，利用榜样的力量激励学生，让学生从小进行人生规划，体验不同的职业乐趣，培养良好的行为习惯。让学生做一个有理想、有信仰的德智体美劳全面发展的社会主义接班人。

心理健康教育。要加强心理健康教育，帮助学生学会心理调适的方法和技巧，使学生心理、人格得以正常发展。要把“正确应对学习压力”作为经常性的教育和训练内容。

2）教师关爱，营造和谐的学习环境

教师要倾听学生的诉求，特别是班主任教师，要关爱全体学生，对特别的学生给予特殊的照顾，为整个班级、学校营造一个平等、和谐的学习环境。学校应要求每个教师每学期都进行家访，了解学生家庭情况，要有图片、有记录，每学期上交，由学校检查，检查结果纳入教师的考核。

3）课堂趣味性

教师的课堂教学尽量贴近学生生活，要运用多种教学手段，增加趣味性，多用鼓励和赞赏，与学生共同成长。

4）落实晨午检制度

学校要有专门的晨午检制度和晨午检记录本。班主任每天要检查记录，并且对未到校学生追踪调查，摸清原因，掌握动向。每天值周教师、值周领导要对全校出勤情况进行检查，及时掌握情况，采取相应对策。

5）加强家校联系

每个教师必须有本班学生家长的电话簿、家长群，对学生的表现和出勤情况要及时与家长沟通，双方共同确保学生安全学习。

6）将家庭教育摆对位置

多与学生有效沟通，不要采用棍棒教育或放养式不闻不问的教育，多听学生内心的想法，摸清其思想动向。

父母不做甩手掌柜，即使不能亲自在身边教育，也要利用视频、电话多种手段管理，不光问吃、问穿、问分数，还要多进行亲子互动，做合格的父母。

7）社会教育造环境

抓好控辍保学工作，不让孩子“流落街头”；取缔学校周边的一些不良场所，严加管理禁止未成年人进入；尊师重教，给予教师一定的惩戒权，让教师有办法应对屡教不改的逃学学生；尊重知识，不流传“金钱为上”的言论。

5. 经验交流

1）狠抓安全教育不放手

学校应每天对学生进行安全教育，晨会讲安全、放学讲安全、放假集中讲安全、签订安全责任书、发放告家长书。每个学生有安全记录本，每月组织检查，真正做到安全进课堂、安全进心中、安全放第一。

2）家庭学校两手抓

加强家校联系，家长进课堂、教师进家庭，家庭与学校零距离，共同联手打造人民满意的教育、孩子满意的教育。

3）控辍保学齐用力

政府、教育管理部门、基层学校、乡村干部都应致力于控辍保学，挨家挨户摸排，一个一个对户口，走遍每一家，确保每个适龄儿童都能进学校。失学的劝返，辍学的补助保障，残疾的送教，生病的缓学……

4）心理健康护航

鉴于农村学校师资力量薄弱，县政府专门为每个学校配备兼职的心理健康教师、健康名誉副校长。教师解决不了的事情让专家解决，专家用专业知识保护孩子的心理、身体健康，抚平家庭问题带来的伤痛，安抚孩子脆弱的心灵，减轻孩子的学习压力，把孩子的逃学厌学情绪用合理的方式进行排解。

综上所述，学生逃学的原因是多种多样的，有的是多重因素一起作用的结果，因而在考虑对策时要多元化，社会、学校、家庭、学生个人每一方面都要互相配合，充分发挥各自的职能和主体作用。让每一个孩子平等地接受教育，热爱学习，需要我们多方的共同努力。

（作者：丰都县三建乡蔡森坝完全小学校　王娟）

第8章 校园安全知识与事故预防教育发展概况——以重庆市为例

校园安全知识与事故预防教育是校园安全风险治理的重要环节。校园安全知识教育主要方式表现为安全知识课堂教育、举办各种安全教育活动等；事故预防教育主要表现为如何避免灾害发生和如何处理灾害两方面内容，包括处置预案的设定、安全隐患的制度性防范与隐患排查，以及一些灾害事故的演练，等等。案例被认为是对现实生活中某个真实事件的特定情境的描述。案例在描述事实、分析原因及指导实践方面具有不可替代的作用。本章通过案例展现典型的校园安全知识与事故预防教育。

8.1 校园安全知识与事故预防教育的基本内涵

8.1.1 校园安全知识与事故预防教育的界定

校园安全知识教育，是指学校采取一定的教育手段，培养师生针对突发性事件和灾害性事故的应急、应变能力，培养师生避免生命、财产受到侵害的安全防范能力和遇到人身伤害时的自我保护、防卫能力的一种教育活动。校园安全知识教育的主要内容包括：国家安全教育、网络安全教育、消防安全教育、自我保护教育、交通安全教育、安全规章制度的学习与教育等[①]，旨在增强学生安全意识、普及安全知识、提高安全防范技能和心理健康水平。学生安全知识教育是学生健康成长、全面发展的重要保证，也是学生事务管理的重要内容[②]。

校园安全知识教育包括事故预防知识教育与事故应急知识教育两大内容。事故预防是一种主动、积极地预防事故或灾难发生的防御手段。一般步骤是：①提出安全或减灾目标；②分析存在的问题；③找出主要问题；④制订实施方案；⑤落实方案；⑥对方案进行

① 魏斌. 谈高校校园安全教育[J]. 教育探索，2012，(4)：95-96.

② 韩标，刘再起，黄学永. 高校学生安全教育探索[J]. 思想教育研究，2013，(7)：86-89.

评价；⑦提出新的目标。预防工作包括贯彻上级单位和学校的安全工作要求，严格落实各种相关的安全辅助设施，建立完备的安全事故预防体系，提前预知安全事故可能性并采取妥善的防控措施和应急办法，进而做到防患于未然或尽可能地将安全事故造成的损失降为最低。建立全面细致和切实有效的预防措施是防止安全事故的根本[①]。校园安全事故预防在学校的日常教学工作中一般没有引起很大的重视，往往只有发生了一些事故后才会引起人们的关注。及时进行校园安全事故预防教育，制定事故防范制度与隐患排查制度，特别是一些事故的应急处理演练能较好地避免一些校园安全事故的发生。

8.1.2　校园安全知识与事故预防教育的主要功能

1. 增强学生的安全意识

在校学生的安全意识普遍比较薄弱，自身安全意识不强，主要表现为：在自身物品管理上，思想麻痹，物品随意乱放；缺乏自我保护意识，对社会了解不够。学生在校园内学习、生活，接触社会少，辨别是非能力差，容易被犯罪分子利用指示其犯罪。还有的学生不注意用电、用火安全，不注意出行交通安全，存在侥幸心理，往往容易造成安全事故。一些学生缺乏社会责任感，抱有“多一事不如少一事”的思想，“事不关己，高高挂起”，看到违法事件，在没有关系到自己的切身利益时选择视而不见等。学生认识不到打架斗殴、盗窃等给自身、他人、家庭、学校会带来什么样的危害。因此，校园安全知识与事故预防教育对于提高学生的安全防范意识具有很大作用。

2. 改善校园安全状况，创建和谐校园

开展良好的校园安全知识与事故预防教育，能够很好地改善校园安全状况，增强学生的主人翁意识，为校园安全提供良好的保障。随着校内及校园周边环境日趋复杂，安全问题是学生在校学习、生活中经常遇到的问题。校园安全状况关乎学生的切身利益，学生在学校学习文化知识的同时，学习、了解、掌握一些安全常识与预防措施，可以在一定程度上做到在校期间自己不受伤害也不伤害他人，遇到危险事故能够正确应对，自己不违法违纪并能同违法违纪行为做斗争，还可以依靠法律法规的力量保护自己，维护自己的正当权益。

8.1.3　校园安全知识与事故预防教育的重要意义

1. 校园安全知识与事故预防教育是学生全面发展的内在需求

教育事业的根本目的是促进青少年的全面发展，提高青少年的综合素质，以适应经济社会迅速发展的要求。学生的综合素质包括专业素质、思想道德素质、身体素质、心理素质和安全素质。安全素质包括安全知识、安全意识、安全技能、安全认识，以及安全行为和相应的心理状态。安全素质是学生成长、发展不可或缺的。开展校园安全知识

---

① 赵平，范强锐，金军. 教育在先，预防为主，整改不断——对高校校园安全管理工作的思考[J]. 实验技术与管理，2006，(8)：1-3，6.

与事故预防教育，是在校学生全面发展的内在需求。

2. 校园安全知识与事故预防教育是校园安全管理的现实需要

随着社会发展，校园与社会已经密不可分。影响校园安全环境和学生人身、财产安全和心理健康的因素日益多元化和复杂化，而学生社会经验不足、安全意识薄弱、心理承受能力较差、安全知识和技能掌握不够，使校园成为各类案件、事故的高发地，使学生成为易受侵害群体，有些教训非常惨痛，同时，学生的违法犯罪现象也时有发生。学生的安全意识薄弱严重影响了其成长和健康发展，并已成为影响校园安全和社会和谐稳定的重要隐患之一，向校园的安全管理提出了挑战。进一步加强和改进校园安全知识与事故预防教育方式，是校园安全管理的现实需要。

3. 校园安全知识与事故预防教育是履行学校法定义务、依法治校的重要体现

《中华人民共和国教育法》明确规定高校有对大学生进行安全教育的权利和义务，《中华人民共和国道路交通安全法》《中华人民共和国消防法》都明确规定学校应把道路交通安全、消防安全教育列入教育内容。另外，《中华人民共和国侵权责任法》《学生伤害事故处理办法》等规定，学校对在校学生负有安全保障义务。加强学生安全教育，切实提高学生安全素质，既是保护学生免受非法侵害的有效手段之一，又是依法治校、履行学校法定义务的重要体现①。

8.2 重庆市高校校园安全知识与事故预防教育发展状况

中国校园安全风险地图显示，2016 年我国校园安全风险主要集中于中部地区和西南部地区，而东北部地区、西北部地区的校园安全风险水平相对较低。总的来看，我国校园安全风险在地域上呈现出“西南地区>华中地区>华东地区>华北地区>西北地区>东北地区”的特点②。重庆市是西部地区重要的金融中心、贸易中心与教育中心，拥有公立高校 20 余所，在校生人数达 100 多万人，是西部地区高等教育的桥头堡，也是校园安全问题较为集中的区域。学生是安全风险的主要感知者，从学生视角出发，考察校园安全知识与事故预防教育状况，从而有针对性地开展校园安全知识与事故预防教育，对于降低重庆市校园风险具有重要的实践价值。

8.2.1 样本基本情况描述

对重庆市校园安全知识与事故预防教育状况的研究采用访谈和实地问卷调查相结合的方法。从抽样便利性层面考量，本书以重庆市高校为样本总体，问卷调查样本的抽取采用多阶段分层抽样方法。在样本选择上，首先，根据重庆市高校数量与分布差异性，

① 韩标，刘再起，黄学永. 高校学生安全教育探索[J]. 思想教育研究，2013,（7）：86-89.

② 高山，冯周卓. 中国应急教育与校园安全发展报告（2017）[M]. 北京：科学出版社，2016：6.

依照“985”“211”序列高校、省部共建高校、市属普通高校分类进行抽样，选取 3 所高校作为样本。其次，根据样本高校学生的学生证号进行等距抽样，每个学校抽取 100 名学生作为最终问卷发放对象，在所抽样学校学生处工作人员的协助下，将 100 名学生安排在同一个教室填写问卷。调查问卷共计发送 300 份，回收有效问卷 280 份。收集回来的问卷在统计分析软件 SPSS 20.0 进行分析。

调查问卷按照性别、周岁年龄、民族、政治面貌、学历、年级、学科门类、月均支出、生源地、学校所在地、婚姻状况、户口性质、是否独生子女等人口统计变量对样本进行基本测量，数据分析结果显示（表 8.1），各个变量的不同维度均有样本分布，确保统计结果能够准确代表高校整体学生的观点，提升统计结果和观点的信度。

表 8.1　被访者个人基本信息（*N*=280）

类别	所占比例	类别	所占比例
学校类型		学历	
省部共建高校	35.7%	专科	35.8%
市属普通高校	35.7%	本科	60.6%
“985”“211”序列高校	28.6%	研究生	3.6%
性别		民族	
男	62.1%	汉族	87.7%
女	37.9%	少数民族	12.3%
学校所在地		生源地	
主城	44.5%	C 市	58.1%
区/县	55.5%	非 C 市	41.9%
周岁年龄		年级	
15 岁及以下	0.4%	一年级	26.3%
16~19 岁	38.6%	二年级	36.9%
20~23 岁	58.1%	三年级	23.5%
24~27 岁	2.9%	四年级	13.3%
是否独生子女		学科门类	
是	29.3%	经济学	1.8%
否	70.7%	法学	9.3%
月均支出		教育学	29.4%
500 元及以下	2.9%	文学	1.8%
501~800 元	15.9%	理学	1.4%
801~1 100 元	43.7	工学	1.1%
1 101~1 400 元	24.2%	管理学	50.2%
1 401~1 700 元	7.2%	艺术学	0.7%
1 701 元及以上	6.1%	其他	4.3%
户口性质		政治面貌	
城镇户口	35.6%	中共党员	10.0%
农村户口	64.4%	共青团员	87.1%
婚姻状况		民主党派	0.4%
已婚	0.4%	群众	2.5%
未婚	99.6%		

8.2.2 重庆市校园安全知识与事故预防教育状况的描述性统计

1. 校园安全知识与事故预防教育需求意识较强

校园风险应对能力强弱依据风险应对技能是否能适应环境的变化而更新来进行判断，风险应对技能也需随环境的变化而更新才能更好地进行风险防控。开展安全知识与事故预防教育是当前高校风险应对技能获得的重要途径。

数据分析显示，针对高校风险事件，71.3%的受访学生认为高校应该开展安全事故培训和演练，此外还应开展安全警示教育（54.1%）、心理健康教育（52.0%）、法制教育（46.6%）、危机修复教育（36.9%）、思想政治教育（30.1%）（图 8.1）。当前，安全事故培训和演练、安全警示教育、心理健康教育最受学生青睐，而且涉及多种类的风险应对技能教育需求。显然，学生对校园安全知识与事故预防教育需求意识较强，主动进行知识和能力的提升是提高校园风险应对能力的重要措施。今后高校可以根据实际学生反馈情况进行校园安全知识与事故预防教育的种类调整。

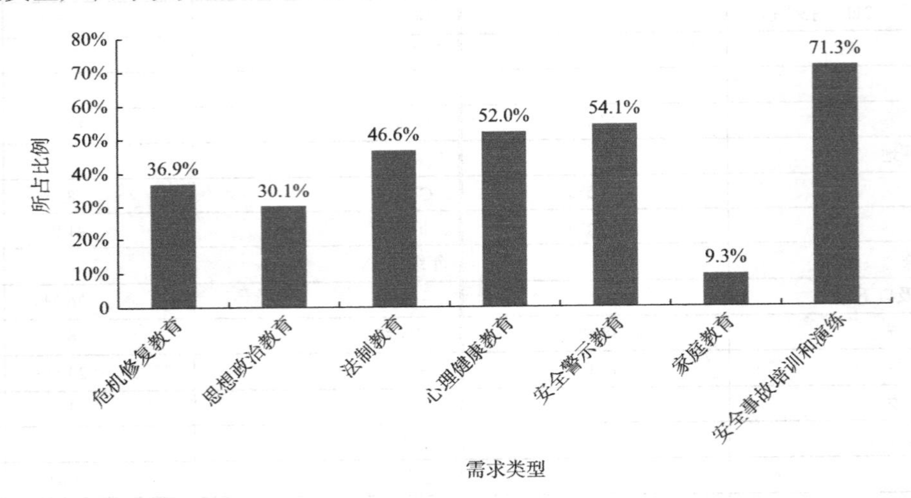

图 8.1 校园安全知识与事故预防教育需求类型

2. 校园安全知识与事故预防教育亟待加强体制机制建设

体制机制建设向来是系统提升风险应对能力的重要手段，也是风险应对能力的关键影响因素①。数据分析显示，被访学生对包括学校危机预警系统建设、安全事故培训和演练、与学校师生的沟通机制、学校整体的协调配合机制、危险中领导的决策和管理能力、与媒体的沟通机制、学校危机管理领导部门建设、与家长的沟通机制、与上级部门的沟通机制在内的八项风险应对机制进行了评价（表 8.2）。其中，学校危机预警系统建设、安全事故培训和演练、与学校师生的沟通机制、学校整体的协调配合机制、危险中领导的决策和管理能力是学生认为需要重点提升的方面，这属于内部机制的不完善。而与媒体

① 朱正威，蔡李，段栋栋．基于“脆弱性—能力”综合视角的公共安全评价框架：形成与范式[J]．中国行政管理，2011，（8）：101-106.

的沟通机制、与家长的沟通机制、与上级部门的沟通机制则表现良好。这反映了当前高校风险应对外部沟通机制较完善，外部沟通机制是连接高校系统内外信息和资源的关键渠道，这是高校风险应对能力较好方面的体现。当然，预警系统建设、培训和演习、内部沟通协调配合等机制今后仍需完善强化，也是今后提升风险应对能力的重要着力点。

表 8.2　校园安全知识与事故预防教育的薄弱环节

类别	概率
学校危机预警系统建设	62.8%
安全事故培训和演练	60.6%
与学校师生的沟通机制	40.1%
学校整体的协调配合机制	32.1%
危险中领导的决策和管理能力	23.5%
与媒体的沟通机制	18.1%
学校危机管理领导部门建设	17.0%
与家长的沟通机制	14.1%
与上级部门的沟通机制	12.3%

8.3　重庆市中小学校园安全知识与事故预防教育案例

8.3.1　校园安全教育类

案例 1　幼儿园安全教育事无巨细

《幼儿园安全教育纲要（试行）》明确指出，“幼儿园必须把保护幼儿生命和促进幼儿健康成长放在工作的首位”，“紧密结合幼儿的生活进行安全、营养和保健教育，提高幼儿的自我保护意识及自我保护能力”。在教育体系里，安全教育，尤其是幼儿园安全教育，占据着十分重要的地位和作用，应该引起全社会的关注及高度重视。幼儿园安全教育是指满足幼儿生命健康成长的需求，提高幼儿的生命质量，使幼儿逐步养成积极自主的生活态度，初步拥有风险应对能力的教育。在幼儿期，幼儿的生长发育十分迅速，可是机体及各个方面发育得很不完善，他们的活动欲望非常强烈，但自我保护意识极其薄弱，加上幼儿身心稚嫩，特别容易受到伤害，故幼儿园教育工作的重中之重就是安全教育。幼儿年龄小，生活经验贫乏，自我保护意识薄弱，自我保护能力有限，又缺乏安全防范的基本意识，因此幼儿期是最容易出现安全事故的时期，也是最危险的时期。一直以来，人们关注的焦点就是幼儿的安全，幼儿园内最重要的就是安全管理工作。它是幼儿园内各项工作得以开展的基础，也是一日工作得以正常开展的保证。因此，幼儿园的安全教育及管理是极其重要的。

1. 幼儿园某班发生的安全问题

幼儿园的孩子都是小天使，为了小天使的快乐成长，安全是第一位。某天在午睡的时候，孩子们都静静地躺在小床上，突然曦曦对老师说："老师，钧钧嘴巴里有东西。"老师一听马上走过去，只见钧钧快速地把嘴里的东西吐出来，紧紧地握在手里。老师问他刚才嘴里吃的是什么，他露出很惊慌的神情，倔强地抿着嘴不说话。于是老师让他把手打开，起初他还不愿意，背对着老师，在老师的强烈要求下才慢慢打开了手心。老师一看，居然是一坨棉花，旁边有小朋友马上说道，这是钧钧在自己的被子里扯出来的，还准备把棉花塞进其他小朋友的鼻子里面。原来他睡不着就悄悄地玩起被子里的棉花来，甚至把它放到嘴巴里嚼着玩。老师赶紧将棉花没收，浑身冒出冷汗。如果老师没有发现，孩子把棉花吃进肚子里，有细菌肚子会疼、会生病，万一玩的是珠子、小铁片等更危险的物品，还会危及脆弱的小生命，老师不禁感到一阵后怕。虽然这次"吃棉花"事件被及时发现了，但是也给老师重重地敲响了警钟——午睡要更加关注幼儿的人身安全，在生活中也要加强安全教育，了解危险行为带来的后果。

2. 分析幼儿园安全问题出现的原因

幼儿在幼儿园发生安全事故的原因有很多，有主观方面的原因，也有客观方面的原因，可以归纳为以下几个方面。

1）教师的安全意识薄弱，缺少管理能力

现在有很多教师只把注意力放在孩子的学习上，从而忽略了对孩子的安全教育，对国家规定的安全教育指示做得不到位，没有树立"安全第一，预防为主"的思想，从而为一些安全事故的发生埋下了隐患。有的教师抱有侥幸心理，如组织教学的时候，难免会存在显而易见的安全问题，但是教师存在侥幸心理，于是就忽略了危险的存在，正是这种心理容易导致事故的发生。

2）部分教师的责任心差，安全教育不到位

幼儿园教师如果安全意识不强，做事马虎，责任心差，就会发生安全事故。教师不注重对幼儿的安全教育，认为幼儿年龄小，还无法理解安全内容，没有教幼儿掌握保护自己的办法，不对幼儿进行安全教育。在日常生活中，发现幼儿有不安全的行为不及时纠正，没有抓住机会对幼儿进行教育，没有创造安全的学习环境，从而导致事故的发生。有的教师甚至为了避免在教学活动中发生安全事故，很少让幼儿外出或进行户外活动，这对幼儿的自我保护和应急应变能力的发展非常不利。

3）家长缺乏安全教育意识，幼儿自我保护能力差

如今大部分幼儿是独生子女。家长从小对孩子过度关心，很多事情都是家长亲力亲为，哪怕是孩子自己会做的事也被家长做了。家庭总是以孩子为中心，最好的都给了孩子，对孩子过分保护，经常规定孩子这个不能摸、那个不能碰，从而忽视了对孩子进行正确的安全教育和自我保护意识的教育。幼儿年龄小，正处于身心发展阶段。生活经验缺乏，也缺乏自然方面、社会方面的常识，他们头脑中没有"危险、伤害"的概念。他们缺乏分辨是非的能力，自我保护能力差，更谈不上自我防护意识。幼儿在学习和生活中不能够判断有危险的事情，遇见危险没有应对的能力，更不会保护自己。

3. 做好安全工作，我们义不容辞

幼儿园教育工作者义不容辞的责任就是爱护幼儿，消除或减少幼儿的意外伤害事故。社会各界，特别是幼儿教育工作者要把幼儿的安全教育当作首要任务，教师要重视安全工作，保证幼儿在园内的安全。

1）教师要树立安全教育意识

教师要加强幼儿的安全教育，自身应时刻树立安全教育意识，增强幼儿的自我保护意识。由于幼儿的好奇心强，喜欢做一些大胆的动作，在平时又缺少生活经验及各种社会、自然方面的基本常识，自理能力极其差，甚至当自己处于危险之中，也不会清楚地得知，缺乏自我保护能力。因此，在关心和保护幼儿的同时，也应教会幼儿必要的安全教育知识，提高幼儿的自我保护能力。教师应树立安全教育意识，自身在加强安全教育知识学习的同时，加强幼儿的安全保护意识，时刻把幼儿的安全铭记于心。幼儿园应把安全工作放入重要的议事日程，并在园长的领导下，教职工分工负责和组织实施。幼儿园应将安全工作真正地落实到幼儿的生活常规中去，做到园长有检查，教师有总结与记录，从而及时发现并解决问题。

2）教师要增强安全工作的紧迫感与责任感

幼儿园教职工应该非常重视安全思想教育，本着安全第一的原则，人人都要把幼儿安全时时刻刻放在心上，人人做一个安全工作的有心人。幼儿园应成立安全领导小组，并签订责任书，不断完善幼儿园安全保卫工作的规章制度。幼儿园每周要召开教师及保育员会议，及时了解存在的安全隐患，认真落实安全制度；及时把安全工作做好，尽可能消除安全隐患。

3）培养幼儿良好的安全意识与自我保护能力

第一，教师可以通过书本中的知识树立幼儿自我保护的意识。

幼儿正处于身心发展阶段，自我保护意识非常差。如何让幼儿形成自我保护意识，对教育工作者来说十分重要。教师平时可以通过讲述书本中的故事来增强幼儿的自我保护意识，教育幼儿在遇到地震时要进行自救，教育幼儿要躲在坚硬物体下面，因为坚硬物体可以减少幼儿受伤的概率。例如，在《认识五官》中，让幼儿观察五官的特点，说说每个器官的作用，让幼儿扮演盲人（学盲人拿东西，学盲人走路），使幼儿感受到眼睛看不见给生活带来的麻烦，充分让幼儿感知残疾人生活的不便，从而让幼儿知道一定要保护好自己。

第二，教师可以通过讲述现实生活里的实例使幼儿树立自我保护的意识。

教师可以通过运用多媒体等向幼儿进行实例教育。现实生活中经常有关于幼儿被拐卖、走失等报道，教师可以通过讲述这些实例教育幼儿：社会上有很多好人，但也有很多坏人，有些坏人会装模作样地给你好吃的、好玩的和好看的，让你感觉他不是坏人。因此，要让幼儿提高警惕，不要轻易相信陌生人，要学会自我保护。还要注意一些幼儿日常生活中的小细节，如幼儿在上厕所时也要注意安全。《人民日报》就曾报道过幼儿在上厕所时发生的意外：一幼儿由于是冲着跑进厕所，在刚进厕所门时，一不小心滑了一下，摔在了瓷砖上，结果额头摔破了。从这些实例中可以看出，教师要教导幼儿注意

这些生活里的小细节，避免事故的发生。

4）运用多种形式培养幼儿的自我保护能力

通过游戏训练幼儿的自我保护能力。幼儿最喜欢的活动就是游戏，因此，通过游戏训练幼儿的自我保护能力可以收到较好的效果。有的幼儿园开展了《幼儿火灾自救消防逃生演习》并取得了较好的成绩。在演习中，幼儿很快就掌握了火灾发生时应采取的措施。《打电话》游戏也是教育幼儿在紧急情况下的一些自救方法。例如，发生火灾时拨打119 电话，要讲清楚火灾发生的地点及火势的大小程度和现场的情况，并用湿毛巾捂住嘴巴、鼻子等，避免浓烟进入鼻子影响正常呼吸。告诉幼儿火势较大的话可以把棉被打湿，盖在身上进行逃生。

5）通过各种锻炼提高幼儿防御风险的能力

教师不仅有责任保护幼儿的生命安全，避免让幼儿接触不安全的事物，更应该对幼儿进行初步的、最基本的安全教育及指导，逐步使幼儿提高防御风险的能力。

（1）加强幼儿体能训练。在日常生活中不难发现，平时很少跑动的孩子相对来说比较容易受伤，相反那些平日里活泼好动的孩子相对来说磕碰就少一些。在幼儿园户外活动中，教师可以带幼儿到户外活动，可以让幼儿玩开火车的游戏、拍皮球、玩蹦蹦床等。教师可以根据实际合理地组织有一定强度及密度的体育活动，提高幼儿的身体发育水平。

（2）增加幼儿生活经验。孩子受到的保护越多就越容易出差错，因此，若幼儿缺乏生活经验，几乎会丧失自我保护能力，又由于突发的难以预料的事情很多，一旦遇到紧急突发情况，那些平时被过度保护的孩子就会束手无策。家长应该给孩子留一些锻炼的机会，因为经受磨炼长大的孩子会积累更多的生活经验，这样当他们遇到必须自己解决的问题时才会不逃避。幼儿园中班的一次手工课上，当幼儿津津有味地剪着自己的手工纸时，老师看到一位幼儿举着小手，发现他的手工纸完完整整的放在桌上，手已被剪破了皮，老师马上为他包扎了手指，然后和幼儿一起完成手工，教他使用剪刀的方法，鼓励他完成手工作业。后来老师得知家长根本没让该幼儿碰过剪刀，平时什么事都是由父母包办，该幼儿很少自己动手。教学中老师应尽量增加幼儿锻炼的机会，让他们在课堂上增强安全意识和提高自我保护能力。

（3）进行适当的应急教育。让幼儿知道身体各部位的名称，告诉幼儿不舒服时应及时告诉家长或老师。例如，教育幼儿发烧时身体会变烫，肚子不舒服会很痛，如果有这样的情况就应及时告诉老师或家长。而老师在小孩发烧的情况下，可以把毛巾打湿敷着进行物理降温。又如，遇到突然停电时，教育幼儿不要乱跑。再如，教育幼儿能够有区别地对待熟悉人和陌生人，不要跟陌生人说话，不吃陌生人给的东西，不跟陌生人走等生活常识。

6）家长和幼儿园配合，增强幼儿的安全意识

家长是孩子的第一任老师，家长对生命的态度及生存安全意识直接影响孩子能力的形成，家长的支持和配合是进行幼儿自我保护教育的基础。家长是幼儿园与家庭之间的桥梁，幼儿园的活动与家长的支持、配合密不可分。要积极做好各项安全知识的宣传工作，并让家长了解和参与幼儿园活动，使家长明白培养幼儿自我保护能力的必要性，增

加家长的责任感。

（1）耐心向孩子讲解必要的安全常识。在日常生活中家长只知道跟孩子讲不可以这样做，不可以那样做，却不给孩子进一步解释为什么不可以做，孩子也不明白为什么不能那么做，在好奇心极强的情况下，当家长不在身边时，他们就会做出一些危险性的尝试，从而引发一些伤亡事故。因此，家长在对孩子讲解一些安全规范时，应该耐心地讲清楚原因，如不能在马路上玩，因为那里有很多车辆，一不小心就会被撞到；不能把手放在门缝里，否则别人一推门，门就会夹伤手指头。如果幼儿明白了这样做的危险后果，理解了家长对孩子的要求是爱护他们，他们就不会再去贸然尝试。

（2）培养孩子的独立性和自主性。家长应该多给予孩子独立处理问题的机会，发生在孩子身上的事，家长不要马上去帮助他，先让孩子自己去思考解决问题的办法。例如，幼儿在玩皮球时，皮球不小心掉进了水坑，这时，家长不能马上去帮他捡起来，而是要问他："现在怎么办呀？"孩子就会自己想办法，找一根木棍把皮球弄出来。这样做可能花费的时间久一点，但是孩子的独立性和自主性就会慢慢提高，以后若是碰到类似的困难，即使家长不在身边，他也会自己去想办法解决。因此，家长平时应该让孩子独自面对困难，不要一碰到困难就马上帮孩子解决，不能让孩子养成依赖性。

总之，幼儿园各项工作的基础就是安全教育，只有安全工作得到落实，幼儿园的各项工作才能展开。幼儿园必须始终把安全工作放在重中之重的位置，提高认识、明确责任，幼儿的安全才能得到保障，才能促进幼儿的健康发展。幼儿的安全教育不是一朝一夕的事，需要教育工作者持之以恒地引导教育，真正使幼儿养成良好的安全防范意识，在安全的环境中健康成长。

（作者：涪陵城区第二幼儿园　刘笛）

案例2　珍爱生命　健康成长

生命很珍贵，没有任何东西能与之相比。每一个人的生命只有一次，一旦失去，就不会再有第二次。然而，生命中最大的敌人就是安全事故和疾病。每个学生都生活在幸福、温暖的家庭里，受到父母和家人的关心、爱护，似乎并不存在什么危险。但是，生活中仍然有许多意外事情需要倍加注意和小心对待，否则，很容易发生危险、酿成事故。因此，我们就更应该深入地了解相关安全知识，学会必要的自护和自救方法，从而更好地保护自己，珍爱生命。

《食物中毒怎么办》教学案例①

案例目的：使学生明白什么是食物中毒，了解食物中毒的危害；了解食物中毒的种

① 刘新．三部门发布《学校食品安全与营养健康管理规定》（附全文）[EB/OL]．http://www.cfdacx.com/news_show.aspx?id=20240，2019-03-13．

类和特征；懂得如何在食物中毒之后采取急救措施，并且懂得如何预防食物中毒。

案例重点：认识食物中毒特征。胃肠道症状：腹泻、腹痛，有的伴随呕吐、发热。增强自我救护意识：出现上述症状，应怀疑是否食物中毒，并及时到医院就诊，同时报告老师。

案例开展过程如下。

1. 导入

今天，我们要一起学习与大家健康有关的内容。下面请同学们看一个数据：2007 年我国学校共发生食物中毒 117 起，其中 74 起发生于学校集体食堂，中毒 2 853 人，在观看的同时请同学们思考，看完这则新闻后你们有什么想法和感受？

小结：由此看来，掌握食物中毒方面的知识，学会预防食物中毒，这是非常重要的！

2. 讲授新课

既然食物中毒的知识如此重要，那么同学们，你们知道什么是食物中毒吗？食物中毒有哪些特征呢？哪些原因会导致食物中毒？我们又该如何预防食物中毒呢？下面带着这些问题，一起进入今天的话题。

1）什么是食物中毒?

食物中毒是指摄入含有生物性、化学性有毒、有害物质的食品或者把有毒、有害物质当作食品摄入后出现的非传染性（不属于传染病）的急性、亚急性疾病。了解了什么是食物中毒后，下面我们来简单了解一下食物中毒的分类。

2）食物中毒的分类

细菌性食物中毒：常见食品主要有淀粉类（如剩饭、粥、米面等）、牛乳及乳制品、鱼肉、蛋类等。多发于夏秋季节。

真菌性食物中毒：常见的发霉的花生、玉米、大米、小麦是引起真菌性食物中毒的食料。

有毒动植物食物中毒：如河豚、蝎子；不熟的四季豆、发芽马铃薯、色彩鲜艳的蘑菇等。一般食用豆角不会中毒，但食用没熟透的豆角能引起中毒。

化学性食物中毒：腌菜过程中可能产生亚硝酸盐中毒。制作熟食加过量的发色剂、亚硝酸盐引起中毒。食用蔬菜上沾有残留农药引起的中毒，也叫有机磷农药中毒。

那么，同学们，平时生活当中有没有留意到有食物中毒的同学，他们都有什么症状？请同学们分小组讨论食物中毒原因有哪些。

3）食物中毒的症状和特征

食物中毒可同时引起腹胀、腹痛、恶心、呕吐、腹泻，以及头晕、头痛。

其他症状：个别食物中毒者会便中有脓血、黏液等。食物中毒者除有上述急性胃肠炎症状外，还有神经系统症状，如头痛、怕冷、发热、乏力、瞳孔散大、视力模糊、吞咽及呼吸困难等。

如果我们不幸误食了有毒的食物，导致食物中毒，那么我们应该怎么做呢？请同学们先在小组内进行讨论汇报。

4）食物中毒应对措施

排除未吸收的毒物，如催吐、导泻、洗胃、解毒、局部冲洗等。

促进已吸收毒物的排泄：利尿、血液净化、血液灌流。

催吐：喝淡盐水或生姜水，可用筷子、手指或鹅毛等刺激咽喉，引发呕吐。

导泄：服用泻药，或者用水煎服番泻叶。

洗胃：注入一定比例的高锰酸钾溶液或者碳酸氢钠溶液、生理盐水、温开水，最后进行导泄。这些最好到医院进行。

解毒：一般喝醋，也可以喝牛奶或者含蛋白质的饮料。

5）小小演练

同学们，刚刚我们了解的急救措施你们都掌握了吗？让我们来进行一次小演练吧！演练之前，请同学们看看小视频上的同学和家长是怎么做的，看完之后请同学们根据老师的提示进行演练。

同学们，知道了食物中毒的急救措施，我们平时应该怎样预防食物中毒呢？请同学们分小组进行讨论，讨论完后老师将每个小组的结果进行展示评价。

6）食物中毒如何预防

个人应注意的：①注意挑选和鉴别食物，不要购买和使用有毒的食物，如毒蘑菇、发芽土豆等；②烹调食物要彻底加热弄熟，如扁豆；③饭前、便后要洗手；④避免昆虫、鼠类和其他动物接触食品；⑤到饭店就餐时要选择有《食品卫生许可证》的餐饮单位；⑥瓜果、蔬菜生吃时要洗净、消毒；⑦肉类食物要煮熟，防止外熟内生；⑧不吃腐败变质的食物。

单位或集体应注意的：①到持有《食品卫生许可证》的经营单位采购食品，并相对固定食品采购场所；②采购新鲜洁净的食品原料；③不采购来历不明、不能提供相应产品标签的散装食品；④到具备相应资质的单位订购学生的集体用餐。

课后总结：只要从以上几个方面入手，认真学习食品卫生知识，掌握一些预防方法，增强卫生意识，把住“病从口入”关，就能最大限度地减少食物中毒的风险，预防食物中毒，保证同学们的身心健康。

通过开展应急安全疏散演练和食品安全教育，我校师生熟练掌握了安全逃生知识和简单技能，对食物中毒相关知识有了一定的了解，更加懂得生命之可贵，在头脑中牢牢树立了“安全第一”的思想，学生在安全的教育环境中学习、成长，每一位师生都来关心学校的安全工作，留心每一处安全隐患，我们的下一代就能健康成长，学校教育工作就能正常进行，我们的社会就会更加和谐、安定。

（作者：黔江区五里乡中心小学校　杨昌旺）

8.3.2　防范制度与隐患排查类

案例1　落实精细管理，夯实安全基础

校园安全已成为社会关注的热点问题。保护好每一个孩子，把发生在他们身上的意外事故的损害减小到最低限度，已成为学校教育和管理的重要内容。学生的平安健康，

牵动着亿万家庭和全社会的心。因此，中小学校学生的安全教育和管理被放在特别重要的位置，重庆市北碚区双凤桥小学在学校设置安保科，聘任责任心强、有一定安全防范教育意识的教师担任专（兼）职安全管理员，借此形成全校安全教育立体管理网络。

重庆市北碚区双凤桥小学以创建“平安校园”为总抓手，坚持“安全工作防胜于治”这一理念，秉诚“教育在前、提醒在前、防范在前，不亡羊补牢”的思想，让安全工作走在学校各项工作的前列，充分发挥安保工作的保驾护航作用。

1. 领导重视，组织机构健全

学校成立了以书记、校长任组长，分管安全的副校长任副组长，其他校级领导、安保科科长、中层干部任组员的安全工作领导小组，安全工作实行四重管理，重庆市北碚区双凤桥小学校长对五个小学实施全面总体管理，四个副校长各自联系一所村小学，安保科对四所村小学进行安保业务管理，四位村小学常务副校长实行执行管理。校级领导实行对口联系学校的制度，不仅对分管工作的安全负责，而且对所联系学校的安全负责；安保科科长不仅对中心校的安全管理负责，而且对所有校园的安全工作负责；各村小学设立安保干事一名，安保干事对各自学校的安全工作负责。领导小组成员实行一岗双责，一级抓一级，层层抓落实。

2. 实现校园安全管理一体化

各村小学的安全具体责任人是村小学的常务副校长和安保干事，安保干事既接受中心校安保科的指导和监督，同时也接受本校常务副校长的管理和督促，从而形成了校长、村小学常务副校长、安保干事、班主任、学生安全员五级联动管理模式，并层层签订安全责任书，把安全工作落到实处。学校重视学生安全员的作用发挥，学生安全员时刻督促学生的行为，及时发现不安全行为，并加以制止，降低学生安全事故发生的可能性，实现安全管理全覆盖。同时，学校加强校园保安的管理，做好课间和午休时间学生的安全管理。多年来，辖区内学校未发生一例安全责任事故，五所学校都在北碚区第三届“关爱明天，普法先行”“零犯罪”学校创建活动中获得成功，中心校重庆市北碚区双凤桥小学也在重庆市和全国“零犯罪”学校创建活动中获得成功，得到家长和社会的一致好评。

3. 充分利用每周例行安全法制班会课，把安全教育工作扎扎实实落到实处

在校园构建起“校长—安保科—教师—学生”的四级管理体系是安全教育和管理的基础环节，但更重要的是让安全管理取得实效，重庆市北碚区双凤桥小学高度重视班主任的安全教育工作。

班主任既要努力提高教育教学质量，又要抓好安全教育，实行一岗双责的管理。在班主任工作中，每周例行安全法制教育班会课是班主任向学生进行安全教育的重要阵地。学校安保科结合不同时段制作大量适合学生年龄特点的 PPT（microsoft office powerpoint，幻灯片）和安全教育视频短片（动漫），班主任利用一系列安全教育 PPT 和安全教育视频短片及时、有针对性地总结、集中和提炼知识，并且善于举一反三，由此及彼、由表及里、由现象到本质，使每周例行安全法制教育班会课发挥多种教育作用。

班主任如何利用每周例行安全法制教育班会课来进行安全教育呢？我在这几年的班主任安全法制教育经历中有以下三个方面体会。

第一，每周例行安全法制教育班会课上要善抓典型，发挥安全教育的效果。

冰心说："有了爱便有了一切。"爱就是爱学生，爱班主任工作，爱利用各种形式对学生进行安全教育。教书育人，让学生安全成长是教师的天职。如何做好班主任的本职工作，我认为爱学生是根本。要付出爱，就要求班主任身体力行，不断践行陶行知的"捧着一颗心来，不带半根草去"的精神，把每一位学生视为自己的孩子，或者是当作自己的弟弟或妹妹。这种情结，一定会让我们把学生的安全放在首位。不断加强安全教育方面的理论学习，对学生的安全教育问题常抓不懈，并结合班级具体情况和学校内外环境进行创新工作，用满腔的热情、激情、爱心和耐心激发学生思想的共鸣，培养学生树立自我安全保护的意识。如何把爱与安全教育融合在一起呢？班上有一位女生，从小被母亲抛弃导致其性格孤僻、表情冷漠、郁郁寡欢，对学习缺乏自信，外界稍有刺激，就会做出强烈反应。有一天，她在课间和同桌男生大打出手，我赶到时，她还是一副不依不饶的状态，通过了解，原来是她的同桌下课时爱疯玩打闹，干扰了她学习，我分析应是该女生的自卑或是嫉妒心理作祟，同桌学习轻松、成绩优异，而她自己付出多、收获少，下课还在埋头苦学，别人越玩得欢，她心里越难受，终于在那一刻忍不住爆发出来。我意识到问题的严重性，如果不及时帮助该女生打消自卑、嫉妒心理，类似的情况还会重演，于是我与这位女生进行了一次长谈，长谈后，她写了一篇作文《我想妈妈》，在班会课上她的作文让同学潸然泪下。我抓住这个机会，告诉她，也告诉学生："生活中会遭遇许多不幸，但是当你鼓起自信的风帆，划动奋斗的双桨，你一定会发现一个生机勃勃的你，一个潇洒自如的你；生活中遭遇的不幸也是一笔财富，它能磨炼你的心志，让你学会珍爱，学会奋进，并塑造一个成功的你。"以后我又找时间与她谈心，一段时间后，我发现这位学生脸上有了笑容，学习成绩也有了很大进步。

第二，每周例行安全法制教育班会课上的安全教育要落到实处。

班上女生多，因而请假也很频繁，经常上课中途要上厕所，不是肚子疼就是头疼。作为一名男老师，我总是有学生请假就马上准假。但自从知道有一个女生有一次向我请假并非真的是肚子疼，而是和一个人溜到教室外面去玩了半天，此后我就对学生请假的事多了几分警惕。每次学生请假后，我都提醒学生快快回到教室上课。正所谓"你有政策，他有对策"。虽然我觉得自己的工作已经做得很细致，但学生比我还"细"。班上有一位女生，平时表现就较差，而且身体也不是很好，经常以身体不适请假不上学。某一个周日，她打电话谎称自己胃疼和母亲在医院看病，周一不能回校上课。当时我就让她母亲打个电话给我，这个学生马上说她母亲出去了，但我还是坚持让其母亲打电话给我。过了没多久有个自称女生母亲的人打电话给我，并证实了该女生确实在看病。我认为既然都证实了那应该不会有假，也就准了假。但到了周一她的母亲带着她来到学校，并且说出实情：该女生自周五开始就一直没有回家，而是一直和别人在网吧上网，为此家人焦急万分，到处寻人，最终在网吧找到她。我利用这件事情，在每周例行安全法制教育班会课上以《诚信》为题，给学生上了一堂德育教育课，又上了一堂安全教育课。课上，还让学生自己讨论拟定了"班级安全十不准"，对上网、打架等方面做出了严格要求。

从这件事情上我真正认识到学生的安全问题是班主任工作的头等大事。要做好学生的安全工作必须对学生要求严，对工作要细心，要将安全教育务必落到实处。

第三，每周例行安全法制教育班会课上班主任还要勤总结。

作为班主任，对班级的每一个角落都要仔细观察，要勤于观察，这样才能及时发现安全隐患，杜绝事故发生。每学期开学的时候，我一定会对班级的所有角落进行安全排查，发现有不安全的地方，及时与总务处联系解决问题，平时多到班级走走，多关心班级工作，这样即使有什么安全问题也能及时解决。

对于班级工作中遇到的安全问题，在前“三勤”的基础上及时思考，想出对策解决问题，并利用每周例行安全法制教育班会课勤总结。在这一点上，班主任一定要认真备课，确定主题，力求教育形式多样化。那么，每月一次的安全总结班会课上应该从哪些点上着手总结呢?

（1）对每月班级中发生的违纪事例做小结。

（2）简要剖析违纪事例中存在的安全隐患，即后果。

（3）提出今后的预防措施。

通过每月一次的安全总结，让学生了解一些常规安全知识，逐步培养学生树立自我保护的安全意识。

安全教育不是一朝一夕的事情，班主任必须清醒地认识到安全工作比班级里的其他任何事情都要重要得多，安全无小事，必须常抓不懈。近几年来，通过这“一抓，一落实，一勤”，班级无一例安全事故发生。

（作者：重庆市北碚区双凤桥小学　程孝林）

案例 2　安全校园　你我共筑

——校园安全警示教育案例

1. 案例背景

生命是美好的，生活是多姿多彩的，拥有这一切的前提是安全。学校安全管理是教育管理的重要组成部分，它直接关系到千千万万孩子的未来和家庭的幸福，同时，它也是全面实施素质教育的必要前提和基本保障。目前，中国特色社会主义进入新时代，学校安全教育面临新形势、新要求，影响小学生安全的因素也越来越复杂，给学校提出了前所未有的挑战。做实学校的安全教育工作，不是一个人就能做到的事情，它关系到一个学校的管理和教职工的工作责任问题。因此，学校要重视安全工作的管理，分管安全工作的人员更要务必紧绷安全这根弦，管理人员要有观察发现问题并能及时解决问题的能力。

那么，如何对学生进行安全教育呢？我们认为，针对当前实际，做好防范措施是杜绝安全隐患的有力保障。因此，我们一定要时刻加强安全意识，努力增强学生自我防范能力，做到警钟长鸣！

让学生安全、健康、快乐地成长，是每个老师应尽的义务和责任，在教授科学文化知识的同时，传达安全知识也是不可或缺的一部分。因此，做好校园安全管理工作很有必要，作为教师，也要重视起来，平日里不但要对学生进行安全常识教育，还要在课余时间细致观察学生的言行，只要发现一次不安全的行为，就要及时教育警戒一次。

2. 案例过程

1）排查了解校园安全隐患

学校方面设置了校园安全监察小组，安排值班教师、值班领导等在课间、集会对校园各楼道执勤，监督安全，另外还安排保安 24 小时对各楼道、各楼层进行监控、巡视，并做实时记录，真正做到责任落实。

学生方面还成立了红领巾监督岗，队员由各班级学生代表组成，其中值周教师带头，高年级学生担任队长，全面带领考察小队巡视校园每个部位及角落，细致排查安全隐患，提前预防安全事故发生，实行零报告制度，如食堂下坡雨天路滑，路灯线路老化暴露在外，沙坑土质硬化有碎石……并认真统计、填写《校园安全隐患排查表》。

2）调查统计校园安全事故发生情况

学校安排专门人员负责记录校园安全事故发生情况，一旦发现异常情况，立即向相关人员报告。学校校务处、医务室工作人员调查统计学校近一年来校内发生的安全事故，如实填写《校园安全事故统计表》。

3）巡查搜集校园安全警示标志

组织队员巡查校园建筑物及设施、设备安全警示标志，以“图片呈现+文字描述”的形式进行搜集整理，并在《校园安全警示标志登记表》上记录所搜集警示标志的名称、图像、作用及所在地。

4）交流展示

学校将调查搜集到的校园安全隐患、校园安全事故发生情况、校园安全警示标志等相关情况在校园墙报上进行展示，组织、号召学生实地观察体验，推选考察小队队员代表、观摩学生代表发言，结合自身学习和生活实际，交流感受。

学校还组织每月一次的安全疏散演练，以及每学期一次的安全专题表演活动（由学校安排班级做国旗下展示，再由值周老师对安全做强调教育），旨在让学生能够真正做到“快快乐乐上学来，安安全全回家去”。

5）典型案例呈现

（1）某日课间，二年级某班的学生陈某从教室里出来，着急上厕所。因为刚下课，走廊里还没有多少人，见此情景，陈某便撒腿狂奔。正在这时，从三年级某班教室里突然走出一名同学，恰巧经过的陈某来不及“刹车”，两人撞个正着，陈某本来就有些松动的牙齿在碰撞时流血，另一位学生的头部也撞了一块。老师知晓情况后立即将二位学生送至医院检查，经检查均属皮外伤。

事后，老师在课堂上开展了重点教育，提醒学生课间要做到“轻声、慢行、讲安全”，特别是要注意楼道、教室门口突然出现的人，只有做到慢行，才能防止“转角遇到祸”。

（2）某日课间，三年级某班几名男生在操场上追逐打闹。其中一名男生在追逐过程中没注意到旁边伸腿坐着的同学，来不及提腿而被绊倒，导致跌伤，右手也有擦伤。操场值班教师立刻将其带至校卫生室清洗伤口并包扎。

事后，班主任在班会课上批评了几位学生追逐打闹的行为，并在学生中开展专题讨论："课间活动时如何避免意外发生？"通过安全教育，学生进一步提高了避免在活动、游戏中造成误伤的意识。

（3）五年级某班胡某在学校出了名的调皮，特别是在体育课上表现得更加肆无忌惮。一次实心球投掷课上，体育老师指导完原地前抛实心球要领后，要求学生在原地进行练习，练习前还特意强调要注意安全，让观看的学生和投掷实心球的学生保持一定的安全距离。就在临近练习结束时，因为胡某转身和后排学生聊天，前排练习的学生在准备投掷时没注意，实心球抛向胡某，胡某的后脑勺砸中，胡某顿时泣不成声、哭喊连天。该体育老师立即上前安慰胡某，询问伤情，并向校领导进行报告，请班主任老师代为看管，并及时打电话通知其家长，后将受伤孩子送往医院，做了头部检查。在等候诊查结果过程中，该体育老师始终细致耐心地跟家长沟通交流，安抚家长情绪。最后诊断结果显示头部未见异常。至此，该体育老师悬着的心才放了下来。

事后，该体育老师、学校也做出深刻总结，作为课堂第一责任人，任课教师必须掌握简单的突发事件应急处理办法，发生事故后要保持头脑清醒，即使是受害者自身原因导致的，也不可对其训斥辱骂，反而要以温和的语气慰藉伤者，时刻关注其情绪变化。另外，新生入学时提供健康证明也很有必要，每年应开展一次常规体检，登记造册；学校要给每位学生购买意外伤害保险，家长也可自行选购其他未成年人险种，从而多方面、多渠道加强学生的安全健康保障。

（4）学校为打造动静校园，设立了足球兴趣班。某天在足球训练课上，课前老师要求参训队员先进行热身活动，于是一列小队开始跑步热身，跑到操场转角处时，从操场外边"飞"来了一只鞋子，由于参训队员刘某一时没注意，"迎了上去"。结果因为脚下踩到这只鞋子，一打滑，没能站住。刘某的右手由于惯性伸出，结果倒下的时候全身重量都压在了右手上。当老师走近询问的时候，刘某的右手由于压迫一时不能自由活动，被立即送往医院检查，所幸检查没有大碍，只是由于压迫有擦伤，并未伤到筋骨。

事后，老师对"飞"出来的鞋子进行了调查，发现是其他学生在操场边玩耍时将鞋子踢着玩，一不小心踢到了操场跑道上，老师在了解情况后对扔鞋子的学生进行了批评教育。

3. 分析总结

学校成立考察小组，各班设置安全委员，负责辅助教师进行安全监督工作，安排值日生负责教室内外安全督查，遇到问题及时制止。组织学生代表（由各班班委组成）进行采访调查，观摩学习校园安全事故典型案例。可以发现，校园固然美丽，但仍存在不少安全隐患，校园人员众多，人流量大，学生生性活泼好动，可能稍不留神就会造成意想不到的安全事故，给学习、生活带来一些不必要的麻烦。因此，对已经排查发现的安全隐患，学校要及时妥善整改，更要借此督促、提醒全校师生平时多留心观察，发现一处，处置一处，让潜在的安全隐患无处藏身，从而避免或减少校园安全事故的发生。

4. 经验分享

参考《中华人民共和国未成年人保护法》《中小学幼儿园安全管理办法》《中小学公共安全教育指导纲要》等的有关规定，学校教师应从以下几个方面规范学生的“行”，增强学生的安全意识，杜绝不文明行为的发生。

1）加强安全教育，增强安全意识

班主任老师应定期在班级开展安全教育，本着对学生负责的态度，细致、耐心、严格地做好班级安全的管理工作。与学生共同探讨随意跑跳的危害性，强调有序慢行的重要性。教育学生不追逐打闹，上下楼梯靠右行，不做危险性游戏，不玩危险性玩具，遇到伤害不慌张，沉着应对，设法自救，及时联系老师，等等。

2）强化安全管理

除学校组织教师课间监督外，任课老师也要尽可能地配合班主任做好安全监督工作，做好工作交接，多角度地排查课间活动的安全隐患，包括活动场地和活动内容，及时发现、及时整改，增设完善校园安全警示标志，避免学生处于视野盲区，将安全隐患降到最低。

3）设立班级“安全检查员”

每个班级都设有安全委员和值日生，在任课老师的牵头下，各班安全委员和值日生应积极配合老师，监管好本班的区域范围，及时制止学生在教室、走廊嬉戏打闹。

每到课间，值周教师要带领红领巾监督岗的学生在楼道楼梯口、操场和校园的每一个角落巡视，并对学生友情提示“轻声、慢行、不要拥挤”“慢慢走，不要跑”“请勿追逐”“上下楼梯靠右行”等。

4）丰富并参与学生的课间游戏活动

教师在条件允许的情况下，多参与学生课间游戏活动，既增进师生感情也可规范学生活动，对一些有安全隐患的行为或者游戏进行劝导、制止。教师应鼓励学生对游戏内容、方式适当进行调整、充实和完善，对于不合理的游戏，或者安全隐患较大的游戏要及时制止，并向学生说明其潜在的危害，保证课间开展有益学生身心健康的活动。

5）家校定期沟通，共建安全防护

各班班主任应定期与家长联系，把学生学习和生活中存在的不安全因素告诉家长，争取家长配合，时刻嘱咐学生在校注意安全的同时，更要注意回家路途中或回家后的娱乐项目一定要安全可靠，避免受到意外伤害，做到校内、校外都平安。

对此，可以充分利用班级建立的班级群，对校内、校外可能存在的一些安全隐患对家长进行通报，让家长做到了然于心。但切记不能言之太过，造成恐慌，旨在让家长明白安全的重要性。班主任还可定期对学生和家长进行安全教育，如夏季进行溺水安全教育，冬季进行防火安全教育，放学或节假日期间进行出行安全和食品安全的教育，等等。

另外，对于节假日等各类大型节日，学校还专门印发《告家长书》，让家长参与进来，共同维护大家的安全。

珍爱生命，安全第一，遵纪守法，和谐共处。校园安全，你我共筑。安全教育始终是学校的大事，但也不只是学校的事。学生在课堂上不经意间的一个举动，或者在课间活动中出现的不文明行为，往往就可能是一个安全隐患。希望该案例分析能让我们防患于未然，让学生在校园里健康快乐地学习、成长，真正做到安全无小事，平安天下事！

（作者：重庆市涪陵区石沱镇中心小学校　刘霞）

8.3.3　安全事故预案类

案例 1　学校消防安全应急预案

"珍爱生命是最大的美德。"生命属于每一个人，关系每一个家庭。尤其是校园里的学生——"祖国的花朵"，在安全面前是彻底的弱势群体。学校人员集中，发生安全事故疏散难度大，尤其是火灾事故。一场大火可能会吞噬好多生命，我们一起看看近年来的校园火灾事故。

2008 年 11 月 14 日 6 时 10 分左右，上海商学院徐汇校区某学生宿舍楼发生火灾，火势迅速蔓延导致烟火过大，4 名女生在消防队员赶到之前从 6 楼宿舍阳台跳楼逃生，不幸全部遇难。火灾事故初步判断原因是，寝室里使用"热得快"（一种电加热器）引发电器故障并将周围可燃物引燃。

2001 年 5 月 16 日，广州市一所寄宿学校发生火灾，造成 8 名正在准备高考的学生死亡、25 人受伤。这是自 1999 年发生夏令营火灾并造成 19 名儿童死亡以来发生的另一起校园火灾惨剧。火灾是由未熄的烟头引燃了一间休息室的沙发后引起的，消防部门的官员称，这幢建筑里的火警装置和灭火器都不能正常使用，校方和有关部门应对此负责。

一例例火灾事故触目惊心，到底是什么时候原因造成校园火灾肆虐呢？经过分析，有以下原因。

（1）线路老化，布线不规范。由于电线使用年限过久、线路老化，容易造成短路引发火灾；有的学校用电需求过多，分布电线数量多，又没有科学的规划线路，造成"蜘蛛网式"的线路分布，容易短路造成火灾。

（2）超负荷用电。学校由于办公室多、功能室多、班级通信设备多，对电的需求量很大。本来电线负荷就大，有的学校还使用电烤炉等大功率设备，最终造成超负荷用电起火。

（3）电器设备自燃起火。有的电器设备老化，或者由于疏于管理，电器长期不关闭造成电器过热起火。

（4）烟头等明火引起火灾。有的教师或家长不注意自己的言行，在校园明令禁烟的场所吸烟，乱扔没熄灭的烟头，这些丢弃的烟头遇到可燃物很容易引发火灾。

（5）学生使用蜡烛等明火引发火灾。有时学校停电后，学生就会使用蜡烛等自习，或在寝室熄灯后使用蜡烛看书，由于疲倦等没熄灭蜡烛就睡着了，从而引发火灾。

如果不幸真的发生了火灾事故，要在消防部门的有力配合下合理、快速、高效、有序地处置火灾事故，切实把事故损失降到最低限度。为确保学校全体在校师生的生命财产安全，确保学校教育教学工作的顺利开展，防范学校消防安全事故的发生，根据上级有关部门文件与会议精神，结合相关法律法规和学校消防环境建设与实际情况，特制订以下预案。

1. 校园消防安全的处置原则

1）以人为本的原则

不幸发生火灾后，要以人为本，尽最大的可能疏散学生和教师，把抢救生命当作第一要务。

2）疏散有序的原则

火灾往往来得快，来得猛，容易造成师生慌张。这种情况下，一定要做到疏散有序，不能出现踩踏事故和跳楼事件。

3）先控制后灭火的原则

火灾发生后要及时弄清楚起火原因，如果是电线起火，要做到第一时间切断电源。

4）先重点后一般的原则

火灾发生后，救援人员不能纠结于一人一事，而是要先及时撤离人员，先保障大多数人的安全，再施救个别人员，尽可能减少损失。

2. 预防措施

1）开展消防知识培训

学校通过黑板报、宣传栏、校园广播等方式定期开展消防知识培训，增强师生的消防安全意识。

2）完善学校消防设施，及时逃生

学校应该完全按照消防部门和上级部门的要求购齐消防器材，合理规划逃生路线，安装逃生标识。

3）经常排查消防安全隐患

定期排查消防安全隐患，包括排查线路的铺设、线路的老化程度，以及电器使用是否合理，等等。

4）每期至少进行一次消防安全演练

消防安全演练是为了训练师生在灾害突发时的应急处置能力，增强全体师生的安全意识，提高自救能力，在紧急情况下组织师生有序逃离危急现场，采取强有力的措施，避免伤亡。坚持“安全第一，预防为主”的方针，坚决杜绝楼道拥挤发生踩踏伤害事故。同时，让师生熟悉逃生路线和逃生姿势，提升抗火灾风险的能力。

3. 校园消防安全工作领导组织机构

组长：校长。

副组长：学校副校长。

成员：学校中层干部及全体班主任。

4. 消防安全工作成员的具体分工

（1）组长负责定时召开消防安全工作领导小组会议，传达上级相关文件与会议精神，部署、检查落实消防安全事宜，检查、督促落实消防器材设置情况；安排专人定期排查消防安全隐患。

（2）负责安全管理的副校长具体负责消防预案的制订，做到未雨绸缪，将工作做实做细，应具体落实校长部署的各项任务，还应负责消防器材的购买、检查、补充，要定期检查电线线路情况，并督促各班主任落实检查情况。

（3）领导小组各成员具体负责检查消防隐患，发现隐患及时报告。火险发生时各司其职，各部门对突发事件要进行处理、报告、监控与协调，保证领导小组紧急指令的畅通和顺利落实；做好宣传、教育、检查等工作，努力将火灾事故损失减小到最低限度。

（4）消防安全领导组织机构下设通信联络组、抢救灭火组、紧急疏散组、伤病救援组、灾后心理疏导组，分别负责通信联络、组织灭火、疏散师生、抢救伤员、心理疏导等工作。

通信联络组组长：大队辅导员。在确认火灾发生后，通信组组长负责拨打 119 消防救援电话，并立即电话报告消防安全工作组组长，以最快的速度用广播通知各班级在教师的带领下按平时消防演练路线撤离，并告知要防止踩踏事故发生。

抢救灭火组组长：负责管理安全的副校长。抢救灭火组组长平时负责消防设施完善配备和消防用具补充更新，负责检查全校各办公室、教室、宿舍、图书馆和计算机房等线路和大功率的电器的取缔，真正做到预防大于救灾。火灾发生时，抢救灭火组组长应立即组织人员参加灭火救灾工作，并亲临现场指导师生有序撤离。

紧急疏散组组长：副校长。成员：各班班主任。紧急疏散组组长和成员平时负责检查各班的消防安全隐患，检查灭火器是否过期、教室线路是否老化、教室用电是否合理；教育学生面对火灾时的逃生办法，告知学生逃生姿势和逃生路线；负责共同制订紧急疏散方案，明确各班逃生途径与路线；火灾发生时负责所在年级组、所管班级学生紧急疏散中的安全，并及时切断各班电源，带领学生低姿逃离火灾现场，迅速撤离到操场。

伤病救援组组长：学校卫生员（校医）。平时，伤病救援组组长应将药品和器具归类，随时做好救援的准备。火灾发生后，伤病救援组负责火灾发生时对受伤师生及救火人士伤痛的紧急处理和救护，还要将受伤严重的人员及时送往医院。

灾后心理疏导组组长：德育处主任。成员，心理健康教师及各班班主任。学生年龄小，社会经历少，往往在灾难面前，即使没有受伤，灾难也会给学生心灵深处带来沉重的打击。那么，心理辅导就显得非常重要。灾后心理疏导组要及时给学生以生活的信心，转移其注意力，让学生走出心理阴影。

5. 灭火工作预案

（1）如果发现火情，在场人员要立即切断电源，并迅速利用室内的消防器材控制火情，采取措施妥善处理，防止火势蔓延。争取把火灾消灭在初级阶段。

（2）如果不能及时控制火情，应立即带领学生有序疏散。

（3）以最快的方式向领导小组成员汇报，尽快增加灭火救援人士，协力灭火。

（4）负责救援、灭火的人员必须接受过基本的灭火技术培训，掌握正确的灭火技巧，切实保证逃生人员的安全。

（5）领导小组成员接到报告后，应立即拨打 119 报警求救，并立即到达火灾现场查看火情。

（6）疏散完成后，各班在场教师清点学生人数，并向现场指挥报告情况。

6. 师生疏散及逃生预案

（1）火情发生后，按照灭火预案，各管理人士要立即通知学校领导，尽快增派灭火救援人士。如果发生重大火情，应立即拨打 119 报警，并根据火灾发生的位置、扩散情况，依次通知各区域人士进行撤离。

（2）各楼层管理人员应该正确引导撤离师生奔向疏散通道，并将正确的逃生方法告知负责人员，其余救灾人员按照既定位置，统一使用灭火器灭火，并进行伤员抢救等工作。

（3）为保证疏散工作有序进行，在场救灾人员必须一切听从现场指挥部的指挥。

（4）撤离到安全位置后，各班立即清点人数、查看伤亡情况，并将情况报告现场指挥部。

（5）如果有受伤人员，迅速由伤病救援组对受伤人员进行必要的包扎处理，随后送医院进行规范治疗。

（6）待救灾工作完成后，灾后心理疏导组对学生进行灾后心理辅导，让学生转移注意力，提高生活信心。

（作者：垫江县新民小学校　张雪冰）

案例 2　校园拥挤踩踏事故应急预案

学校是人员集中的场所，为贯彻执行《教育部关于进一步加强中小学安全工作，预防学生拥挤踩踏事故的通知》精神，本着“以人为本”的思想，坚持“安全第一，预防为主”的方针，为坚决杜绝因楼道拥挤产生踩踏伤害事故，学校特制订如下应急预案。

1. 组织与指挥

（1）学校成立预防拥挤踩踏事故应急处理领导小组和具体工作小组，统一领导全校突发事件的应急处理工作。

（2）应急预案处理领导小组名单。

总指挥：校长。

副总指挥：副校长及相关科室领导。

成员：全体教职工。

应急处理领导小组履行下列主要职责：①组长负责协调指挥全方面的预防和实施求救工作，以及对本校发生的拥挤踩踏事故的应急处理程序进行督查指导；②副组长指挥有关教师立即到达规定岗位，采取相应的应对措施；③安全员负责安排教师开展相关的预防或者实施求救工作，以及报请上级部门迅速依法采取紧急措施；④组员根据需要对师生、员工进行疏散，根据需要对事件现场采取控制措施。

（3）突发事件发生后，学校突发事件应急处理领导小组应当根据“生命第一”的原则，决定是否启动拥挤踩踏事故应急预案，并在第一时间向上级主管部门报告。

（4）学校各有关部门在各自职责范围内做好突发事件应急处理的有关工作，切实履行各自职责。对部门组织或负责的教育教学活动，活动前应有预见性，并根据学校的应急预案采取相应的措施，发生事故时主动纳入学校应急预案工作程序。

（5）应急状态期间，领导小组各成员必须保证通信网络畅通。校内各部门应当根据突发事件应急处理领导小组的统一部署，做好本部门的突发事件应急处理工作，配合、服从对突发事件应急处理工作进行的督查和指导。

（6）学校内任何部门和个人都应当服从学校突发事件应急处理领导小组为处理突发事件做出的决定和命令。突发事件涉及的有关人员，对主管部门和有关机构的查询、检验、调查取证、监督检查及采取的措施，应当予以配合。

2. 进一步加强学生的安全教育和纪律教育，增强学生的防范意识

（1）结合有关在学校的楼梯间因拥挤而发生的伤害事故案例，对学生开展针对性的安全专题教育，使学生树立相互礼让、遵守秩序的良好习惯，养成在楼梯和走廊轻声慢行、靠右走的良好习惯。教育学生不开导致同学心理紧张的玩笑，增强学生安全意识和自救能力。

（2）各班级要根据各自学生生理、心理特点和具体情况，在班会课上对学生进行相应的安全、纪律、自救自护等方面的专题教育，向学生强调在楼道、楼梯靠右行、不猛跑、不恶意堵道等具体要求，以及遇到危险情况下自护自救的基本常识。

3. 采取切实有效的防范措施，坚决遏制事故发生

（1）明确各部门及教师的楼道安全防范职责。

后勤人员要定期或不定期地开展对楼道、楼梯等设备、设施的专项检查，采取措施消除安全隐患，要及时安装教学和生活涉及楼道、楼层的照明，并定期更换；要对不符合标准和不牢固的楼道栏杆、楼道扶手进行加高、加固。

教导处要从学生实际出发，一是安排作息时间时，课间要留有足够的时间；二是两操（广播体操、眼保健操）、升旗仪式或各种活动时，教务处要联合体育老师规划各班学生下楼的路线；三是教师上课时，对学生要求上厕所的应予允许。

德育处要利用集体广播的时间，向全体学生明确不同活动行走的线路及经过的楼道，如出操、升旗仪式、放学、社会实践活动等，向学生强调上下楼梯的速度要适可，前后必须保持一定的距离，且必须靠右行；做好对值班老师检查的落实工作。

值班老师按要求准时到岗，认真到位，管理好学生进出操和集会时各楼道学生上下楼梯的秩序，随时注意学生课间活动的安全。

（2）充分发挥学生干部的作用，做好对学生不安全行为的监督、检查、劝阻等工作，并及时将不安全行为向班主任反馈或直接汇报学校。

（3）制订学生疏散、抢救预案。

第一，制订疏散应急方案。具体方案如下：①每日在学生到校前和学生放学前，值班教师应及时到达指定地方指挥和维护秩序，以免造成学生拥挤发生人身伤亡事故。②

课间操、集会及三个（中午、傍晚、晚上）放学时间段应依次离开本班教室，先由低层到高层，由两边到中间依次离开，避免一哄而上，造成楼道堵塞。③后勤主管应长期对各教学楼、宿舍进行安全检查，以确保照明灯光的正常使用。④一旦发生楼道拥挤堵塞现象，在场教师应积极组织学生疏散，让学生撤离人员密集的地点，并迅速让已通过楼道的学生向学校值班领导报告，以便学校及时组织人员进行疏散。⑤学校领导要亲临第一现场，必须在第一时间组织教师做好疏散学生、抢救受伤者、报告上级领导等工作。学校值班教师要团结协作、冷静处理、沉着应对，确保把事故处理在始发阶段，把人员伤害降低到最低程度。要及时联系家长，正确通报情况，取得家长的配合和支持。⑥疏散完毕后，班主任应对学生进行清查，以便受伤者能及时得到救治，同时要耐心做好学生的思想工作。

第二，依照就近原则疏散，落实专人负责。具体原则如下：①两操、升旗仪式及重大活动由德育处、体育组负责指导各班级按顺序出操或进场；②疏散时体育教师配合德育处的工作；③疏散时视当时情况进行必要的调度，班级的学生由班主任和科任教师负责对本班学生疏导、保护、管理。

4. 严格执行安全责任追究制度

（1）对值勤、值班人员擅自离岗，或不认真履行疏导、保护、管理职责的进行严肃处理；对工作失职酿成严重后果的有关责任人将根据实际情况，按照有关规定和管理权限或司法程序上报上级有关部门予以处置。

（2）将发生重大责任事故与先进班级和先进个人的评比表彰工作结合起来。将发生重大安全责任事故的班级在考核评比中采取“一票否决制”。

（3）学校将教师是否履行教育、防范义务纳入对教师的绩效考核中。教师未履行教育、防范义务的，在年终考核中视情节轻重分别给予基本合格和不合格处理。

（4）违反学校纪律，对学生伤害事故负有责任的学生，学校应根据其认知能力做出相应的处理，并告知其监护人。

（5）受伤害学生的监护人、亲属或者其他成员，在事故处理中无理取闹、扰乱学校正常教育教学秩序或侵犯学校和教师合法权益的，学校将报公安机关依法处理，造成损失的，依法要求其赔偿。

（作者：重庆市垫江第二中学　梅超文）

8.3.4　预防演练类

案例 1　定期抓好安全演练，共筑平安美丽校园

——XM 镇中心小学校校园安全演练纪实

“嗡——嗡——嗡——”，2018 年 12 月 28 日下午，XM 镇中心小学校第二节课上课铃声刚刚结束，一阵低沉的防空警报声马上响起，给安静的校园增添了几分紧张的色彩。教室门陆续被打开，只见学生双手抱头、弯着腰一列列整齐地、快步地撤离到操场上。“1 分 30 秒，”学校分管安全领导郑术明大声向全校师生汇报。原来，这是 XM 镇中心小学校在进行 2018 年秋季防震消防安全应急疏散演练活动。防震消防安全应急疏散演练活动开展之前，学校安稳办公室首先制订了详细的防震消防应急预案，召开专门干部、教师会议进行了安排部署，确保防震消防自救工作能快速、高效、有序进行。演练前，班主任就地震和火灾发生时在室内应注意的问题，以及如何在地震和火灾中逃生等内容向学生做了详细的讲解和要求。

在急促的警报声中，防震消防安全应急疏散演练正式拉开了帷幕。正在上课的学生马上在上课老师的指导下双手抱头、弯着腰，沿着指定的应急通道，有序、迅速地撤离到学校操场的安全地带集中。整个疏散过程井然有序，不到两分钟就全部集结完毕。最后，全校师生集中到操场，由分管校长分别从消防安全、交通安全、饮食安全、校内活动安全、防冻伤安全等方面进行冬季安全教育。通过这次演练和安全教育活动，提高了全校师生在突发性地震、火灾事件发生时的紧急避险、应急保护能力，进一步增强了师生的防灾、减灾意识，最大限度地减轻了突发灾害对学校、师生生命财产的危害，整个演练活动达到了预期目标。

1. 校园安全演练的背景

XM 镇中心小学校创建于 1906 年，文化积淀浓厚。截至 2018 年，学校占地总面积 10 050 平方米，建筑面积 16 460 平方米。学校分为校园 A 区和校园 B 区，校园 A 区主要是三年级、四年级和五年级，紧邻 XM 镇场镇主街道——群益路；校园 B 区主要是一年级和二年级。学校有教学班 31 个，学生 1 688 人，教师 80 人。

学校 A 区教学楼修建时间久远，已经跟不上现代教育的发展需求，在日常教学教育工作中存在着较大的安全隐患。

学校 A 区的教学楼修建于 1994 年，至 2018 年使用年限已有 25 年。承建时受当时经济因素制约，每间教室都很窄小，面积只有 60 余平方米。学校 A 区一共有 18 个教学班，每班学生人数最少的有 46 人，最多的达 61 人，学生拥有的自由空间都很窄小，学生在教室里不能自由行走，小学生都需要侧身才能在每个过道通过。教室面积太小，学生在教室里感觉很拥挤，很压抑，从而影响小学生身心健康持续发展，人数太多还会导致学生座位安排不合理，一部分学生离黑板太远，一部分学生离黑板太近，造成学生眼睛近视的越来越多。教室人数太多，造成教室的空气质量下降，甚至有的学生要坐在垃圾桶的旁边。人数太多，导致课堂教学质量下降，学生很难专心听老师讲课。

教学楼的楼道太狭窄，学生上楼下楼时极为拥挤，存在着严重的安全隐患。学生人数太多，而楼梯过于狭窄，导致发生踩踏事件的概率大大增加。尤其是教学楼底楼三年级一班、二班、三班和四班的学生到操场的楼梯坡度太大，学生上下楼发生摔倒的可能性增加。每天上学和放学的高峰时段学生上楼和下楼时较为拥挤。为避免踩踏事件发生，学校加大了教师楼道值守，未发生过一例学生踩踏事故，但是防患于未然，学校也绝不能让这种事故发生。

2. 校园安全演练的重要性

1）有助于增强学生安全防范意识，提高自救自护能力

每个人的生命只有一次，失去就不复重来。生命安全不仅关系我们个人，更关系到我们身后的家庭、学校，失去生命破坏的是整个家庭的幸福。珍爱生命，增强安全意识，在小学生的日常生活中显得尤为重要。学校在学生的学习生活中，定期组织校园安全演练，能让学生在演练中知道事故危害性，在遇到突发安全事故时知道应该怎么做，能充分提高学生应对突发安全事故的能力。

2）有助于学生学习并掌握自救脱险技能与本领

定期开展安全演练，以及学校安全员定期开展安全知识讲座，教会学生各种安全小常识，教师将日常生活中遇到的问题撰写成故事讲给学生听，可以使这种安全教育更贴近生活，更具有真实性，更具有指导意义。

3）有助于学生认识生命的意义与价值，珍爱生命

生命对每一个人都是平等的，每个人都只有一次机会，一旦失去，就不会再有第二次，因此，我们必须珍惜和爱护生命！

4）有助于提升学校的应急事件处置能力

集中安全演练使大家在实战中得到锻炼，取得经验，达到重视安全的目的。我们要充分认识到提高自身应急事件的处置能力对于学校安全教育及维护社会稳定的重要性。安全演练体现了以人为本，科学施训的演练理念，提高了各类预案中应急指挥人员的组织领导能力。

3. 校园安全演练的具体措施及内容

1）开学初与各班班主任及科任老师签订《安全责任书》

学校安全涉及千家万户，责任重大。为了确保师生的生命安全，维护学校和社会的稳定，保障学校正常的教育教学秩序，按照部门管理、分级负责的原则，学校与各班班主任及科任老师签订《安全责任书》。班主任是本班安全工作的第一责任人，对本班的安全工作负责，依照规定实施各项安全措施，具体职责如下。

（1）班主任应对本班学生进行安全教育，教给学生必要的安全防范知识。督促学生认真遵守《学校安全守则》。

（2）班主任放学后应及时督促学生在规定的时间内离校，按时回家。学生未离校前，班主任不能提前离校。班主任应教育学生自觉遵守交通规则，注意路上安全，杜绝小学生骑车上学。

（3）班主任应教育学生在课间文明休息，不准追逐打闹，不准在教室内进行任何体育活动。

（4）班主任应经常巡视查看教室电器、门窗等，发现有一切不安全因素应及时报告学校，学生行为中存在不安全因素时要及时制止和教育。

（5）班主任应教育学生不准带任何管制刀具、火源到校，发现带有管制刀具、火源的应立即收缴，情节严重的应及时制止和教育并及时通知学生家长。

（6）班级中出现偶发事件、学生突发生病应及时报告学校并通知学生家长，及时

将学生送到医院就医。

（7）教育学生不私自修理灯管、电气设备，以免触电。

（8）学生未按时到校，班主任应在第一时间通知其家长，了解学生情况。出现学生出走、打架等突发安全事件，班主任应及时报告学校，并一起进行妥善处理。

（9）班主任若组织学生集体外出活动，必须先上报学校，经学校及有关部门批准后，制定好安全措施，方可外出。

（10）学生进行大扫除时，班主任应到现场指挥，督促学生按学校相关规定进行，提醒学生注意安全。

（11）教育学生在体育运动时听从指挥、注意安全、遵守运动规则。

（12）班主任要认真参加学校安全值班，切实履行职责。

（13）教书育人，为人师表。不得歧视学生，不得讽刺学生，不得以任何理由体罚或变相体罚学生，不得停学生的课，以免各种不安全事故发生。

（14）若班级学生出现安全事件，班主任、相关教师应立即赶到现场进行疏导、安排救治，处理相关事宜。若因班主任教育不当或管理不力、处理不当造成安全事故的，班主任应承担相应责任。在上班时间出现安全事故、偶发事件时，若班主任不到现场及时处理，按班主任失职处理，并承担相应的责任。

以上各条，作为学校对班主任年度安全工作目标的考核依据。如因班主任工作疏忽，造成安全事故的，将视情节轻重对班主任严肃处理和追究责任，直至追究法律责任。《安全责任书》一式两份，班主任和学校各执一份，自签订之日起生效，有效期一年。

2）定期召开安全演练

（1）学校要制订详细的安全演练方案，并及时总结。

（2）学校每周进行一次安全防范演习，可由各班自行安排，也可由学校组织。

（3）演习时要对学生进行心理辅导和方法指导。

（4）确定演习路线，保障提供演习用具。

（5）配备安全员，确保学生演习安全。

（6）严禁在危险地段进行安全演练。

（7）严禁无关人员进入演练现场。

（8）需要家长配合时，要向家长做出详细说明。

3）邀请派出所警官给学生上安全教育课

每一学期都要邀请镇上派出所警官给学生上一堂安全教育课，要求全校学生必须参加，做好笔记，写好心得体会。

4）每学期要组织全校师生上好消防教育课

（1）学校应至少确定一名熟悉消防安全知识的教师担任消防安全课教师，并选聘消防专业人员担任学校的兼职消防辅导员。

（2）在开学初、放寒（暑）假前，对学生普遍开展专题消防安全教育。

（3）结合不同课程的特点和要求，对学生进行有针对性的消防安全教育。

（4）组织学生到当地消防站参观体验。

（5）对学校寄宿学生开展经常性的安全用火、用电教育。

（6）针对学校学生认知特点，保证课时或者采取学科渗透、专题教育、主题班会、升旗仪式讲话、网络、广播、校内橱窗、宣传画等方式，每学期对学生开展消防安全教育。重点开展火灾危险及危害性、消防安全标志认识、日常生活防火、火灾报警、火场自救逃生常识等方面的教育，开展消防法律法规、防灭火基本知识和灭火器材使用等方面的教育。

（7）学校每学年应至少举办一次消防安全专题讲座，在校园网络、广播、校内橱窗等开设消防安全教育栏目，对学生进行消防法律法规、防灭火知识、火灾自救和他救知识及火灾安全教育。

（8）学校应组织新上岗和进入岗位的教职员工进行岗前消防安全培训。

5）每天早上、中午各班班主任要做好晨检、午检记录

（1）班主任为本班学生健康情况检查报告第一责任人。

（2）每天早上、中午以班级为单位进行检查，由班主任负责检查本班学生出勤及健康情况，并将学生健康情况汇总、登记并报告。

（3）检查中一旦发现学生中有发热（体温超过 37.5 摄氏度）、头痛、咳嗽、咽痛、食欲不振、腹泻或呕吐等症状时要密切观察，立即报告学校。

（4）检查时间以外如发现师生中有可疑症状者，全校师生人人都有责任及时报告。

（5）追踪及电话随访制度。对发热、咳嗽的师生，做到每天追踪了解病情变化及诊治情况。各班班主任要对发热、咳嗽的学生情况进行追踪，每天与学生家长保持联系，并将患病学生情况及时上报学校。

（6）疫情快报制度，如有疫情班主任应及时向学校报告，再由学校逐级上报。对缓报、瞒报、漏报者，要追究有关责任人的责任。

6）认真落实好重点时段楼道值守制度

（1）楼道值守时间：每节课课前五分钟，课后五分钟。

（2）值守地点：教学楼各层楼梯口处。

（3）由学校安稳办公室安排的人员负责维持上下楼秩序，监督学生按规定楼梯上下楼，确保学生上下楼靠右行；制止学生在楼梯、楼道上追逐打闹、推搡拥挤，争抢跑跳；制止学生在楼梯上系鞋带，弯腰、穿脱外套，捡拾东西、牵手搭肩、停留起哄、大声喧哗；制止学生在楼梯扶手上坐立、滑行，确保学生上下楼安全。

（4）及时处置，一旦发现有人摔倒，立即采取措施，制止学生继续前行；发现安全隐患及时向学校报告，力争将一切不安全因素消灭在萌芽状态。

（5）若因不到岗、脱岗造成学生安全责任事故的，当班教师负直接责任。

4. 校园安全演练取得的成效

（1）通过应急演练，全校师生掌握了学校应急疏散的方法，熟悉了学校紧急疏散的程序和线路，锻炼了全校师生在紧急情况下的应变能力，还让学生学到了许多安全自救知识，了解了紧急情况下的逃生路线。

（2）通过应急演练，学校确保了在突发事件来临时应急工作可以快速、高效、有序进行，最大限度地保护了全校师生的生命安全。学校安全工作领导小组的组织能力、

指挥能力、应变能力也得到了锻炼。

（3）通过应急演练，学生强化了遵守纪律、听从指挥、团结互助的品德，师生提高了在突发公共事件下的应急反应能力和自救能力。

（4）通过应急演练，师生进一步增强了防范意识和应急逃生自救的能力，学校完善了应急预案的操作规程。

（作者：XM 镇中心小学）

案例 2 青杠初中消防疏散应急（演练）案例

为切实增强学校师生的消防意识，真正掌握消防安全知识，增强自救互救能力，使全校学生在火灾突发事件中能做到紧张有序、及时有效地撤离事故现场，减少、避免伤害事故发生，培养师生的自我防护能力，学校决定于 2018 年 3 月 15 日（下雨顺延到 19 日）举办消防疏散应急演练，具体实施方案如下。

1. 演练时间和人员

演练时间：2018 年 3 月 15 日下午 4：00 开始，预计 40 分钟。

参演人员：青杠初中全体师生及员工、区消防官兵、街道卫生院医务人员。

2. 演练目的

（1）强化师生消防安全意识，提高突发事件的应变处置能力。

（2）培养师生逃生和安全疏散的能力。

（3）使师生掌握自救和逃生的方法。

（4）使师生学会正确使用灭火器。

3. 演练要求

安全、有序、有效。

4. 演练领导小组

校长任总指挥，分管副校长任执行总指挥，全体班主任及行政人员为小组成员，统筹协调演练过程中的一切人事。

5. 演练领导小组分工

1）策划组

组长：分管安全副校长。

成员：安稳办公室正主任、副主任及 2 名体育教师。

职责：①策划整个演练的方案，协调人员安排，负责主持和指挥演练活动；②在操场组织各班站队，统计各班报告的人数，并进行上报；③负责邀请消防队领导、教育委员会安稳办公室领导、青杠派出所领导、青杠街道办事处领导、青杠教管中心领导。

2）广播音响组

组长：分管广播室的行政领导 1 人。

成员：广播室工人 1 人，声音洪亮、表述清晰的语文教师 1 人。

职责：①负责演练时的电铃、音响、主席台话筒和话架的布置及演练解说；②发布演练信号，讲解逃生知识，模拟拨打火警电话报告学校火灾情况；③准备火灾逃生知识内容。

3）器材组

组长：后勤行政人员 1 人。

成员：后勤工作人员 4 人。

职责：①准备演练所需废旧纸张、废弃桌凳、铁桶、点火棒、打火机、烟饼、煤油等器材和材料，并负责点火；②演练结束负责清除所用废弃物。

4）安全纪律组

组长：行政人员 1 人。

成员：各楼层安全疏导员，各班班主任。

职责：①制作横幅标语三幅；②负责学生整个演练过程上下楼的纪律和安全。

5）急救组

组长：分管卫生工作行政人员 1 人。

成员：学校卫生员 1 人及 2 名体育教师。

职责：①准备好急救箱、担架，与街道办事处医务人员协同救助伤员；②准备好两名伤员，在手臂上绑红布做好标志。

6）主席台布置及摄像组

组长：办公室主任 1 人。

成员：值周教师及 2 名美术教师。

职责：①负责主席台桌凳的布置与撤出，做好摄像、照相工作；②打好坐牌，如消防队、安稳办公室、派出所、青杠街道办事处、教管中心、青杠中学。

7）机动组

组长：行政领导 1 人。

成员：数学组 5 名教师。

职责：在操场靠食堂一侧待命，演练过程各组需要人员时立即补上。

6. 演练内容

（1）应急逃生疏散演练。

（2）灭火和搜救演练。消防队官兵二楼灭火并搜救伤员，学校卫生员配合青杠卫生院医务人员（2 名医生、2 名护士）为受伤学生进行急救处理；灭火器灭火演习（消防队官兵及 2 名教师和 2 名学生参与）；消防队领导讲解消防灭火逃生知识。

7. 演练准备

（1）分管校长利用教师大会布置演练人员安排，强调安全。各组教师在 2018 年 3 月 15 日下午 3：30 做好准备工作。

（2）3 月 15 日中午，广播音响组负责安排校园广播站学生利用广播对学生做宣传教育。

（3）器材组准备 4 个灭火器，在教学楼二楼软性屋面和主席台火场处各放置 2 个。

（4）班主任安排学生每人准备一块小毛巾，同时对本班学生进行火场逃生知识讲解。

（5）火灾现场处设在教学楼二楼九年级十班后门所对应的软性屋面中间处，由器材组两位教师负责准备打火机 1 个，废蜡纸、废纸及木材若干，负责点火，火点屋面铺湿沙。

（6）主席台处火场布置由器材组安排两位教师负责，火场设在广播室窗口所对应的平台处，准备演练铁桶 1 个、煤油 5~10 升、废弃木桌凳若干，把废弃木桌凳装在桶里并浇上煤油。

（7）广播音响组负责消防官兵灭火演练讲解所需音响设备，并拉响消防警报。

（8）急救组教师负责准备搜救伤员所用的担架、急救箱，担架放在七班、十班后门处。

（9）安全纪律组负责联系制作布置演练标语 3 幅，黄桷树处布置 2 幅，食堂墙上布置 1 幅（标语内容：勿忘火警 119，危险时刻真朋友；消防安全人人抓，预防火灾靠大家；人人树立防火观念，班班清除火灾隐患）。

（10）主席台布置组安排人员在 3：30 前布置好主席台，布置矿泉水 10 瓶、条形桌子 5 张、独立凳子 10 张、桌布 1 张（联系后勤教师）。

8. 撤离路线和引导人员安排

（1）撤离路线按大课间下楼顺序为准，撤离时按一楼、二楼、三楼、四楼、五楼的顺序依次下楼，一楼的班级撤离完毕后，二楼的班级紧跟着撤离，以此类推。

（2）从办公室门厅撤离的班级顺序为：九年级一班，九年级二班，九年级七班，九年级八班，七年级一班，七年级二班，八年级九班。

（3）从教学楼中门厅撤离的班级顺序为：九年级四班，九年级三班，九年级十班，九年级九班，七年级三班，七年级四班，七年级五班，八年级四班，八年级三班，八年级七班，八年级八班。

（4）从实验楼门厅撤离的班级顺序为：九年级六班，九年级五班，七年级十班，七年级九班，七年级八班，七年级七班，七年级六班，八年级五班，八年级六班。各班班主任安全有序带领本班学生两路纵队撤离到操场，按升旗仪式队形集合。

（5）疏散引导教师安排：走廊疏散引导教师负责组织本楼层的学生安全有序撤离，关闭本楼层的水、电，搜救教室、办公室、功能室、厕所及未及时撤离的学生，确认本楼层全部人员已经撤离后，自己迅速撤离现场；楼梯间的疏散引导教师负责组织学生安全有序、弯腰快速靠右行撤离，扶起摔倒学生，确认本楼层师生全部撤离后，自己迅速安全撤离。

教学楼门厅及楼梯间人员安排如下。

左门厅：物理组两位教师。

中门厅：物理组两位教师。

右门厅：物理组两位教师。

一楼楼梯间：化学组三位教师（依次为左、中、右），走廊：化学组一位教师。

二楼楼梯间：英语组三位教师（依次为左、中、右），走廊：英语组一位教师。

三楼楼梯间：政治组三位教师（依次为左、中、右），走廊：政治组一位教师。

四楼楼梯间：数学组三位教师（依次为左、中、右），走廊：数学组一位教师。

五楼楼梯间：音乐组三位教师（依次为左、中、右），走廊：音乐组一位教师。

左、中、右以面向教学楼为准。

9. 注意事项

（1）疏散时照顾好特异体质、患病学生，提醒学生必须用湿毛巾或湿手帕等捂住口鼻，弯腰快速撤离到操场。

（2）疏散撤离队伍发生冲突时，一律听从引导员指挥，严禁推搡、拥挤、抢先；不准打闹、乱跑、乱喊，以免造成恐慌和混乱局面。

（3）班主任应了解参加演练的学生可能存在的逃生本能心理反应，及时采取措施，防止意外发生；各位教师一定要认真对待这次演练，协助引导，在学生撤离后自己再迅速撤离。

10. 演练实施步骤

1）疏散演练

（1）3 月 15 日，下午 4：00 器材组在学校教学楼二楼点燃烟饼营造氛围，“火情”出现，广播音响组通过广播发出火警报警信号两次，间隔 10 秒。第一次报警声响起时，各班级立即停止一切活动。任课教师大声指挥、组织学生有序撤离到走廊上，迅速排成两列纵队，各班主任迅速赶往自己的教室接应，稳定学生情绪，各相关人员立刻就位。广播音响组老师广播告诫学生：“请大家不要慌张，在任课教师的指挥下，选择最近的逃生出口，有秩序地进行疏散，逃生时要注意用湿毛巾、湿手帕捂住口鼻，弯腰快速靠右行走，撤离火灾现场，到学校操场集合。”

（2）第二次报警声响起时，班主任和任课教师在教室一起带领学生迅速有序地撤离到操场，各办公室教师同时撤离，按升旗队形集合，现场指挥负责组织。门卫封闭校门，禁止无关人员进入。撤离过程中，广播音响组通过广播向学生反复宣讲火灾逃生的注意事项（弯腰、毛巾捂嘴、靠墙跑动）。

（3）学生撤离到操场后班主任安排班干部清点各班人数，向现场指挥教师报告本班学生人数（报告格式为：报告，××班应到××人，实到××人，有/无×名学生烧/摔伤，完毕）。现场指挥上报执行总指挥分管副校长，报告内容为，“报告执行总指挥，教学楼共 29 个班，应到教师 115 人，实到 115 人，应到学生共 1 488 人，实到 1 480 人，请假 6 人，2 人失踪，请求消防官兵立即搜救，报告完毕”（演练伤员为七年级十班 2 名男生，其手臂上戴上红布标志在该班教室门前等候，担架也放在该教室门口）。

2）灭火搜救演练

（1）执行总指挥宣布：“青杠初中 2019 年春季消防应急演练正式开始。”工作人员点燃烟饼和废弃蜡纸。

（2）广播音响组教师模拟拨打“119”火警电话：“喂，消防队吗？这里是璧山区青杠中学，我校位于青杠街道民安街 75 号，学校教学楼二楼发生火灾，现安全撤离 1 595 人，有 2 名学生被困，请求消防队支援，我们已派两名教师在校门口等候。报警者：张××，联系电话：41782×××。”

（3）“火警 119”接警，消防官兵出动（消防官兵在校门斜坡处等候），迅速赶到现场实施灭火并搜救人员；将受伤人员抬到主席台，由急救组行政领导带队对“伤员”进行初步处理，拨打“120”急救电话救护伤员，医务人员对受伤学生进行急救包扎、人工呼吸等处理（医务人员在主席台旁等候，行政领导做好联络安排）。

（4）观看消防队官兵和师生共同进行灭火演练，由消防官兵进行指导（地点：主席台旁；机动组教师 2 人，学生 2 人，现场指定）。

（5）消防队领导对演练进行点评，同时讲解消防逃生知识。

（6）执行总指挥做演练总结，并宣布演练结束。内容为：“本次消防应急演练用时大约 30 分钟，在这 30 分钟里，进一步让我校师生更加深入地了解了消防逃生常识，切实树立起消防意识，真正掌握好消防安全知识，并具备自救互救能力，提高了抗击突发事件的应变能力，能够有组织地引导学生安全快速的疏散，达到了预期的效果，完成了预定目标。老师们、同学们，今天出席并指导本次演练的有消防队领导、教育委员会安稳办公室领导、青杠街道办事处领导、青杠派出所领导、青杠教管中心领导，请同学们以热烈的掌声对各位领导表示感谢。最后，我宣布逃生演练圆满结束。”

（7）各班学生按顺序回教室，各班班主任布置应急演练的心得体会，以班级为单位，于演练结束后的下一个周一交学校安稳办公室。

11. 反思

1）亮点

（1）领导重视演练活动，组织到位。这次消防演练活动安排周密，从演练策划、前期准备、组织实施到正式演练所经历的各个阶段，学校领导都给予了很大的关心、支持和帮助。学校校长作为学校第一责任人和演练领导小组组长，对这次演练工作高度重视，认真审定演练方案，确定演练目的、原则和规模，并对演练工作进行部署，亲临演练现场进行指挥，下达演练命令，观察演练情况，对演练工作实施全面控制；学校主管安全副校长对演练工作的全过程进行领导和指挥，主持并参与演练方案的讨论和修订工作。

（2）筹划缜密，演练方案安全可行。根据消防领导小组要求，学校从安全工作的实际情况出发，确定该次消防演练的主要任务是开展一次火灾事故的应急演练。其主要目的是使每位参与者能学会灭火器的正确使用方法，掌握火场逃生基本方法，增强自我安全意识。经过认真研究，学校拟定了“学校消防应急演练方案”。为了使演练方案安全可行，学校在方案中就演练的时间、地点、内容、对象都做了具体的说明。

（3）该次消防应急逃生演练，从发布火情到组织疏散成功共历时 30 分钟，真正做到了分工明确、责任到人，师生知道了如何正确报警、如何正确扑救、如何疏散、如何自救和逃生，达到了预定目的，演练圆满成功。

2）不足

（1）个别学生和教师在逃生时不严肃，没有紧张感，认为是应急演练，没有引起高度重视，使整个演练有的环节行动过慢。

（2）在撤离过程中，有的师生不能互相帮助，集体感不强。

（3）紧急救护工作不完善，没有准备好必备的药品和器材，一旦在事故中出现人员受伤，没有药品和相应的器材及设施，会使受轻伤的人员得不到及时治疗。

针对这些不足现象，学校将在下一次的演练中进一步强调细节，完善每一个环节，力争让师生把演练当作实战，完全融入应急场景，确保如遇类似情况，能自救互救，能化险为夷。

（作者：重庆市璧山区青杠初级中学校　孙小龙）

后　记

经过中国应急管理学会校园安全专业委员会和全体编写人员共同努力，《中国应急教育与校园安全发展报告 2019》顺利编写完成，由科学出版社出版面世。

本书以年度报告的形式，整理、归纳和分析了 2018 年校园安全的发展状况，借鉴和引用了大量法规文献、研究论文、著作、新闻报道等资料，书中注释已注明出处。对此，我们向全部资料的所有者、起草者、署名作者致以诚挚的谢意。

本书由中国应急管理学会校园安全专业委员会主任委员高山担任主编，秘书长张桂蓉担任副主编并负责全书的总体策划、框架确定和审阅定稿。本书以文责自负原则，由来自各大高校和相关机构的研究人员共同撰写，具体如下：第 1 章为高山、刘文蕙（中南大学）；第 2 章为王昕红、郭雪松（西安交通大学）；第 3 章为刘媛（中南大学）；第 4 章为高山、张叶（中南大学）；第 5 章为张桂蓉、刘丽媛（中南大学）；第 6 章为陈强、董志香（中南大学）；第 7 章为祁泉淞（西南政法大学）；第 8 章为郭春甫（西南政法大学）。此外，刘小舟、毛文憬、顾妮、刘展烽、豆欣、朱雅筠、王晗、戴嘉参与了本书的编写工作。

中国应急管理学会会长洪毅先生，中国应急管理学会学术委员会秘书长佘廉先生对本书的出版给予了很大的帮助，对此谨致谢忱！同时，感谢科学出版社的鼎力支持，本书才得以及早面世。由于编写者水平有限，书中难免存在不足之处，编委会恳请广大读者不吝指正，我们将在今后的工作中不断完善。

编　者

2019 年 4 月